高等职业院校精品教材系列

智能建筑电气控制工程实施

马福军　主编

电子工业出版社·
Publishing House of Electronics Industry
北京·BEIJING

内 容 简 介

本书根据教育部最新的职业教育教学改革要求,结合国家示范专业课程建设成果以及智能建筑行业岗位技能需求进行编写,采用基于工作过程的项目任务为载体,将知识点与实际应用有机结合。全书共分 5 个项目,分别为电动机驱动控制实施、西门子 S7-200 PLC 控制实施、变频器驱动控制实施、楼宇常用设备控制实施、电气控制工程计划与实施,内容由浅入深,层层深入。本书选用较多的插图和表格,便于读者理解和掌握;同时每个任务设置效果测评,侧重于学生对知识与技能的掌握和训练,为今后的上岗就业打好坚实的基础。

本书为高等职业本专科院校楼宇智能化工程技术、建筑工程技术、电气自动化技术、生产过程自动化、机电一体化技术、自动控制技术等专业的教材,也可作为开放大学、成人教育、自学考试、中职学校和培训班的教材,以及企业工程技术人员的参考工具书。

本书配有电子教学课件、效果测评参考答案等,详见前言。

图书在版编目(CIP)数据

智能建筑电气控制工程实施/马福军主编. —北京:电子工业出版社,2015.7

全国高等职业院校规划教材·精品与示范系列

ISBN 978-7-121-26181-7

Ⅰ. ①智… Ⅱ. ①马… Ⅲ. ①智能建筑—房屋建筑设备—电气设备—电气控制—高等职业教育—教材
Ⅳ. ①TU855

中国版本图书馆 CIP 数据核字(2015)第 116276 号

策划编辑:陈健德(E-mail:chenjd@phei.com.cn)
责任编辑:夏平飞
印　　刷:北京捷迅佳彩印刷有限公司
装　　订:北京捷迅佳彩印刷有限公司
出版发行:电子工业出版社
　　　　　北京市海淀区万寿路 173 信箱　邮编 100036
开　　本:787×1 092　1/16　印张:16　字数:398 千字
版　　次:2015 年 7 月第 1 版
印　　次:2022 年 1 月第 4 次印刷
定　　价:48.00 元

凡所购买电子工业出版社图书有缺损问题,请向购买书店调换。若书店售缺,请与本社发行部联系,联系及邮购电话:(010)88254888,88258888。

质量投诉请发邮件至 zlts@phei.com.cn,盗版侵权举报请发邮件至 dbqq@phei.com.cn。

本书咨询联系方式:chenjd@phei.com.cn。

前　言

近年来，我国的各类建筑如雨后春笋般迅速拔地而起，其中智能建筑所占比例越来越高，用人需求数量不断增长，高等职业院校紧跟行业技能型人才需求开展多方面的专业课程改革。本书根据教育部最新的职业教育教学改革要求，结合国家示范专业课程建设成果以及智能建筑行业岗位技能需求进行编写，采用基于工作过程的项目任务为载体，将知识点与实际应用有机结合。

为了能很好地贯彻高等职业教育"做中学、做中教"，工学结合的教学理念，适应高职学生的特点，本书的编写体例突破了传统的教材编写思路，以项目为学习单位，以任务为学习模块，以行动为导向的工作过程为主线，全书编写突出"教、学、做"结合，突出教学与工作过程的对接，使学生在学习理论的同时有相应的案例训练或引导，使学习浅显易懂。

本书注重应用技能和综合素质的培养，共设有 5 个项目、23 个任务，每个项目都有明确的实现目标，并针对各自目标展开相关知识的介绍及技能训练、技能测试。在产品选型上，以目前国内自动化产品占有率比较高的西门子 S7-200 PLC 和 MM420 变频器为主机型进行介绍。主要内容包括常用低压电器、电动机驱动与控制基本知识；S7-200 PLC 基本知识、应用系统设计与编程；MM420 变频器基础知识、变频器操作及主要参数设定；楼宇常用设备的控制；电气控制工程的设计与实施等。本书力求体现以下特点。

（1）应用性：结合建筑行业的典型应用技术，选取丰富的工程应用实例。

（2）实践性：每个任务中都安排有实施项目，锻炼学生的分析和解决问题的能力。

（3）针对性：结合建筑行业的多个典型设备控制任务，选用西门子 S7-200 PLC 和 MM420 通用型变频器来实现。

本书为高等职业本专科院校楼宇智能化工程技术、建筑工程技术、电气自动化技术、生产过程自动化、机电一体化技术、自动控制技术等专业的教材，也可作为开放大学、成人教育、自学考试、中职学校和培训班的教材，以及企业工程技术人员的参考资料。

本书由浙江建设职业技术学院马福军任主编并统稿，同时编写项目 1；浙江建设职业技术学院张智靓编写项目 2、杨斌编写项目 3；浙江建设职业技术学院苏山和杭州第一技师学院沈霖共同编写项目 4；杨斌和浙江广厦建设职业技术学院祝小红共同编写项目 5。全书由浙江中安电子科技有限公司陈家龙总工程师进行主审，并对本书的编写提出了许多宝贵的建议，本书在编写过程中还得到杭州鸿雁智能科技有限公司张焕荣总经理的大力支持，在此一并表示感谢。

鉴于编者水平和时间有限，书中难免有不妥和错漏之处，恳请读者批评指正。

为方便教学，本书配有免费的电子教学课件、效果测评参考答案，请有需要的教师登录华信教育资源网（http://www.hxedu.com.cn）免费注册后进行下载，如有问题请在网站留言或与电子工业出版社联系（E-mail:hxedu@phei.com.cn）。

编　者

目 录

绪 论

1. 本课程的性质和任务

本课程是一门实用性很强的专业课，主要内容是以电动机或其他执行电器为控制对象，介绍继电接触器控制系统、PLC 控制系统的工作原理、电动机的变频驱动控制、典型建筑机电设备的电气控制线路以及电气控制系统的设计方法。本课程的重点是可编程序控制器、电动机的变频驱动和常用建筑机电设备的控制原理分析。

PLC 控制系统的应用越来越普遍，已成为工业自动化的重要手段之一，但这并不意味着继电接触器控制系统就不重要了。首先，继电接触器控制在小型电气控制系统中还普遍使用，而且它是组成电气控制系统的基础；其次，尽管可编程序控制器取代了继电接触器控制系统，但它所取代的主要是逻辑控制部分，而电气控制系统中的信号采集和驱动输出部分仍要由电气元器件及控制电路来完成，所以对继电接触器控制系统的学习仍是非常必要的。本课程的目的是让学生掌握非常实用的工业控制技术以及培养他们的实际应用和动手能力。

本课程的基本任务：

（1）熟悉常用控制电器的结构原理、用途及型号，达到正确使用和选用的目的。

（2）熟练掌握电气控制电路的基本环节，具备阅读和分析电气控制电路的能力，能设计简单的电气控制电路。

（3）熟悉 PLC 的基本工作原理及简单 PLC 控制电路的硬件设计。

（4）熟练掌握 PLC 的基本指令系统和典型电路的编程，掌握 PLC 的程序设计方法，能够根据生产过程要求进行系统设计，编制应用程序。

（5）熟悉变频器应用的一般知识。

（6）熟悉建筑楼宇常用机电设备的基本知识及它们的电气控制。

（7）熟悉电气控制工程的规划、设计、制造与安装调试一般知识。

2. 电气控制技术的发展

随着科学技术的不断发展，生产工艺不断提出新的要求，电气控制技术经历了从手动控制到自动控制，从简单的控制设备到复杂的控制系统，从有触头的硬接线控制系统到以计算机为中心的存储控制系统的转变。新的控制理论和新型电器及电子器件的出现，推动了电气控制技术不断发展。

在电力拖动方式的演变过程中，电力拖动的控制方式由手动控制向自动控制发展。最初的自动控制系统是由接触器、继电器、按钮、行程开关等组成的继电接触器控制系统。这种控制具有使用的单一性，即一台控制装置仅针对某一种固定程序的设备而设计，一旦程序变动，就得重新配线。而且这种控制的输入、输出信号只有通和断两种状态，因而这种控制是断续的，不能连续反映信号的变化，故称为断续控制。这种系统具有结构简单、价格低廉、维护容易、抗干扰能力强的优点，至今仍是机床和其他许多机械设备广泛使用的基本电气控制方式，也是学习先进电气控制的基础。这种控制系统的缺点是采用固定的接线方式，灵活性差，工作频率低，触头易损坏，可靠性差。

为了使控制系统获得更好的静态和动态特性，采用了反馈控制系统，它由连续控制元件组成，它不仅能反映信号的通或断，而且能反映信号的大小和变化，称为连续控制系统。用作连续控制的元件，以前采用的是电机扩大机和磁放大器，随着半导体器件和晶闸管的发展，采用了晶闸管作为控制元件的控制系统。

20 世纪 60 年代出现了一种能够根据生产需要、方便地改变控制程序的顺序控制器。它是通过组合逻辑元件的插接或编程来实现继电接触器控制线路的装置，能满足程序经常改变的控制要求，使控制系统具有较大的灵活性和通用性，但仍采用硬件手段且装置体积大，功能也受到一定限制。对于复杂的控制系统则采用计算机控制，但掌握难度较大。70 年代出现了用软件手段来实现各种控制功能，以微处理器为核心的新型工业控制器——可编程控制器，它把计算机的完备功能、灵活性、通用性好等优点和继电接触器控制系统的操作方便、价格低、简单易懂等优点结合起来，是一种适应工业环境需要的通用控制装置，并独具风格地采用以继电器梯形图为基础的形象编程语言和模块化的软件结构，使编程方法和程序输入方法简化，且使不熟悉计算机的人员也能很快掌握其使用技术。现在 PLC 已作为一种标准化通用设备普遍应用于工业控制，由最初的逻辑控制为主发展到能进行模拟量控制，具有数字运算、数据处理和通信联网等功能，PLC 已成为电气自动化控制系统中应用最为广泛的控制装置。

交流电动机变频调速技术是在近几十年来迅猛发展起来的电力拖动先进技术，其应用领域十分广泛。变频调速技术是一种以改变交流电动机的供电频率来达到交流电动机调速目的的技术。电动机有直流电动机和交流电动机，由于直流电动机调速容易实现，性能好，因此过去生产机械的调速多用直流电动机。但直流电动机固有的缺点是，由于采用直流电源，它的滑环和碳刷要经常更换，故费时费工，成本高，给人们带来不少的麻烦。因此人们希望，让简单可靠价廉的笼式交流电动机也能像直流电动机那样调速。这样就出现了定子调速、变极调速、滑差调速、转子串电阻调速和串极调速等交流调速方式，但其调速性能都无法和直流电动机相比。直到 20 世纪 80 年代，由于电力电子技术、微电子技术和信息技术的发展，才出现了变频调速技术。它一出现就以其优异的性能逐步取代其他交流电动机调速方式，乃至直流电动机调速系统，而成为电气传动的中枢。

由以上可知，电气控制技术的发展是伴随着社会生产规模的扩大，生产水平的提高而前进的。电气控制技术的进步又促进了社会生产力的提高。随着微电子技术、电力电子技术、检测传感技术、机械制造技术的发展，21 世纪电气控制技术必将给人类带来更加繁荣的明天。

项目 1
电动机驱动控制实施

在国民经济各行各业的生产机械上广泛使用着电力拖动自动控制设备。它们主要是以各类电动机或其他执行电器为控制对象，采用电气控制的方法来实现对电动机或其他执行电器的启动、停止、正反转、调速、制动等运行方式的控制，并以此来实现生产过程自动化，满足生产加工工艺要求。

不同生产机械或自动控制装置的控制要求是不同的，其相应的控制电路也是千变万化的，但是它们都是由一些具有基本规律的基本环节、基本单元，按一定的控制原则和逻辑规律组合而成的。所以，深入掌握这些基本单元电路及其逻辑关系和特点，再结合生产机械具体的生产工艺要求，就能掌握电气控制电路的基本分析方法和设计方法。

电气控制电路的实现，可以是继电器-接触器逻辑控制方法，也可以是可编程逻辑控制器及计算机控制方法等，但继电器-接触器控制方法仍然是最基本的、应用十分广泛的方法。

项目分析

根据电动机驱动控制实施的工程实践，对本项目配置了 6 个学习任务，分别是：

任务 1.1　三相异步电动机点动和连续运转控制；

任务 1.2　三相异步电动机正反转运转控制；

任务 1.3　三相异步电动机降压启动控制；

任务 1.4　三相异步电动机的调速控制；

任务 1.5　三相异步电动机的制动控制；

任务 1.6　直流电动机的电气控制。

任务 1.1 三相异步电动机点动和连续运转控制

任 务 描 述

三相异步电动机点动和连续运转是适应生产机械有短时间断运转和连续运转的需求，因此，对拖动生产机械的电动机也有点动与连续运转两种控制方式。掌握三相异步电动机点动和连续运转的控制实施是十分必要的。本任务的学习目标为：

（1）掌握三相异步电动机点动和连续运转控制设备；

（2）掌握三相异步电动机点动和连续运转原理图中图形符号、文字符号；

（3）掌握三相异步电动机点动和连续运转原理图。

任 务 信 息

1.1.1 常用低压电器

1. 低压电器的作用

从作用上来讲，低压电器是指在低压供电系统中，能够依据操作指令或外界现场信号的要求，手动或自动地改变电路的状况、参数，用以实现对电路或被控对象的控制、保护、测量、指示、调节和转换等的电气器械。低压电器的作用有以下几种。

（1）控制作用　如控制电动机的正反转运动。

（2）检测作用　利用仪表及与之相适应的电器，对设备、电网或其他非电参数进行测量，如速度继电器、温度开关等。

（3）保护作用　能根据设备的特点，对设备、环境以及人身实行自动保护，如电机的过热保护以及漏电保护等。

（4）转换作用　在用电设备之间转换或对低压电器、控制电路分时投入运行，以实现功能切换，如建筑泵房中消防泵的自动泵和备用泵之间的切换等。

（5）指示作用　利用低压电器的控制、保护等功能，检测出设备运行状况与电气电路工作情况，如绝缘监测、保护掉牌指示等。

（6）调节作用　低压电器可对一些电量和非电量进行调整，以满足用户的要求，如房间温湿度的调节、建筑物照度的自动调节等。

当然，低压电器的作用远不止这些，随着科学技术的发展，新器件、新设备的不断出现，低压电器也会开发出更多新功能。

2. 刀开关

1）刀开关的作用及分类

刀开关主要用在低压成套配电装置中，用于手动不频繁地接通和分断交直流电路，有时也用作隔离开关。刀开关按极数分为单极、双极和三极，按操作方式分为直接手柄操作式、杠杆操作机构式和电动操作机构式，按刀开关转换方式分为单投和双投等。根据国家标准，刀开关在电气控制线路中用文字符号"QS"表示，图形符号如图 1-1-1 所示。

图 1-1-1 刀开关的图形符号及文字符号

刀开关选用的主要原则是保证其额定绝缘电压和额定工作电压不低于线路的额定电压，额定工作电流不小于线路的额定电流。在散热和通风良好的场合，刀开关的额定电流可以等于线路额定电流；在开关柜内或散热条件比较差的情况，一般选 1.15 倍电路工作电流。在开关柜内使用，还要考虑操作方式，如杠杆操作机构、旋转式操作机构等。当刀开关控制电动机时，其额定电流要大于电动机额定电流的 3 倍。

2）常用的刀开关

（1）HD（单投）和 HS（双投）系列

按现行新标准称为 HD 系列刀形隔离器，而 HS 为双投刀形转换开关。这两种系列的刀开关主要用于 380 V、50 Hz 交流电路中做隔离电源或电流转换用。HS 系列主要用于转换电源，即当一路电源不能供电，需要另一路电源供电时就由它来进行转换，当转换开关处于中间位置时，可以起隔离作用。HD、HS 系列刀开关实物示意图如图 1-1-2 所示。

图 1-1-2 HD、HS 系列刀开关实物示意图

（2）胶盖闸刀开关

胶盖闸刀开关又称开启式负荷开关，适用于 220 V（380 V）、50 Hz，额定电流小于 100 A 的电路中，作为不频繁接通和分断小容量线路之用。其中三极开关适当降低容量后，可作为小型电动机手动不频繁启动及分断用。常用的有 HK 系列。胶盖刀开关如图 1-1-3 所示。

（3）铁壳开关

铁壳开关又称封闭式负荷开关，适合在额定电压交流 380 V，直流 440 V，额定电流至 60 A 的电路，作为手动不频繁地接通与分断负荷电路及短路保护之用，在一定条件下也可起连续过负荷保护作用，一般用于控制小容量的交流异步电动机。该开关是由刀开关及熔断器结合的组合电器，能快速接通和分断负荷电路，采用正面或侧面手柄操作，并装有连锁装置，保证箱盖打开时，开关不能闭合及开关闭合时箱盖不能打开。开关的外壳分为钢板拉伸及折板式两种，上下均有进出线孔，如图 1-1-4 所示。

（4）组合开关

在电气控制线路中，它是一种常被作为电源引入的开关，可以用它来直接启动或停止小功率电动机或使电动机正反转。组合开关又叫转换开关，实质上是一种三极闸刀开关。常用的三极组合开关有三对静触头和三对动触头。三对动触头装在绝缘方轴上，利用手柄转动方轴使动触头与静触头接通或断开。组合开关实物、结构示意图和图形文字符号如图 1-1-5、图 1-1-6、图 1-1-7 所示。

图 1-1-3　胶盖刀开关

图 1-1-4　HH 型铁壳开关实物图

图 1-1-5　组合开关实物图

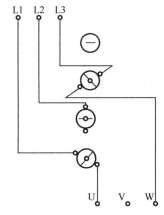

图 1-1-6　组合开关结构示意图

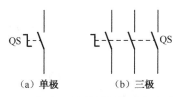

（a）单极　　　　（b）三极

图 1-1-7　组合开关的图形符号与文字符号

3. 熔断器

1）熔断器的作用和分类

熔断器是一种被广泛应用的最简单、最有效的保护电器之一。其主体是低熔点金属丝或由金属薄片制成的熔体，串联在被保护的电路中。在正常情况下，熔体相当于一根导线，当发生短路或过载时，电流很大，熔体因过热熔化而切断电路。熔断器具有结构简单、价格低廉、使用和维护方便等优点。常用的低压熔断器有瓷插式、螺旋式、无填料封闭管式、有填料封闭管式等几种。

熔断器选择使用时应注意：熔断器的类型应根据使用场合及安装条件进行选择，电网配电一般用管式熔断器；电动机保护一般用螺旋式熔断器；照明电路一般用瓷插式熔断器；保护可控硅则应选择快速熔断器。熔断器的额定电压必须大于或等于线路的电压。熔断器的额定电流必须合理选择。对于变压器、电炉和照明等负载，熔体的额定电流应略大于线路负载的额定电流；对于一台电动机负载的短路保护，熔体的额定电流应大于或等于 1.5～2.5 倍电动机的额定电流；对几台电动机同时保护，熔体的额定电流应大于或等于其中最大容量的一台电动机的额定电流的 1.5～2.5 倍加上其余电动机额定电流的总和；对于降压启动的电动机，熔体的额定电流应等于或略大于电动机的额定电流。图 1-1-8 为熔断器的图形符号和文字符号。

2）常用熔断器

（1）瓷插式熔断器

瓷插式熔断器结构简单，价格低廉，更换熔丝方便，广泛用作照明和小容量电动机的保护。瓷插式熔断器实物如图 1-1-9 所示。

图 1-1-8　熔断器的图形符号
和文字符号

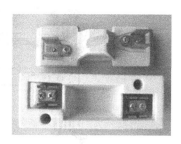

图 1-1-9　瓷插式熔断器的实物图

（2）螺旋式熔断器

螺旋式熔断器主要由瓷帽、熔断管（熔心）、瓷套、上下接线桩及底座等组成。常用的 RL1 系列螺旋式熔断器的实物如图 1-1-10 所示。它具有熔断快、分断能力强、体积小、更换熔丝方便、安全可靠和熔丝熔断后有显示等优点，适用于额定电压为 380 V 及以下、电流在 200 A 以内的交流电路或电动机控制电路中，作为过载或短路保护。

图 1-1-10　RL1 系列螺旋式熔断器的实物图

螺旋式熔断器的熔断管内除装有熔丝外，还填满起灭弧作用的石英砂。熔断管的上盖中心装有带色熔断指示器，一旦熔丝熔断，指示器即从熔断管上盖中跳出，显示熔丝已熔断，并可从瓷盖上的玻璃窗口直接发现，以便拆换熔断管。

（3）无填料封闭管式熔断器

常用的无填料封闭管式熔断器为 RM 系列，主要由熔断管、熔体和静插座等部分组成，具有分断能力强、保护性好、更换熔体方便等优点，但造价较高。无填料封闭管式熔断器适用于额定电压交流为 380 V 或直流为 440 V 的各电压等级的电力线路及成套配电设备中，作为短路保护或防止连续过载时使用。RM10 系列无填料封闭管式熔断器外形和结构如图 1-1-11 所示。

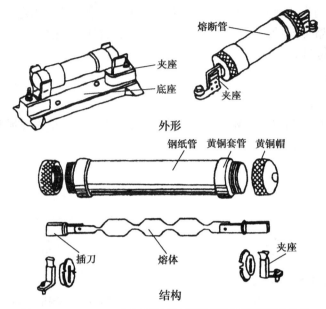

图 1-1-11　RM10 系列无填料封闭管式熔断器外形和结构

（4）有填料封闭管式熔断器

使用较多的有填料封闭管式熔断器为 RT 系列，主要由熔管、触刀、夹座、底座等部分组成。它具有极限断流能力大（可达 50 kA）、使用安全、保护特性好、带有明显的熔断指示器等优点，缺点是熔体熔断后不能单独更换，造价较高。有填料封闭管式熔断器适用于交流电压为 380 V、额定电流为 1 000 A 以内的高短路电流的电力网络和配电装置中，作为电路、电动机、变压器及电气设备的过载与短路保护。RT 系列有填料封闭管式熔断器如图 1-1-12 所示。

图 1-1-12　RT 系列有填料封闭管式熔断器

（5）NT 系列低压高分断能力熔断器

NT 系列低压高分断能力熔断器具有分断能力强（可达 100 kA）、体积小、质量轻、功耗小等优点，适用于额定电压至 660 V，电流至 1 000 A 的电路中，作为工业电气设备过载

和短路保护使用。NT2 型熔断器的熔体如图 1-1-13 所示。

4. 按钮

按钮又称控制按钮，是发出控制指令和信号的电器开关，是一种手动且一般可以自动复位的主令电器，用于对电磁启动器、接触器、继电器及其他电气线路发出控制信号指令。按钮实物如图 1-1-14 所示，结构示意图如图 1-1-15 所示。

图 1-1-13　NT2 型熔断器的熔体实物图

图 1-1-14　按钮实物图

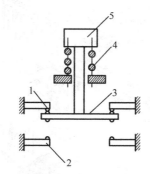

1—常闭静触头；2—常开静触头；3—动触头；4—复位弹簧；5—按钮帽

图 1-1-15　按钮的结构示意图

按钮由按钮帽、复位弹簧、动触头、常闭静触头、常开静触头和外壳组成，通常制成具有常开触头和常闭触头的复式结构。指示灯式按钮内可装入信号等显示信号。

按钮的结构形式有多种，适用于不同的场合：紧急式装有突出的蘑菇形钮帽，以便于紧急操作；旋钮式用于旋转式操作；指示灯式在透明的按钮内装入信号灯，用作信号显示；钥匙式为了安全起见，必须用钥匙插入方可旋转操作，等等。为了表明各种按钮的作用，避免误操作，通常将按钮帽做成不同的颜色以示区别，其颜色有红、绿、黑、黄、蓝、白等。一般红色表示停止按钮，绿色表示启动按钮。

按钮的文字符号为"SB"，其图形符号如图 1-1-16 所示。

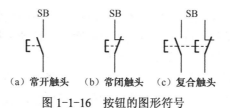

（a）常开触头　　（b）常闭触头　　（c）复合触头

图 1-1-16　按钮的图形符号

在电气控制系统中，用于发送控制指令的电器设备称为主令电器。常用的主令电器有按钮、行程开关、万能转换开关、主令控制器等。

5. 接触器

接触器是用来频繁接通或切断较大负载电流电路的一种电磁式控制电器。其主要控制对象是电动机或其他电器设备。其特点是控制容量大、操作频率高、使用寿命长、工作可靠、性能稳定、维护简便，是一种用途广泛的电器。

按其主触头通断电流的种类，接触器可以分为直流接触器和交流接触器两种，其线圈电流的种类一般与主触头相同，但有时交流接触器也可以采用直流控制线圈或直流接触器采用交流控制线圈。

1）交流接触器的结构与工作原理

交流接触器的结构如图 1-1-17 所示，它是由电磁机构、触头系统、灭弧装置及其他部件等四部分组成，现分述如下。

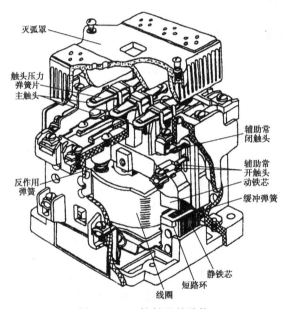

图 1-1-17　接触器的结构

（1）电磁机构：电磁机构由线圈、动铁芯和静铁芯组成。它是接触器触头系统的驱动系统。

（2）触头系统：由主触头和辅助触头组成。主触头通常为三对常开触头，用于接通或切断主电路。辅助触头一般有常开和常闭各两对，在电气线路中起着电气自锁和互锁的作用。

（3）灭弧装置：用来熄灭触头断开或接通大电流时产生的电弧。

（4）其他部件：包括反作用弹簧、触头压力弹簧片、传动机构及外壳等。

交流接触器的工作原理可以用图 1-1-18 说明。当线圈通电后，静铁芯产生电磁吸力将动铁芯吸合。动铁芯带动触头系统动作，使常闭触头断开，常开触头闭合。当线圈断电时，电磁铁吸力消失。动铁芯在反作用弹簧力的作用下释放，触头系统随之复位。

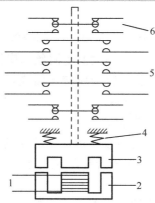

1—线圈；2—静铁芯；3—动铁芯；4—复位弹簧；5—主触头；6—辅助触头

图 1-1-18 交流接触器结构原理图

接触器的文字符号为"KM"，图形符号如图 1-1-19 所示。

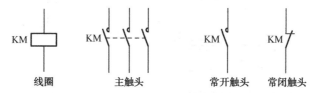

图 1-1-19 接触器的图形符号

2）交流接触器的选用

（1）接触器类型的选择：根据电路中负载电流的种类来选择，即交流负载应选用交流接触器，直流负载应选用直流接触器。

（2）主触头额定电压和额定电流的选择：接触器主触头的额定电压应大于或等于负载电路的额定电压，主触头的额定电流应大于负载电路的额定电流。

（3）线圈电压的选择：交流线圈电压：36 V、110 V、127 V、220 V、380 V；直流线圈电压：24 V、48 V、110 V、220 V、440 V；从人身和设备安全角度考虑，线圈电压可选择低一些；但当控制线路简单、线圈功率较小时，为了节省变压器，可选 220 V 或 380 V。

（4）触头数量及触头类型的选择：通常接触器的触头数量应满足控制回路数的要求，触头类型应满足控制线路的功能要求。

（5）接触器主触头额定电流的选择：主触头额定电流应满足下面的条件，即

$$I_{N主触头} \geq P_{N电动机} /[(1\sim1.4)U_{N电动机}]$$

若接触器控制的电动机启动或正反转频繁，接触器主触头的额定电流降一级使用。

（6）接触器主触头额定电压的选择：使用时，主触头额定电压大于或等于负载的额定电压。

6. 热继电器

1）热继电器的原理与结构

热继电器是利用电流的热效应原理来保护电动机，使之免受长期过载的危害。电动机过载时间过长，绕组温升超过允许值时，将会加剧绕组绝缘的老化，缩短电动机的使用年

限，严重时会使电动机绕组烧毁。

热继电器主要由热元件、双金属片和触头三部分组成，它的原理图如图 1-1-20 所示。图中 3 是发热元件，是一段电阻不大的电阻丝，串接在电动机的主电路中。图中 4 是双金属片，由两种不同线膨胀系数的金属碾压而成，图中 4 下层金属的线膨胀系数大，上层的小。当电动机过载时，电阻丝的电流增大，发热加剧，产生的热量使双金属片向上弯曲，经过一定时间后，弯曲位移增大，因而脱扣，扣板 1 在弹簧 2 的拉力作用下，将常闭触头 5 断开。触头 5 是串接在电动机的控制电路中的常闭触头，当电动机过载时断开使接触器的线圈断电，从而断开电动机的主电路。若要使热继电器复位，则按下复位按钮 6 即可。

热继电器由于有热惯性，当电路短路时不能立即动作将电路断开，因此不能作为短路保护。同理，在电动机启动或短时过载时，热继电器也不会动作，这可避免电动机不必要的停车。

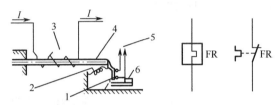

1—扣板；2—弹簧；3—热元件；4—双金属片；5—常闭触头；6—复位按钮

图 1-1-20　热继电器的原理图和热继电器的图形文字符号

2）热继电器的选择

热继电器的主要技术参数包括额定电压、额定电流、相数、热元件编号、整定电流调节范围、有无断相保护等。

热继电器的额定电流是指允许的热元件的最大额定电流。热元件的额定电流是指该元件长期允许通过的电流值。每一种额定电流的热继电器可分别装入若干种不同额定电流的热元件。

热继电器的整定电流是指热继电器的热元件允许长期通过，但又刚好不致引起热继电器动作的电流值。为了便于用户选择，某些型号中的不同整定电流的热元件用不同编号来表示。对于某一热元件的热继电器，可以通过调节其旋钮，在一定范围内调节电流整定值。

热继电器的选择按照下列原则进行。

（1）一般情况下可选用两相结构的热继电器。对于电网电压均衡性较差、无人看管的电动机或与大容量电动机公用一组熔断器的电动机，宜选用三相结构的热继电器。对于三相绕组作三角形连接的电动机，应采用有断相保护装置的三个热元件热继电器作过载和断相保护。

三相异步电动机运行时，若发生一相短路，电动机各相绕组电流的变化情况将与电动机绕组的接法有关。热继电器的动作电流是根据电动机的线电流来整定的。对于星形连接的电动机，由于相电流等于线电流，当电源一相短路时，其他两相的电流将过载，可使热继电器动作，因此对于星形连接的电动机可以采用普通的两相或三相热继电器进行长期过载保护。而对于三角形连接的电动机，正常情况下，线电流为相电流的 1.7 倍；当发生一相断线（断相）时，未断相的线电流等于相电流的 1.5 倍，即在相同负载下（各相电流相等）断相后的线电流比正常工作时的线电流小，当发生过载时（相电流超过其额定值），有可能其线电流还没有达到热继电器的动作电流，热继电器不会动作。因此对于三角形连接的电动机进行断相保护时，必须采用具有断相保护功能的热继电器，如 JR16、JR20 等系列的热继电器。

（2）热元件的额定电流等级一般应略大于电动机的额定电流。热元件选定后，将热继电器的整定电流调整到与电动机的额定电流相等，如果电动机的启动时间较长，可将热继电器的整定电流整定到稍大于电动机的额定电流。

（3）对于工作时间较短、间歇时间较长的电动机或出于安全考虑不允许设置过载保护的电动机（如消防泵），一般不设置过载保护。

（4）双金属片式热继电器一般用于轻载、不频繁启动电动机的过载保护。对于重载、频繁启动的电动机，也可以选用过电流继电器进行过载或短路保护。

1.1.2　三相交流异步电动机

电机分为直流电机和交流电机，是实现电能和其他形式的能相互转换的装置。从用电和发电的情况看又分发电机和电动机，直流电机的发电机和电动机从结构上看区别不大。交流电机的发电机和电动机从结构上看区别较大。交流异步电动机又分单相交流异步电动机和三相交流异步电动机。交流异步电动机具有结构简单、制造方便、价格低廉、运行可靠、维修方便等一系列优点，因此广泛用于工农业生产、交通运输、国防工业和日常生活等许多方面。下面主要介绍三相交流异步电动机的结构、工作原理、选用等基本知识。

1. 三相交流异步电动机的结构

三相交流异步电动机主要由定子和转子两大部分组成，另外还有端盖、轴承及风扇等部件，如图 1-1-21 所示。

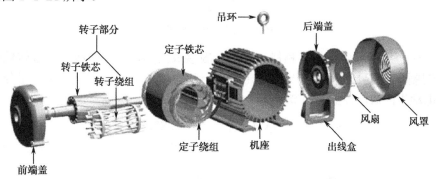

图 1-1-21　三相交流异步电动机结构

1）定子

三相交流异步电动机的定子由定子铁芯、定子绕组和机座等组成。定子铁芯是电动机的磁路部分，一般由厚度为 0.5 mm、其内圆冲成均匀分布的槽的硅钢片叠成，如图 1-1-22（a）所示。槽内嵌入三相定子绕组，绕组和铁芯之间有良好的绝缘。

（a）定子冲片　　　　　　　（b）转子冲片

图 1-1-22　铁芯冲片

定子绕组是电动机的电路部分，由三相对称绕组组成，并按一定的空间角度依次嵌入定子槽内，三相绕组的首、尾端分别为 U1、V1、W1 和 U2,、V2、W2，接线方式与电源电压有关，可接成星形（Y）或三角形（△）。

机座一般由铸铁或铸钢制成，其作用是固定定子铁芯和定子绕组，封闭式电动机外表面还有散热筋，以增加散热面积。

机座两端的端盖，用来支承转子轴，并在两端设有轴承座。

2）转子

转子包括转子铁芯、转子绕组和转轴。

转子铁芯是由厚度为 0.5 mm、外圆周围冲有槽的硅钢片叠成，如图 1-1-22（b）所示。

转子绕组有笼型和绕线型两种，笼型转子绕组一般用铝浇入转子铁芯的槽内，并将两个端环与冷却用的风扇翼浇铸在一起，如图 1-1-23 所示。

图 1-1-23　笼型转子

绕线型转子绕组和定子绕组相似，绕组一般接成星形，三个出线头通过转轴内孔分别接到三个铜制集电环上，而每个集电环上都有一组电刷，通过电刷使转子绕组与变阻器接通来改善电动机的启动性能或调节转速，如图 1-1-24 所示。

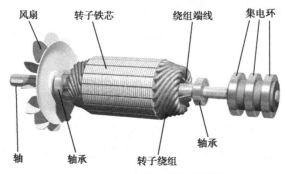

风扇　　转子铁芯　　绕组端线　　集电环

轴　　轴承　　转子绕组　　轴承

图 1-1-24　三相绕线转子的结构

2. 三相交流异步电动机的工作原理

三相交流异步电动机的定子绕组中通入对称三相电流后，就会在电动机内部产生一个与三相电流的相序方向一致的旋转磁场。这时，静止的转子导体与旋转磁场之间存在相对运动，切割磁力线而产生感应电动势，转子绕组中就有感应电流通过。有电流的转子导体受到旋转磁场的电磁力作用，产生电磁转矩，使转子按旋转磁场方向转动，其转速略小于旋转磁场的转速，所以称为"异步"电动机。

3. 三相交流异步电动机的铭牌和技术数据

1）铭牌

每台电动机出厂前，机座上都钉有一块铭牌，如图 1-1-25 所示，它就是一个最简单的说明书，主要包括型号、额定值、接法等。

三相交流异步电动机			
型号	Y112M-4	功率	4 kW
电压	380 V	电流	8.8 A
接法	△	转速	1 440 r/min
频率	50 Hz	绝缘等级	E
温升	80 ℃	工作方式	S1
防护等级	IP44	重量	45 kg
××电机厂		2006年×月×日	

图 1-1-25 Y 系列三相交流异步电动机的铭牌

2）技术数据

要正确使用电动机，必须要看懂铭牌上的技术数据。现以 Y112M-4 型三相交流异步电动机为例，说明铭牌上各数据的含义。

（1）型号。型号是电动机类型和规格的代号。国产三相交流异步电动机的型号由汉语拼音字母和阿拉伯数字等组成，如图 1-1-25 所示。

例如 Y112M-4 型三相交流异步电动机，其中：

Y——三相交流异步电动机的代号（异步）；

112——机座中心高度（112 mm）；

M——机座长度代号（L 为长机座，M 为中机座，S 为短机座）；

4——磁极数（4 极）。

（2）额定功率。额定功率 4 kW，是指电动机在额定运行工作情况下，轴上输出的机械功率。

（3）额定电压。额定电压 380 V，是指电动机在额定运行工作情况下，定子绕组应加的线电压值。

（4）额定电流。额定电流 8.8 A，是指电动机在额定运行工作情况下，定子绕组的线电流值。

（5）额定转速。额定转速 1 440 r/min，是指电动机在额定运行工作情况下的转速。

（6）接法。接法（△），是指三相交流异步电动机定子绕组与交流电源的连接方式。国家标准规定 3 kW 以下的三相交流异步电动机均采用星形（Y）连接，4 kW 以上的三相交流异步电动机均采用三角形（△）连接。

（7）额定工作方式。额定工作方式 S，是指三相交流异步电动机按铭牌额定值工作时允许的工作方式。分为：

S1——连续工作方式，表示可长期连续运行，温升不会超过允许值，如水泵等；

S2——短时工作方式，表示按铭牌额定值工作时，只能在规定的时间内短时运行，时间为 10 s、30 s、60 s、90 s 四种，否则将会引起电动机过热；

S3——断续工作方式，表示按铭牌额定值工作时，可长期运行于间歇方式，如吊车等。

（8）频率。频率 50 Hz，是指三相交流异步电动机使用的交流电源的频率，我国统一为 50 Hz。

（9）温升。温升 80 ℃，是指三相交流异步电动机在运行时允许温度的升高值。最高允许温度等于室温加上此温升。

（10）绝缘等级。绝缘等级 E，是指三相交流异步电动机所用的绝缘材料等级。三相交流异步电动机允许温升的高低，与所采用的绝缘材料的耐热性能有关。共分为七个等级，绝缘等级与三相交流异步电动机的允许温升关系如表 1-1-1 所示。

表 1-1-1　绝缘材料耐热性能等级

绝缘材料等级	Y	A	E	B	F	H	C
最高允许温度（℃）	90	105	120	130	155	180	180
电动机允许温升（℃）		60	75	80	120	125	大于 125

（11）防护等级。防护等级 IP44，是指三相交流异步电动机外壳防护形式的分级。IP 是防护的英文缩写，后两位数字分别表示防异物和防水的等级均为四级。

4．三相交流异步电动机的选择

1）容量的选择

电动机的容量是根据它的发热情况来选择的。在允许温度以内，电动机绝缘材料的寿命约为 15～25 年。如果经常超过允许温度发热，绝缘老化会使电动机的使用年限缩短。一般来说，多超过 8℃，使用年限就要缩短一半。电动机的发热情况又与生产机械的负载大小及运行时间长短有关。如果电动机的容量选择过小，则电动机会经常过载发热而缩短寿命；如果电动机的容量选择过大，又会经常工作在轻载状态，使效率和功率因数很低，不经济，所以应按不同的运行方式选择电动机容量，可参考表 1-1-2 所示进行选择。

表 1-1-2　电动机效率、功率因数随负载的变化

负载情况	空载	1/4 负载	1/2 负载	3/4 负载	满载
功率因数	0.2	0.5	0.77	0.84	0.88
效率	0	0.78	0.85	0.88	0.88

对于恒定负载长期工作制的电动机，其容量的选择应保证电动机的额定功率大于等于负载所需要的功率。

对于变动负载长期工作制的电动机，其容量的选择应保证当负载变到最大时，电动机仍能给出所需要的功率，同时电动机的温升不超过允许值。

对于短时工作制的电动机，其容量的选择应按照电动机的过载能力来选择。

对于重复短时工作制的电动机，其容量的选择原则上可按照电动机在一个工作循环内的平均功耗来选择。

2）结构外形的选择

为保证电动机在不同环境中安全可靠地运行，电动机结构外形的选择应参照以下原则。

（1）清洁、干燥的场合应选用开启式；

（2）灰尘少、潮气不大、无腐蚀性气体的场合应选用防护式；

（3）灰尘多、潮湿或含有腐蚀性气体的场合应选用封闭式；

（4）有爆炸性气体的场合应选用防爆式。

3）类型的选择

根据笼型和绕线转子三相交流异步电动机的不同特点，应首先考虑选用笼型，在需要调速和大启动转矩情况下（如起重机、卷扬机），应考虑选用绕线转子式。

4）电压和转速的选择

电动机的额定电压一定要和所使用的电源线电压相等。

电动机的额定转速是根据生产机械的要求来选定的。为简化传动机构，应尽量选择接近所拖动的生产机械的转速。在可能的情况下，一般应选择高转速的电动机。因为在相同功率的情况下，转速越高，极对数越少，电动机的体积越小，价格也就越便宜。但高转速电动机转矩小，启动电流大。若用在频繁启动、制动的机械上，为缩短启动时间可考虑选择低速电动机。

1.1.3　电气识图常识

1. 电气图分类

电气图是表达电气信息的结构文件，电气结构信息文件是交流电气技术信息的载体。按照新的国家标准规定，电气图不仅包括工程技术人员熟知的概略图、逻辑图、电路图、接线图等电气简图，也包括接线表、零件表、说明书等设计文件。

下面介绍两种主要的电气图。

（1）电路图：表示系统、分系统、装置、部件、设备软件等实际电路的简图，采用按功能排列的图形符号来表示各元件和连接关系，以表示功能而无须考虑项目的实体尺寸、形状或位置。电路图可为了解电路所起的作用、编制接线文件、测试和寻找故障、安装和维修等提供必要的信息。

（2）接线图（表）：表示或列出一个装置或设备的连接关系的简图（表）。

2. 电气图用文字符号和图形符号

电气图用文字符号和图形符号是绘制电路图等功能性简图的依据，是电气工程语言。

（1）图形符号：通常用于图样或其他文件以表示一个设备或概念的图形、标记或字符，统称为图形符号。

（2）文字符号：文字符号适用于电气技术领域中文件的编制，也可表示在电气设备、装置和元器件上或其近旁，以标明电气设备、装置和元器件的名称、功能和特征。

例如，前面所讲到的低压电器都有自己的图形符号和文字符号。

3. 电路图的绘图原则

（1）电气原理图一般分主电路（主回路）和辅助电路（辅助回路）两部分：主电路就是从电源到电动机大电流通过的路径，由熔断器、接触器主触头、热继电器等组成；辅助电路包括控制电路、照明电路、信号电路及保护电路等，由继电器和接触器的线圈、继电器的触头、接触器的辅助触头、按钮、照明灯、信号灯、控制变压器等电器元件组成。一般主电路画在辅助电路的左侧或上面。

（2）控制系统内的全部电机、电器和其他器械的带电部件，都应在原理图中表示出来。同一种类的电气元件用同一字母符号后加数字序号来区分。例如电路中的两个接触器分别用 KM1、KM2 来表示。

（3）原理图中各电气元件不画实际的外形图，而采用国家规定的统一标准图形符号，文字符号也要符合国家标准规定。

（4）原理图中，各个电气元件和部件在控制线路中的位置，应根据便于阅读的原则安排，同一电气元件的各个部件可以不画在一起。例如，接触器、继电器的线圈和触头可以不画在一起。

（5）图中元件、器件和设备的可动部分，都按没有通电和没有外力作用时的状态画出。

（6）原理图的绘制应布局合理、排列均匀，为了便于看图，可以水平布置，也可以垂直布置。

（7）电气元件应按功能布置，并尽可能按工作顺序排列，其布局顺序应该是从上到下，从左到右。电路垂直布置时，类似项目宜横向对齐；水平布置时，类似项目应纵向对齐。

（8）电气原理图中，有直接联系的交叉导线连接点要用黑圆点表示，无直接联系的交叉导线连接点不画黑圆点。

（9）为了安装和检修方便，电机和电器的接线端均应标记编号。主电路的接线端点一般用一个字母附加数字加以区分。辅助电路的接线端按等电位的原则用数字标注。

任 务 实 施

1. 三相异步电动机点动运转电路

图 1-1-26 所示控制电路为点动控制电路。图中 KM 为接触器，FU1 为熔断器，SB 为启、停按钮，M 为电动机。

动作过程分析：合上电源开关 QS，按下按钮 SB，按钮常开触头闭合，接触器 KM 线圈得电，接触器的衔铁在电磁吸力的作用下迅速带动常开触头闭合，三相电源接通，电动机启动。当按钮 SB 松开时，按钮常开触头断开，接触器 KM 线圈失电，在复位弹簧的作用下接触器主触头断开，电动机停止转动。由于在按钮按下时电动机才转动，按钮松开时电动机停止，因此称该电路为点动电路。

点动控制的使用场所：点动控制电路常用于短时工作制电气设备或需精确定位场合，如吊车吊钩移动控制等。点动控制基本环节一般是在接触器线圈中串接常开控制按钮。

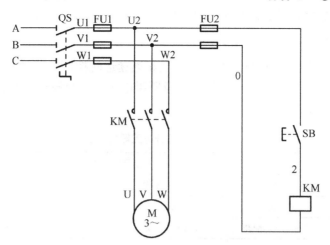

图 1-1-26　电动机点动控制电路图

2. 三相异步电动机连续运转电路

点动控制电路设备在连续工作时就显得十分不便，为此应该设计一种能自动保持按钮动作状态的电路。最简单的方法是采用机械自锁的按钮，按钮按下时，依靠机械动作将按钮锁在按下状态。但在电气线路中，常用电气自锁的方法。由于常开按钮按下时，按钮两端电路接通。因此，如果在按钮按下后，能将按钮两端短接，而在按钮没按下前，按钮两端保持不短接状态即可。要满足这一要求，只需在按钮两端并接一随按钮同时动作的接触器常开辅助触头即可。例如图 1-1-27 中按钮 SB2 两端并联接触器 KM 的辅助常开触头即可实现电动机的单方向连续运行。这种利用接触器的辅助常开触头保持接触器的吸合状态的方法称为自锁。

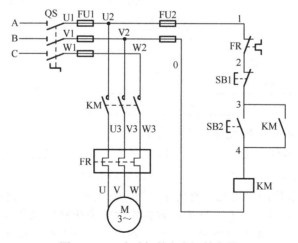

图 1-1-27　电动机单方向运转电路

3. 绘制安装接线图

安装接线图是根据电气设备和电器元件的实际位置和安装情况绘制的，只用来表示电气设备和电器元件的位置、配线方式和接线方式，而不明显表示电气动作原理。为了具体安装接线、检查线路和排除故障，必须根据原理图绘制安装接线图。安装接线图中各电器元件的图形符号及文字符号必须与原理图一致。

4．系统实施计划

（1）准备器材：精读三相异步电动机点动和连续运转控制电路的原理图。明确线路的控制要求、工作原理、操作方法、结构特点及所用电器元件的规格。表 1-1-3 为系统实施所需电器元件及电工器材等。

表 1-1-3　电器元件及部分电工器材、仪表明细表

序号	名　称	型号与规格	数量
1	三相异步电动机	根据实际情况定	1
2	刀开关	根据实际情况定	1
3	熔断器及熔芯配套	根据实际情况定	10
4	接触器	根据实际情况定	2
5	热继电器	根据实际情况定	2
6	按钮	复合型	2
7	端子排	根据实际情况定	若干
8	主电路导线	BV—1.5 mm^2	若干
9	控制电路导线	BVR—0.75 mm^2	若干
10	接地线	BVR—1.5 mm^2	若干
11	控制板	5 500 mm×500 mm×20 mm	2
12	异型编码套管	ϕ3.5 mm	若干
13	螺钉	根据实际情况定	若干
14	电工通用工具	验电笔、钢丝钳、螺丝刀、电工刀、尖嘴钳、剥线钳、手电钻、活动扳手、压接钳等	1 套
15	万用表	MF47 型	1
16	兆欧表	500 V	1
17	钳形电流表	数字型	1
18	劳保用品	绝缘鞋、工作服等	1

（2）检查电气元器件：按元器件明细表配齐电器元件，检查所选用的电器元件的外观应完整无损，附件、备件是否齐全，各元器件是否合格。重点检查接触器的线圈电压与电源电压是否相符、触头动作是否可靠。调整热继电器的整定电流值。

用万用表、兆欧表检测电器元件及电动机的有关技术数据是否符合要求。

（3）确定元器件在配线板上的位置：首先确定交流接触器的位置，然后再逐步确定其他电器的位置。元器件的布置要整齐、匀称、合理，做到安装时便于布线，出现故障后便于检修。

（4）固定元器件：

① 各元器件的安装位置要整齐、匀称、间距合理和便于更换；

② 紧固各元器件时应用力均匀，紧固程度适当；在紧固熔断器、接触器等易碎元器件时，应用手按住元器件，轮流旋紧对角线上的螺钉，直到固定元器件即可。

（5）控制回路、主回路布线。

（6）安装电动机。

（7）连接电动机保护接地线。

（8）连接电源、电动机等控制板外部的导线。

（9）通电试车。

5．实施步骤

1）安装

按电气接线图确定的走线方向进行布线。先布控制回路线，再布主回路线，工艺要求如下。

◆ 布线通道尽可能少，同路并列的导线按主、控电路分类集中，单层密排，紧贴安装面布线；同一平面导线不能交叉。

◆ 布线要横平竖直，弯成直角，分布均匀和便于检修。

◆ 布线次序一般是以接触器为中心，由里向外，由低至高，先控制电路后主电路，主、控制回路上下层次分明，以不妨碍后续布线为原则。

◆ 剥去绝缘层的线头两端套上标有与原理图编号相符的号码套管。

◆ 不论是单股线还是多股线的芯线头，插入连接端时，必须插入到底。多股导线要绞紧，同时导线绝缘层不得插入接线端，而且接线端外侧导线裸露不能超过芯线外径，螺钉要拧紧不可松脱。

◆ 单股芯线头连接前，将线头按顺时针方向弯成平压圈（俗称羊眼圈），导线裸露不超过导线芯线外径。软线头绞紧后以顺时针方向，圈绕螺钉一周后，回绕一圈，端头压入螺钉。外露裸导线不超过所使用导线的芯线外径。

◆ 每个电器元件上的每个接点不能超过两个线头。

◆ 控制板与外部按钮、电源、负载的连接应穿护线管，且连接线用多股软铜线。电源、负载也可用橡胶电缆连接。

2）安装电动机

3）连接电动机保护接地线

4）连接电源、电动机等控制板外部的导线

5）通电试车

（1）试车前的检查

安装完毕的控制电路板，必须经过认真检查后才能通电试车，以防止接线错误或漏接线引起线路动作不正常，甚至造成短路事故。应按以下步骤进行检查。

① 核对接线：按电气原理图或电气接线图从电源端开始，逐段核对接线及接线端子处线号，重点检查主回路有无漏接、错接及控制回路中容易接错的线号，还应核对同一导线两端线号是否一致。

② 检查端子接线：检查端子上所有接线压接是否牢固，接触是否良好，不允许有松动、脱落现象，以免通电试车时因导线虚接造成故障。

③ 用万用表检查：在控制电路不通电时，用手动来模拟电器的操作动作，用万用表测

量线路的通断情况。应根据控制电路的动作来确定检查步骤和内容；根据原理图和接线图选择测量点。先断开控制电路检查主电路，再断开主电路检查控制电路。主电路不带负荷（即电动机）时相间绝缘情况，接触器主触头接触的可靠性，热继电器、热元件是否良好，动作是否正常等；控制电路的各个环节及自锁的动作情况及可靠性等。

④ 用 500 V 兆欧表检查线路的绝缘电阻，绝缘电阻不应小于 1 MΩ。

（2）通电试车

自检布线的正确性、合理性、可靠性及元件安装的牢固性。确保无误后才能进行通电试车。通电时和带电检修时，必须有现场监护。如果出现故障，应独立进行检修。检查三相电源电压正常后，然后按先控制电路通电试车，再接通主电路带负载通电试车。

电动机启动前应先做好停车准备，启动后要注意电动机运行是否正常。若发现电动机启动困难、发出噪声、电动机过热、电流表指示不正常，应立即停车断开电源进行检查。

试车正常后，电动机才能投入运行。通电试车完毕，先拆除三相电源线，再拆除电动机负载线。

任 务 总 结

通过三相异步电动机的点动和连续运转控制实施项目的学习应能掌握该项目所涉及的低压电器，正确理解相关低压电器的功能、作用以及技术参数，具备初步选用低压电器的能力；通过该项目的学习，应掌握电气原理图、接线图等电气图的绘制原则，并能正确理解三相异步电动机的点动和连续运转控制的工作原理和绘制接线图。通过该项目的学习，应掌握电气控制系统实施的基本步骤，掌握常用设备的安装与系统的调试方法。

效 果 测 评

正确理解三相异步电动机的点动和连续运转控制原理图，根据给定的实践条件，完成以下任务。

（1）三相异步电动机的点动运转接线图；

（2）三相异步电动机的连续运转控制接线图。

任务 1.2 三相异步电动机正反转运转控制

任 务 描 述

生产机械往往要求实现正反两个方向的运动，例如主轴的正反转和起重机的升降等，这就要求电动机可以正反转。电动机正反转控制电路是电动机中最常见的基本控制电路。掌握三相异步电动机正反转控制和实施是十分必要的。本任务的学习目标为：

（1）掌握三相异步电动机正反转运行控制设备；

（2）掌握三相异步电动机正反转运转原理图中图形符号、文字符号；

（3）掌握三相异步电动机正反转运转原理图。

任 务 信 息

1.2.1 简单正反转控制电路

图 1-2-1 所示控制电路为三相异步电动机简单的正反转控制电路。图中 KM1、KM2 分别为正转、反转控制接触器;FU 为熔断器;SB1、SB2 分别为正转、反转启动按钮,SB3 为停止按钮;FR 为热继电器;M 为三相异步电动机。

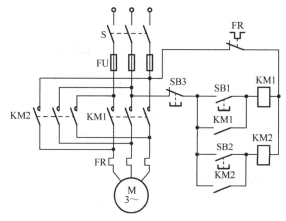

图 1-2-1 简单的正反转控制电路

动作过程分析:

(1)正转启动过程。按下启动按钮 SB1,接触器 KM1 线圈通电,与 SB1 并联的 KM1 的辅助常开触头闭合,以保证 KM1 线圈持续通电,串联在电动机回路中的 KM1 的主触头持续闭合,电动机连续正向运转。

(2)停止过程。按下停止按钮 SB3,接触器 KM1 线圈断电,与 SB1 并联的 KM1 的辅助触头断开,以保证 KM1 线圈持续失电,串联在电动机回路中的 KM1 的主触头持续断开,切断电动机定子电源,电动机停转。

(3)反转启动过程。按下启动按钮 SB2,接触器 KM2 线圈通电,与 SB2 并联的 KM2 的辅助常开触头闭合,以保证 KM2 线圈持续通电,串联在电动机回路中的 KM2 的主触头持续闭合,电动机连续反向运转。

缺点:KM1 和 KM2 线圈不能同时通电,因此不能同时按下 SB1 和 SB2,也不能在电动机正转时按下反转启动按钮,或在电动机反转时按下正转启动按钮。如果操作错误,将引起主回路电源短路。

1.2.2 带互锁功能的正反转控制电路

1. 带电气互锁的正反转控制电路

图 1-2-2 为带电气互锁的正反转控制电路。将接触器 KM1 的辅助常闭触头串入 KM2 的线圈回路中,从而保证在 KM1 线圈通电时 KM2 线圈回路总是断开的;将接触器 KM2 的辅助常闭触头串入 KM1 的线圈回路中,从而保证在 KM2 线圈通电时 KM1 线圈回路总是断开的。这样接触器的辅助常闭触头 KM1 和 KM2 保证了两个接触器线圈不

能同时通电，这种控制方式称为互锁或者连锁，这两个辅助常开触头称为互锁或者连锁触头。

缺点：电路在具体操作时，若电动机处于正转状态要反转时必须先按停止按钮 SB3，使互锁触头 KM1 闭合后按下反转启动按钮 SB2 才能使电动机反转；若电动机处于反转状态要正转时必须先按停止按钮 SB3，使互锁触头 KM2 闭合后按下正转启动按钮 SB1 才能使电动机正转。

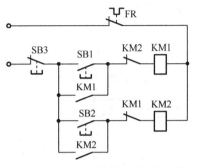

图 1-2-2　带电气互锁的正反转控制电路

2. 同时具有电气互锁和机械互锁的正反转控制电路

采用复式按钮，将 SB1 按钮的常闭触头串接在 KM2 的线圈电路中；将 SB2 的常闭触头串接在 KM1 的线圈电路中；这样，无论何时只要按下反转启动按钮，在 KM2 线圈通电之前就首先使 KM1 断电，从而保证 KM1 和 KM2 不同时通电；从反转到正转的情况也是一样。这种由机械按钮实现的互锁也叫机械或按钮互锁。图 1-2-3 为具有电气互锁和机械互锁的正反转控制电路。

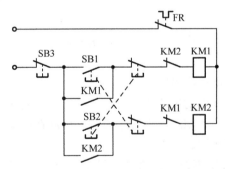

图 1-2-3　具有电气互锁和机械互锁的正反转控制电路

任 务 实 施

1. 三相异步电动机正反转控制电路实施目的和要求

对于三相异步电动机正反转控制电路的实施要求学生能正确理解电路的工作原理；能根据电气原理图按照工艺要求装接电路；会用万用表检测电路的准确性；会借助万用表排除电路故障。

任务实施的电气原理图如图 1-2-4 所示。

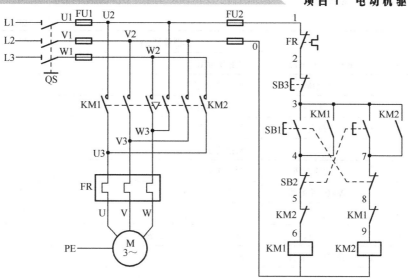

图 1-2-4　三相异步电动机正反转控制电路任务实施原理图

2. 绘制安装接线图

安装接线图是根据电气设备和电器元件的实际位置和安装情况绘制的，只用来表示电气设备和电器元件的位置、配线方式和接线方式，而不明显表示电气动作原理。为了具体安装接线、检查线路和排除故障，必须根据原理图绘制安装接线图。安装接线图中各电器元件的图形符号及文字符号必须与原理图一致。图 1-2-5 为控制面板元器件布置图。XT 为接线端子排，它是控制面板和电动机之间接线的转接点。

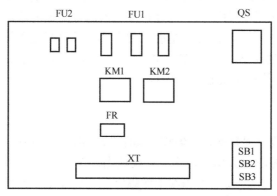

图 1-2-5　控制面板元器件布置图

3. 系统实施计划

（1）准备器材（见表 1-2-1）。

表 1-2-1　电器元件及部分电工器材、仪表明细表

序号	名　称	型号与规格	数量
1	三相异步电动机	根据实际情况定	1
2	刀开关	根据实际情况定	1

续表

序号	名 称	型号与规格	数量
3	熔断器及熔芯配套	根据实际情况定	10
4	接触器	根据实际情况定	2
5	热继电器	根据实际情况定	1
6	按钮	常开型、常闭型	3
7	端子排	根据实际情况定	若干
8	主电路导线	BV—1.5 mm²	若干
9	控制电路导线	BVR—0.75 mm²	若干
10	接地线	BVR—1.5 mm²	若干
11	控制板	5500 mm×500 mm×20 mm	1
12	异型编码套管	ϕ 3.5 mm	若干
13	电工通用工具	验电笔、钢丝钳、螺丝刀、电工刀、尖嘴钳、剥线钳、手电钻、活动扳手、压接钳等	1 套
14	万用表	MF47 型	1
15	兆欧表	500V	1
16	钳形电流表	数字型	1
17	劳保用品	绝缘鞋、工作服等	1 套

（2）检查电气元器件：按元器件明细表配齐电器元件，检查所选用的电器元件的外观应完整无损，附件、备件是否齐全，各元器件是否合格。重点检查接触器的线圈电压与电源电压是否相符、触头动作是否可靠。调整热继电器的整定电流值。

用万用表、兆欧表检测电器元件及电动机的有关技术数据是否符合要求。

（3）确定元器件在控制板上的位置：首先确定交流接触器的位置，然后再逐步确定其他电器的位置。元器件的布置要整齐、匀称、合理，做到安装时便于布线，出现故障后便于检修。

（4）固定元器件：

① 各元器件的安装位置要整齐、匀称、间距合理和便于更换；

② 紧固各元器件时应用力均匀，紧固程度适当；在紧固熔断器、接触器等易碎元器件时，应用手按住元器件，轮流旋紧对角线上的螺钉，直到固定元器件即可。

（5）控制回路、主回路布线。

（6）安装电动机。

（7）连接电动机保护接地线。

（8）连接电源、电动机等控制板外部的导线。

（9）通电试车。

4．实施步骤

系统实施步骤同三相异步电动机点动和连续运转控制实施。

任务总结

通过三相异步电动机的正反转控制项目实施，使学生掌握电动机正反转的接线方法，即交换三相异步电动机三线接线中的任意两相，就能使电动机转向发生改变；通过该项目的实施，学生还应掌握电气互锁和机械互锁的概念；进一步使学生熟练使用电工工具和常见电工仪表，掌握系统安装布线的工艺要求和系统调试，并学会用万用表排除系统故障。

效果测评

图 1-2-6 为机床工作台往复控制的原理图，SQ1、SQ2、SQ3、SQ4 为行程开关，其中 SQ1 和 SQ2 是实现行程控制，SQ3 和 SQ4 是极限控制，防止工作台超越极限行程。图 1-2-7 为工作台自动往返运动示意图。

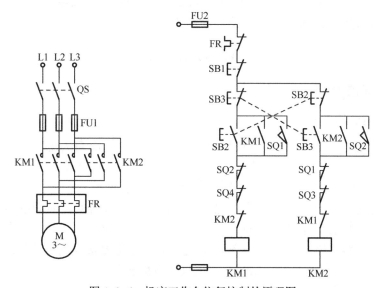

图 1-2-6　机床工作台往复控制的原理图

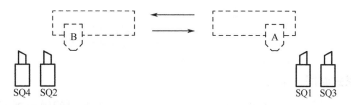

图 1-2-7　工作台自动往返运动示意图

（1）请查阅资料理解行程开关的功能及其技术参数；

（2）请分析系统工作原理；

（3）请说明本图中的自锁和连锁环节；

（4）请说明本图中电动机正反转是怎么实现的。

任务 1.3　三相异步电动机降压启动控制

任务描述

电动机的启动电流近似地与定子的电压成正比，电动机启动瞬间，产生的启动电流为额定电流的 5～7 倍，这样的电流对电动机本身和电网都不利，会造成电源电压瞬间下降以及电动机启动困难、发热，甚至烧毁电动机，所以一般对容量比较大的电动机必须采取限制启动电流的方法。电动机降压启动，启动转矩下降，启动电流也下降，只适合必须减小启动电流，又对启动转矩要求不高的场合。本任务的学习目标为：

（1）熟悉三相异步电动机降压启动控制电路；

（2）掌握三相异步电动机降压启动控制设备；

（3）掌握三相异步电动机降压启动控制原理图中图形符号、文字符号；

（4）掌握三相异步电动机星-三角启动控制原理图。

任务信息

1.3.1　时间继电器

1. 时间继电器的类型

时间继电器是按照所整定的时间间隔的长短来切换电路的自动电器。它的种类很多，常用的有空气式、电动式、电子式等。按动作原理可分为电磁式、空气阻尼式、电动机式、电子式；按延时方式可分为通电延时型与断电延时型两种。

通电延时型是指时间继电器接收到电信号后，等待一段时间，时间继电器的触头延时动作（即常开触头闭合，常闭触头断开）；当电信号取消（断电），其触头立即复原（即常开触头断开，常闭触头闭合）。而断电延时型是指时间继电器接收到电信号后，其触头立即动作；当电信号取消（断电）后，等待一段时间，其触头延时复原。

常用的 JS7-A 系列时间继电器的型号含义如下：

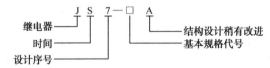

2. 空气阻尼式时间继电器

下面介绍空气阻尼式时间继电器的延时原理，其他类型的时间继电器就不介绍了。

图 1-3-1 所示为 JS7-A 型空气式时间继电器结构示意图，它是利用空气的阻尼作用而获得动作延时的，主要由电磁系统、触头、气室和传动机构组成。当线圈通电时，衔铁就被吸上，使衔铁与活塞杆之间有一段距离。在塔形弹簧的作用下，活塞杆就向上移动。由于在活塞上固定有一层橡皮膜，因此当活塞向上移动时，橡皮膜下方空气变稀薄，压力减小，而上方的压力加大，限制了活塞杆上移的速度，只有当空气从进气孔进入时，活塞杆才继续上移，直至压下杠杆，使微动开关动作。可见，从线圈通电开始到触头（微动开

关）动作需要经过一段时间，此段时间即继电器的延时时间。旋转调节螺钉，改变进气孔的大小，就可以调节延时时间的长短。线圈断电后复位弹簧使橡皮膜下降，空气从单向排气孔迅速排出，不产生延时作用。这类时间继电器称为通电延时式继电器，它有两对通电延时的触头，一对是常开触头，一对是常闭触头，此外还可装设一个具有两对瞬时动作触头的微动开关。该空气式时间继电器经过适当改装后，还可成为断电延时式继电器，即通电时它的触头动作，而断电后要经过一段时间它的触头才能复位。

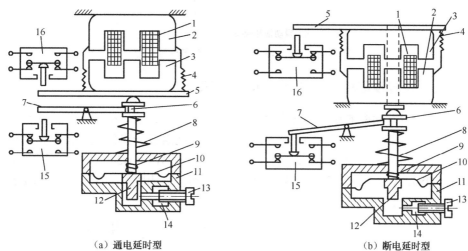

（a）通电延时型　　　　　　　　　　（b）断电延时型

1—线圈；2—铁芯；3—衔铁；4—复位弹簧；5—推板；6—活塞杆；7—杠杆；8—塔形弹簧；9—弱弹簧；10—橡皮膜；11—空气室壁；12—活塞；13—调节螺钉；14—进气孔；15、16—微动开关

图 1-3-1　时间继电器的结构示意图

3. 时间继电器的选用

1）类型的选择

在要求延时范围大、延时准确度较高的场合，应选用电动式或电子式时间继电器。在延时精度要求不高、电源电压波动大的场合，可选用价格较低的电磁式或气囊式时间继电器。

2）线圈电压的选择

根据控制线路电压来选择时间继电器吸引线圈的电压。

3）延时方式的选择

时间继电器有通电延时和断电延时两种，应根据控制线路的要求来选择哪一种延时方式的时间继电器。

时间继电器的文字符号和图形符号如图 1-3-2 所示。

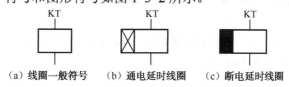

（a）线圈一般符号　　（b）通电延时线圈　　（c）断电延时线圈

图 1-3-2　时间继电器的图形文字符号

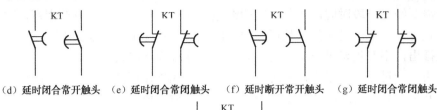

（d）延时闭合常开触头　（e）延时闭合常闭触头　（f）延时断开常开触头　（g）延时闭合常闭触头

（h）瞬动常开触头（i）瞬动常闭触头

图 1-3-2　时间继电器的图形文字符号（续）

1.3.2　三相异步电动机星形和三角形接法

三相交流异步电动机的接线主要是指接线盒内的接线。电动机的定子绕组是三相交流异步电动机的电路部分，由三相对称绕组组成，三个绕组按一定的空间角度依次嵌放在定子槽内。三相绕组的首端分别用 U1（D1）、V1（D2）、W1（D3）表示，尾端对应用 U2（D4）、V2（D5）、W2（D6）表示。为了便于变换接法，三相绕组的六个线头都引到电动机的接线盒内，如图 1-3-3 所示。

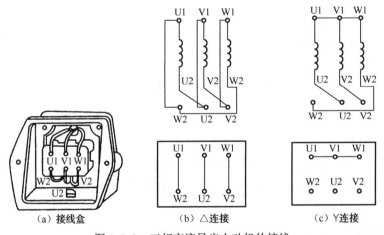

（a）接线盒　　　　　（b）△连接　　　　　（c）Y连接

图 1-3-3　三相交流异步电动机的接线

根据电源电压的不同和电动机铭牌的要求，电动机三相定子绕组可以接成三角形（△）或星形（Y）两种形式。

三角形（△）连接：将第一组的尾端 U2 接第二相的首端 V1，第二相的尾端 V2 接第三相的首端 W1，第三相的尾端 W2 接第一相的首端 U1，然后将三个接点分别接三相电源，如图 1-3-3（b）所示。

星形（Y）连接：将三相绕组的尾端 U2、V2、W2 接在一起，首端 U1、VI、W1 分别接到三相电源，如图 1-3-3（c）所示。

1.3.3　三相异步电动机降压启动控制电路

三相异步电动机降压启动控制常见电路有：星形-三角形降压启动、自耦变压器降压启

动等,还有延边三角形降压启动、定子串电阻降压启动,这两种启动方式较少采用。

1. 星形-三角形降压启动控制电路

星形-三角形(Y-△)降压启动是指电动机启动时,把定子绕组接成星形,以降低启动电压,减小启动电流;待电动机启动后,再把定子绕组改接成三角形,使电动机全压运行。Y-△启动只能用于正常运行时为△形接法的电动机。图 1-3-4 为 Y-△降压启动控制原理图,其工作原理如下。

(1)按钮、接触器控制 Y-△降压启动控制电路

图 1-3-4(a)为按钮、接触器控制 Y-△降压启动控制电路。电路的工作原理为:按下启动按钮 SB2,KM1、KM2 得电吸合,KM1 自锁,电动机星形启动,待电动机转速接近额定转速时,按下 SB3,KM2 断电、KM3 得电并自锁,电动机转换成三角形全压运行。

(2)时间继电器自动控制 Y-△降压启动控制电路

图 1-3-4(b)为时间继电器自动控制 Y-△降压启动控制电路,电路的工作原理为:按下启动按钮 SB2,KM1、KM2 得电吸合,电动机星形启动,同时 KT 也得电,经延时后时间继电器 KT 常闭触头打开,使得 KM2 断电,常开触头闭合,使得 KM3 得电闭合并自锁,电动机由星形切换成三角形正常运行。

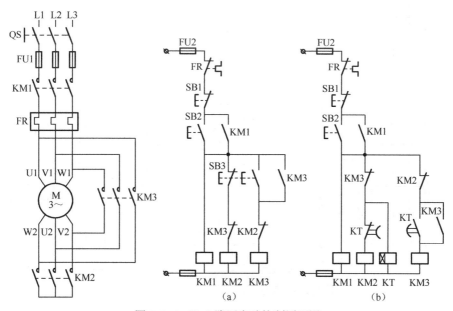

图 1-3-4 Y-△降压启动控制原理图

2. 自耦变压器降压启动控制电路

自耦变压器降压启动是指电动机启动时利用自耦变压器来降低加在电动机定子绕组上的启动电压,待电动机启动后,再使电动机与自耦变压器脱离,从而在全压下正常运动。这种降压启动分为手动控制和自动控制两种。自耦变压器的高压边接入电网,低压边接至电动机,有几个不同电压比的分接头供选择。自耦变压器降压启动的优点是可以按允许的启动电流和所需的启动转矩来选择自耦变压器的不同抽头实现降压启动,而且不论电动机的定子绕组采用 Y 或△接法都可以使用;缺点是设备体积大,投资较多。图 1-3-5 为自耦

变压器降压启动控制原理图。

图中 KM1 为减压启动接触器，KM2 为全压运行接触器，KA 为中间继电器，KT 为减压启动时间继电器，HL1 为电源指示灯，HL2 也为减压启动指示灯，HL3 为正常运行指示灯。

电路工作原理：合上主电路与控制电路电源开关，HL1 灯亮，表明电源电压正常。按下启动按钮 SB2，KM1、KT 线圈同时通电并自锁，将自耦变压器接入，电动机由自耦变压器二次电压供电作减压启动，同时指示灯 HL1 灭，HL2 亮，显示电动机正进行减压启动。当电动机转速接近额定转速时，时间继电器 KT 通电延时闭合触头闭合，使 KA 线圈通电并自锁，其常闭触头断开 KM1 线圈电路，KM1 线圈断电释放，将自耦变压器从电路切除；KA 的另一对常闭触头断开，HL2 指示灯灭；KA 的常开触头闭合，使 KM2 线圈通电吸合，电源电压全部加在电动机定子上，电动机在额定电压下进入正常运转，同时 HL3 指示灯亮，表明电动机减压启动结束。由于自耦变压器星形连接部分的电流为自耦变压器一、二次电流之差，故用 KM2 辅助触头来连接。

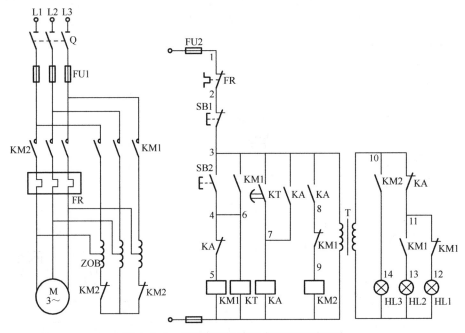

图 1-3-5　自耦变压器降压启动控制原理图

任 务 实 施

1. 三相异步电动机 Y-△ 控制电路实施目的和要求

能通过安装的线路实现 Y-△ 的控制，控制线路电压为 220 V。要求学生在任务实施过程中，能正确使用常用的电工工具和电工仪表，如万用表等；正确选择相关低压电器；安装布线要整齐，连接要可靠；配电箱内的接线要正确；按线路图正确接线，要求配线长度适度，不能出现压皮、露铜等现象；线路功能正常，通电测试无短路现象，能实现项目要求的功能。任务实施的电气原理图如图 1-3-4 所示。

2. 绘制安装接线图

根据电气原理图 1-3-4，正确选择相关低压电器，在控制屏上合理布置元器件，并按元器件的实际位置布置图绘制安装接线图。图 1-3-6 为 Y-△启动控制电路元件布置图。

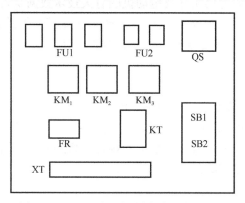

图 1-3-6　Y-△启动控制电路元件布置图

3. 系统实施计划

（1）准备器材（见表 1-3-1）。

表 1-3-1　电器元件及部分电工器材、仪表明细表

序号	名　称	型号与规格	数量
1	三相异步电动机	根据实际情况定	1
2	刀开关	根据实际情况定	1
3	熔断器及熔芯配套	根据实际情况定	10
4	接触器	根据实际情况定	3
5	热继电器	根据实际情况定	1
6	时间继电器	根据实际情况定	1
7	按钮	常开型、常闭型	2
8	端子排	根据实际情况定	若干
9	主电路导线	BV—1.5 mm^2	若干
10	控制电路导线	BVR—0.75 mm^2	若干
11	接地线	BVR—1.5 mm^2	若干
12	控制板	5 500 mm×500 mm×20 mm	1
13	异型编码套管	ϕ3.5 mm	若干
14	电工通用工具	验电笔、钢丝钳、螺丝刀、电工刀、尖嘴钳、剥线钳、手电钻、活动扳手、压接钳等	1 套
15	万用表	MF47 型	1
16	兆欧表	500 V	1
17	钳形电流表	数字型	1
18	劳保用品	绝缘鞋、工作服等	1 套

（2）检查电气元器件：按元器件明细表配齐电器元件，检查所选用的电器元件的外观应完整无损，附件、备件是否齐全，各元器件是否合格。重点检查接触器的线圈电压与电源电压是否相符、触头动作是否可靠。调整热继电器的整定电流值。

用万用表、兆欧表检测电器元件及电动机的有关技术数据是否符合要求。

（3）确定元器件在控制板上的位置：首先确定交流接触器的位置，然后再逐步确定其他电器的位置。元器件的布置要整齐、匀称、合理，做到安装时便于布线，出现故障后便于检修。

（4）固定元器件：

① 各元器件的安装位置要整齐、匀称、间距合理和便于更换；

② 紧固各元器件时应用力均匀，紧固程度适当；在紧固熔断器、接触器等易碎元器件时，应用手按住元器件，轮流旋紧对角线上的螺钉，直到固定元器件即可；

（5）控制回路、主回路布线。

（6）安装电动机。

（7）连接电动机保护接地线。

（8）连接电源、电动机等控制板外部的导线。

（9）通电试车。

4. 实施步骤

系统实施步骤基本同三相异步电动机点动和连续运转控制实施，但要注意以下事项。

（1）电动机必须安放平稳，其金属外壳与按钮盒的金属部分须可靠接地。

（2）用 Y-△降压启动控制的电动机，必须有 6 个出线端且定子绕组在三角形接法时的额定电压等于电源线电压。

（3）接线时要保证电动机三角形接法的正确性，即接触器 KM3 主触头闭合时，应保证定子绕组的 U1 与 W2、V1 与 U2、W1 与 V2 相连接。

（4）接触器 KM2 的进线必须从三相定子绕组的末端引入，若误将其首端引入，则在 KM2 吸合时，会产生三相电源短路事故。

（5）控制板外部配线，必须按要求一律装在导线通道内，使导线有适当的机械保护，以防止液体、铁屑和灰尘的侵入。在训练时可适当降低标准，但必须以能确保安全为条件，如采用多芯橡皮线或塑料护套软线。

（6）通电校验前要再检查一下熔体规格及时间继电器、热继电器的各整定值是否符合要求。

（7）通电校验时必须有指导教师在现场监护，学生应根据电路的控制要求独立进行校验，若出现故障也应自行排除。

（8）安装训练应在规定定额时间内完成，同时要做到安全操作和文明生产。

任 务 总 结

通过三相异步电动机星-三角启动控制项目实施，使学生理解星-三角启动控制的直接原因，掌握其工作原理；熟悉电气控制工程实施的一般步骤；通过该项目的实施，学生还应掌握三相异步电动机定子绕组星形接法和三角形接法；进一步使学生熟练使用电工工具和常见电工仪表，掌握系统安装布线的工艺要求和系统调试，并学会用万用表排除系统故障。

效 果 测 评

三相绕线转子电动机转子绕组可通过铜环经电刷与外电路电阻相接，以减小启动电流，提高转子电路功率因数和启动转矩，故适用于重载启动的场合。

按绕线型转子启动过程中串接装置不同分串电阻启动和串频敏变阻器启动电路，转子串电阻启动又有按时间原则和电流原则控制两种。

串接在三相转子绕组中的启动电阻一般都接成星形。启动时，将全部启动电阻接入，随着启动的进行，电动机转速的升高，转子启动电阻依次被短接，在启动结束时，转子外接电阻全部被短接。

图1-3-7为转子串三级电阻按时间原则控制的转子电阻启动电路。请分析其工作原理。

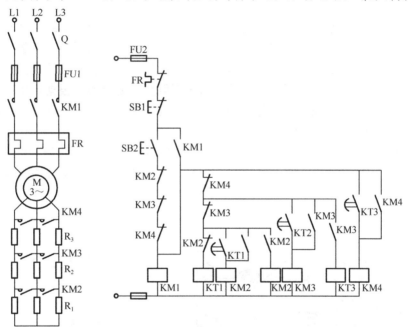

图1-3-7 时间原则控制转子电阻启动电路

任务1.4 三相异步电动机的调速控制

任 务 描 述

电气设备在工作过程中，根据工作状态的不同，对设备有不同的速度要求。例如，为了提高工作效率，要求起重机的吊钩在吊起重物后要有较快的运行速度；重物在接近目的地时，为了减小停止运行时的机械冲击，速度又要放慢。因此，针对电气设备在不同工作情况下的速度变化要求，需要控制系统采取相应措施，改变电动机的转速，这种在负载过程中改变电动机运行速度的方法称为电动机的调速。三相交流电动机的调速方法有变极变速、变频变压调速和转子回路串电阻调速。转子回路串电阻调速只能应用于绕线式电动机，变极调速、变频变压调速多应用于三相鼠笼式电动机。本任务的学习目标为：

（1）熟悉三相异步电动机调速的主要方法；

（2）熟悉三相异步电动机各种调速方法的工作原理；

（3）熟悉万能转换开关和主令电器；

（4）提高电气控制电路的调试技巧。

任 务 信 息

1.4.1 主令控制器

主令控制器是用来频繁地切换复杂的多回路控制电路的主令电器。它操作轻便，允许每小时通电次数多，触头为双断点桥式结构，适用于按顺序操作的多个控制回路，在起重设备上普遍使用。

主令控制器一般由触头系统、凸轮、定位机构、转轴、面板、接线柱及其支承件等组成。图 1-4-1 为主令控制器的结构示意图，图中凸轮块固定于方轴上，静触头由桥式动触头的动作来完成闭合与断开。当操作者用手柄转动凸轮块的方轴使凸轮块推压小轮带动支杆向外张开，将被操作的回路断电，在其他情况下触头是闭合的。根据每块凸轮块的形状不同，可使触头按一定的顺序闭合与断开。这样只要安装一层一层不同形状的凸轮块即可实现控制回路顺序的接通与断开。

主令控制器的文字符号为"SQ"，图形符号如图 1-4-2 所示。图形符号中的每一个横线代表一对触头，而用竖细线代表手柄位置。哪一路接通就在代表该位置的虚线上的触头下面用黑点"·"表示。

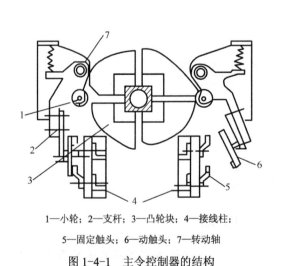

1—小轮；2—支杆；3—凸轮块；4—接线柱；

5—固定触头；6—动触头；7—转动轴

图 1-4-1　主令控制器的结构

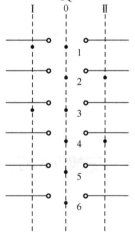

图 1-4-2　主令控制器图形符号

1.4.2 三相异步电动机变极调速

变极调速就是在电动机运行过程中改变电动机磁极对数的调速方法。根据电机学理论，三相异步电动机的转速 $n=60f_1(1-s)/p$，f_1 为电源频率，s 为转差率，p 为磁极对数。当变更电动机定子绕组的磁极对数时，电动机转速便会随之改变。

1. 变极调速的控制要求

三相异步电动机往往采用两种方法变更绕组磁极对数：一种是改变每相定子绕组的连接关系；另一种是在定子上设置具有不同磁极对数的两套互相独立的绕组。这两种方法也可以应用在同一台电动机上，以获得较多的速度变化。改变每相定子绕组的连接关系实现变极的方法如图 1-4-3。

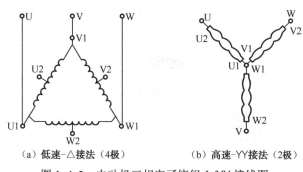

（a）低速-△接法（4极）　　　（b）高速-YY接法（2极）

图 1-4-3　电动机三相定子绕组△/YY 接线图

图 1-4-3 为 4/2 极的单绕组双速电动机定子绕组接线示意图，其中图 1-4-3（a）将电动机定子绕组的 U1、V1、W1 三个接线端子接三相电源，而将电动机定子绕组的 U2、V2、W2 三个接线端子悬空，每相绕组的两个线圈串联，三相定子绕组为△连接，此时磁极为 4 极。

若要电动机高速工作时，可接成图 1-4-3（b）形式，将电动机定子绕组的 U2、V2、W2 三个接线端子接三相电源，而将另外 3 个接线端子 U1、Vl、W1 连在一起，这样连接以后原来三相定子绕组的△连接立即变为双 Y 连接，此时每相绕组的两个线圈为并联，磁极为 2 极。此种接法电动机的转速是低速时的 2 倍。

2. 控制电路分析

图 1-4-4 是变极调速控制电路图。控制电路动作过程分析如下。

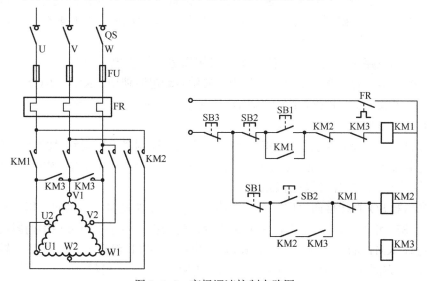

图 1-4-4　变极调速控制电路图

合上电源开关 QS，按下低速启动按钮 SB1，低速接触器 KM1 线圈通电，其触头动作，电动机定子绕组成△连接，电动机以低速启动。

当需要换成高速时，按下高速启动按钮 SB2，接触器 KM1 先断电释放，高速接触器 KM2 和 KM3 的线圈同时通电，电动机定子绕组换接成双 Y 连接，电动机高速运转。

为了保证 KM2 和 KM3 同时通电，控制电路的自锁是由 KM2 与 KM3 的辅助常开触头串联来完成的。图 1-4-4 变极调速的过程是由操作者手动完成的，在实际应用中也可以通过时间继电器自动控制。

1.4.3　三相异步电动机变频变压调速

变频变压调速是通过改变作用在三相交流电动机定子绕组的电源电压和频率来改变电动机转速的调速方法。根据电机学原理，交流电动机的转速公式 $n=60f_1(1-s)/p$，若均匀地改变定子频率 f_1，则可以平滑地改变电动机的转速。因此，在各种异步电动机调速系统中，变频变压调速的性能最好，效率最高，是交流电动机调速的主要发展方向。但是，变频变压调速需要变频设备，其技术含量高，维修人员需要具备相应的技术素质。

三相异步电动机变频变压调速在项目 4 中将会详细介绍，在此不再赘述。

1.4.4　绕线式三相异步电动机转子回路串电阻调速

电动机转子绕组回路的电阻增加时，电动机的同步转速不变，临界转矩不变，机械特性曲线（反映电动机转矩和转速之间关系的特性曲线）会向下倾斜，因此绕线式电动机可以通过在转子回路串电阻的方式实现调速控制。

绕线式异步电动机转子串电阻调速的优点是：方法简单方便，容易实现，初期投资少，而且调速电阻还可以兼作启动与制动电阻使用，因而在起重机械的拖动系统中得到广泛应用。它的主要缺点是：调速电阻只能分级调节，级数又不宜太多，所以调速的平滑性差；由于转速上限是额定转速，转子串电阻后机械特性变软，转速下限受静差度限制，调速范围不大，空、轻载时串电阻转速变化不大，因此只适合于负载较重的场合进行调速；在调速过程中，外加电阻要消耗电能，设备的使用成本会增高。图 1-4-5 为绕线式电动机转子回路串电阻调速控制电路图。

为了使控制电路可靠地工作，控制电路采用直流电源供电，电动机的启动、停止和调速采用主令控制器控制。调速电阻 R1 与 R2 兼做启动电阻使用。KC1、KC2、KC3 为过电流继电器，作过载保护。KT1、KT2 为断电延时型时间继电器，作启动电阻切除控制。KA 作失压保护。电路的工作过程如下。

启动前的准备。合上自动开关 QF1、QF2，将主令控制器手柄置到"0"位，触头 S0 接通。零位继电器 KA 得电，常开触头闭合自锁，此时时间继电器 KT1、KT2 已经得电，常闭触头瞬时打开，控制电路做好启动准备。

主令控制器 SQ 直接推向"Ⅲ"挡位为启动。将主令控制器 SQ 推向"Ⅲ"挡位后，触头 S1、S2、S3 闭合，KM1 得电，主触头闭合，电动机在转子绕组每相串两段电阻的情况下启动，同时 KM1 的常闭触头断开，KT1 失电；当 KT1 经过一段时间后，触头闭合，KM2 得电，一方面 KM2 的主触头闭合，切除电阻 R1，电动机得到加速，另一方面 KM2

的辅助常闭触头断开，KT2 线圈断电；当 KT2 经过一段时间延时后，触头闭合，KM3 线圈通电，主触头闭合，切除电阻 R2，电动机进入全速运转。

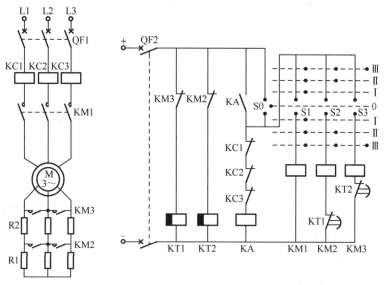

图 1-4-5　绕线式电动机转子回路串电阻调速控制电路图

主令控制器手柄推向"Ⅰ"或"Ⅱ"位为电动机调速控制。当主令控制器的手柄推向"Ⅰ"位时，主令控制器的触头只有 S1 接通，接触器 KM2、KM3 均不能得电，电阻 R1、R2 将接入转子电路中，电动机低速运行；当主令控制器的手柄推向"Ⅱ"位时，主令控制器的触头只有 S1、S2 接通，接触器 KM2 切除一段电阻，电动机中速运行，实现了三级调速控制。

电动机停车控制。当要求电动机停车时，将主令控制器手柄拨回到"0"位，接触器 KM1、KM2、KM3 均断电，电动机断电停车。

保护环节。电路中的零位继电器 KA 起失压保护作用，电动机每次启动前必须将主令控制器的手柄扳回到"0"位，否则电动机无法启动；KC1、KC2、KC3 作过流保护，正常时其常闭触头闭合。若出现过流，其常闭触头断开，中间继电器 KA 线圈断电，使接触器 KM1、KM2、KM3 线圈断电，电动机断电停止。

任 务 实 施

1. 三相异步电动机变极调速电路

采用时间继电器自动控制双速电动机的控制电路如图 1-4-6 所示。

图 1-4-6 中，SA 是转换开关，其操作手柄分为低速、高速和停止三挡，工作原理如下。

开关 SA 扳到"低速"挡位置，只有接触器 KM1 线圈通电动作，电动机定子绕组接成△接法低速运转。开关 SA 扳到"高速"挡位置，时间继电器 KT 线圈首先通电，KT 的瞬时动作触头 KT1 闭合，使接触器 KM1 的吸合线圈通电，接触器 KM1 的主触头闭合，电动机定子绕组接成△接法低速启动。经过一段时间延时后，时间继电器的常闭延时触头 KT2 断开，使接触器 KM1 断电释放，同时常开延时闭合触头 KT3 闭合，接触器 KM2 的线圈通电吸合，KM2 的常开辅助触头闭合，进而使 KM3 接触器线圈也通电动作，电动机定子绕组由 KM2、KM3 的主触头接成 YY，电机自动进入高速运转。

开关 SA 扳到中间位置，电动机处于停止状态。

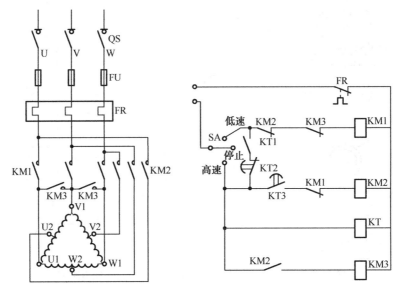

图 1-4-6　时间继电器自动控制双速电动机的控制电路

2. 绘制安装接线图

按图 1-4-7 在控制屏上布置电气元器件。为了保证电路运行的安全，在主电路和控制电路中设置合适的熔断器 FU。时间继电器选用时应注意有一对瞬动常开触头、一对延时动合触头和一对延时动断触头。图 1-4-7 为时间继电器自动控制双速电动机控制电路元器件布置图。

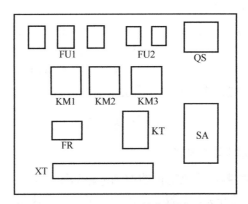

图 1-4-7　元器件布置图

3. 系统实施计划

（1）准备器材（见表 1-4-1）：精读时间继电器自动控制双速电动机的控制电路的原理图。明确线路的控制要求、工作原理、操作方法、结构特点及所用电器元件的规格。

表 1-4-1　电器元件及部分电工器材、仪表明细表

序号	名　称	型号与规格	数量
1	三相双速异步电动机	根据实际情况定	1
2	刀开关	根据实际情况定	1
3	熔断器及熔芯配套	根据实际情况定	10
4	接触器	根据实际情况定	3
5	热继电器	根据实际情况定	1
6	时间继电器	根据实际情况定	1
7	转换开关	根据实际情况定	1
8	端子排	根据实际情况定	若干
9	主电路导线	BV—1.5 mm²	若干
10	控制电路导线	BVR—0.75 mm²	若干
11	接地线	BVR—1.5 mm²	若干
12	控制板	5 500 mm×500 mm×20 mm	2
13	异型编码套管	ϕ3.5 mm	若干
14	螺钉	根据实际情况定	若干
15	电工通用工具	验电笔、钢丝钳、螺丝刀、电工刀、尖嘴钳、剥线钳、手电钻、活动扳手、压接钳等	1 套
16	万用表	MF47 型	1
17	兆欧表	500 V	1
18	钳形电流表	数字型	1
19	劳保用品	绝缘鞋、工作服等	1

（2）检查电气元器件：按元器件明细表配齐电器元件，检查所选用的电器元件的外观应完整无损，附件、备件是否齐全，各元器件是否合格。重点检查接触的线圈电压与电源电压是否相符、触头动作是否可靠。调整热继电器的整定电流值。

用万用表、兆欧表检测电器元件及电动机的有关技术数据是否符合要求。

（3）确定元器件在配线板上的位置：首先确定交流接触器的位置，然后再逐步确定其他电器的位置。元器件的布置要整齐、匀称、合理，做到安装时便于布线，出现故障后便于检修。

（4）固定元器件：

① 各元器件的安装位置要整齐、匀称、间距合理和便于更换；

② 紧固各元器件时应用力均匀，紧固程度适当；在紧固熔断器、接触器等易碎元器件时，应用手按住元器件，轮流旋紧对角线上的螺钉，直到固定元器件即可。

（5）控制回路、主回路布线。

（6）安装电动机。

（7）连接电动机保护接地线。

（8）连接电源、电动机等控制板外部的导线。

（9）通电试车。

4. 实施步骤

系统实施步骤基本同三相异步电动机点动和连续运转控制实施。

任 务 总 结

通过三相异步电动机的调速控制实施项目的学习应能掌握主令控制器和转换开关的使用，正确理解它们的功能、作用以及技术参数；通过该项目的学习，应掌握三相异步电动机调速类型及控制方法，掌握各类型调速电路的电气工作原理。进一步熟悉常用设备的安装与系统的调试方法。特别注意电气施工过程中的电气安全问题。

效 果 测 评

（1）万能转换开关的功能与结构。

① 写出万能转换开关功能作用。

② 写出万能转换开关电气图形符号和文字符号。

③ 了解万能转换开关的结构。

（2）请结合图 1-4-7 元器件布置图，绘制图 1-4-6 时间继电器自动控制双速电动机控制电路的接线图。

任务 1.5　三相异步电动机的制动控制

任 务 描 述

三相异步电动机从切除电源到完全停止旋转，由于机械惯性，总需经过一定的时间，这往往不能满足生产机械要求迅速停车的要求，也影响生产率的提高。因此应对电动机进行制动控制，制动控制方法有机械制动和电气制动。所谓的机械制动是用机械装置产生机械力来强迫电动机迅速停车；电气制动是使电动机的电磁转矩方向与电动机旋转方向相反，起制动作用。电气制动有反接制动、能耗制动、再生制动，以及派生的电容制动等。这些制动方法各有特点，适用不同场合。本任务的学习目标为：

（1）熟悉速度继电器工作原理及图形文字符号；

（2）掌握三相异步电动机单向运行反接制动控制电路工作原理及系统实施；

（3）掌握三相异步电动机可逆运行反接制动控制电路工作原理；

（4）熟悉三相异步电动机单向运行能耗制动控制电路工作原理。

任 务 信 息

1.5.1　速度继电器

速度继电器的结构示意图如图 1-5-1 所示，其图形文字符号如图 1-5-2 所示。它的工

作原理与异步电动机相似，转子是一块永久磁铁，与电动机或机械转轴连在一起，随轴转动。它的外边有一个可以转动一定角度的环，装有笼型绕组。当转轴带动永久磁铁旋转时，定子外环中的笼型绕组切割磁力线而产生感应电动势和感应电流，该电流在转子磁场的作用下产生电磁力和电磁转矩，使定子外环跟随转子转动一个角度。如果永久磁铁逆时针方向转动，则定子外环带着摆杆靠向右边，使右边的常闭触头断开，常开触头接通；当永久磁铁顺时针方向旋转时，使左边的触头改变状态，当电动机转速较低时（如小于100 r/min），触头复位。

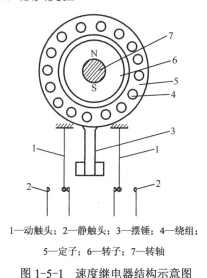

1—动触头；2—静触头；3—摆锤；4—绕组；

5—定子；6—转子；7—转轴

图 1-5-1　速度继电器结构示意图　　　　图 1-5-2　速度继电器图形文字符号

（a）转子

（b）常开触头

（c）常闭触头

1.5.2　电动机单向反接制动控制

反接制动是利用改变电动机电源的相序，使定子绕组产生相反方向的旋转磁场，因而产生制动转矩的一种制动方法。电源反接制动时，转子与定子旋转磁场的相对转速接近两倍的电动机同步转速，所以定子绕组中流过的反接制动电流相当于全压启动时启动电流的两倍，因此反接制动制动转矩大，制动迅速，冲击大，通常适用于 10 kW 及以下的小容量电动机。

为了减小冲击电流，通常在笼型异步电动机定子电路中串入反接制动电阻。另外，当电动机转速接近零时，要及时切断反相序电源，以防电动机反向再启动，通常用速度继电器来检测电动机转速并控制电动机反相序电源的断开。图 1-5-3 为电动机单向反接制动控制电路。

图中 KM1 为电动机单向运行接触器，KM2 为反接制动接触器，KS 为速度继电器，R 为反接制动电阻。启动电动机时，合上电源开关，按下 SB2，KM1 线圈通电并自锁，主触头闭合，电动机全压启动。

当与电动机有机械连接的速度继电器 KS 转速超过其动作值 140 r/min 时，其相应触头闭合，为反接制动做准备。停止时，按下停止按钮 SB1，SB1 常闭触头断开，使 KM1 线圈断电释放，KM1 主触头断开，切断电动机原相序三相交流电源，电动机仍以惯性高速旋转。当将停止按钮 SB1 按到底时，其常开触头闭合，使 KM2 线圈通电并自锁，电动机定子串入三相对称电阻接入反相序三相交流电源进行反接制动，电动机转速迅速下降。当转速下降到 KS 释放转速即 100 r/min 时，KS 释放，KS 常开触头复位，断开 KM2 线圈电路，KM2 断电释放，主触头断开电动机反相序交流电源，反接制动结束，电动机自然停车至零。

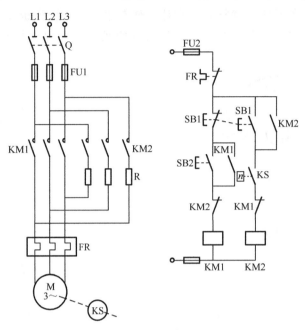

图 1-5-3 电动机单向反接制动控制电路

1.5.3 电动机可逆运行反接制动控制

图 1-5-4 为电动机可逆运行反接制动控制电路，图中 KM1、KM2 为电动机正反转接触器，KM3 为短接制动电阻接触器，KA1、KA2、KA3、KA4 为中间继电器，KS 为速度继电器，其中 KS1 为正转闭合触头，KS2 为反转闭合触头。电阻 R 启动时起定子串电阻减压启动作用，停车时电阻 R 又作为反接制动电阻。

电路工作原理：合上电源开关，按下正转启动按钮 SB2，正转中间继电器 KA3 线圈通电并自锁，其常闭触头断开，互锁了反转中间继电器 KA4 线圈电路，KA3 常开触头闭合，使接触器 KM1 线圈通电，KM1 主触头闭合使电动机定子绕组经电阻 R 接通正相序三相交流电源，电动机 M 开始正转减压启动。当电动机转速上升到一定值时，速度继电器正转常开触头 KS1 闭合，中间继电器 KA1 通电并自锁。这时由于 KA1、KA3 的常开触头闭合，接触器 KM3 线圈通电，于是电阻 R 被短接，定子绕组直接加以额定电压，电动机转速上升到稳定工作转速。所以，电动机转速从零上升到速度继电器 KS 常开触头闭合这一区间是定子串电阻减压启动。

在电动机正转运行状态须停车时，可按下停止按钮 SB1，则 KA3、KM1、KM3 线圈相继断电释放，但此时电动机转子仍以惯性高速旋转，使 KS1 仍维持闭合状态，中间继电器 KA1 仍处于吸合状态，所以在接触器 KM1 常闭触头复位后，接触器 KM2 线圈便通电吸合，其常开主触头闭合，使电动机定子绕组经电阻 R 获得反相序三相交流电源，对

电动机进行反接制动，电动机转速迅速下降，当电动机转速低于速度继电器释放值时，速度继电器常开触头 KS1 复位，KA1 线圈断电，接触器 KM2 线圈断电释放，反接制动过程结束。

　　电动机反向启动和反接制动停车控制电路工作情况与上述相似，不同的是速度继电器起作用的是反向触头 KS2，中间继电器 KA2 替代了 KA1，其余情况相同，在此不再复述。

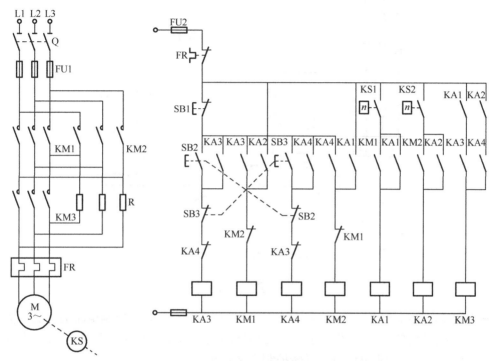

图 1-5-4　电动机可逆运行反接制动控制电路

1.5.4　电动机单向运行能耗制动控制

　　能耗制动是在电动机脱离三相交流电源后，向定子绕组内通入直流电流，建立静止磁场，转子以惯性旋转，转子导体切割定子恒定磁场产生转子感应电动势，从而产生转子感应电流，利用转子感应电流与静止磁场的作用产生制动的电磁转矩，达到制动的目的。在制动过程中，电流、转速和时间三个参量都在变化，可任取一个作为控制信号。按时间作为变化参量，控制电路简单，实际应用较多，图 1-5-5 为电动机单向运行时间原则能耗制动控制电路。

　　电路工作原理：电动机现已处于单向运行状态，所以 KM1 通电并自锁。若要使电动机停转，只要按下停止按钮 SB1，KM1 线圈断电释放，其主触头断开，电动机断开三相交流电源。同时，KM2、KT 线圈同时通电并自锁，KM2 主触头将电动机定子绕组接入直流电源进行能耗制动，电动机转速迅速下降，当转速接近零时，通电延时型时间继电器 KT 延时时间到，KT 常闭延时断开触头动作，使 KM2、KT 常闭延时断开触头动作，使 KM2、KT 线圈相继断电释放，能耗制动结束。

图中 KT 的瞬动常开触头与 KM2 自锁触头串接，其作用是：当发生 KT 线圈断线或机械卡住故障，致使 KT 常闭通电延时断开触头断不开，常开瞬动触头也合不上时，只有按下停止按钮 SB1，成为点动能耗制动。若无 KT 的常开瞬动触头串接 KM2 常开触头，在发生上述故障时，按下停止按钮 SB1 后，将使 KM2 线圈长期通电吸合，使电动机两相定子绕组长期接入直流电源。

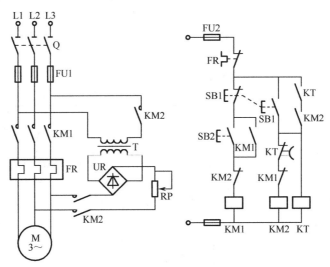

图 1-5-5　电动机单向运行时间原则能耗制动控制电路

任 务 实 施

三相异步电动机单向反接制动控制电路如图 1-5-3 所示。该控制电路的实施，类似三相异步电动机正反转控制电路实施，对三相异步电动机正反转主、控制电路稍作改造即可，实施步骤同三相异步电动机正反转控制电路实施。

具体改造为：在三相异步电动机正反转控制电路的反转电路中加入速度继电器的常开触头，在三相异步电动机正反转主电路的反转电路中串入反接制动电阻 R，在电动机轴上配置相应的速度继电器。

任 务 总 结

通过三相异步电动机制动控制实施项目的学习应能熟悉速度继电器的工作原理、电气图形文字符号；掌握三相异步电动机单向反接制动电路、可逆运行反接制动电路、单向运行能耗制动电路的制动原理，进一步提高控制电路的实践实施能力。

效 果 测 评

电动机可逆运行能耗制动控制电路如图 1-5-6 所示。图中 KM1、KM2 为电动机正反转接触器，KM3 为能耗制动接触器，KS 为速度继电器。试分析电动机可逆运行能耗制动控制的工作原理。

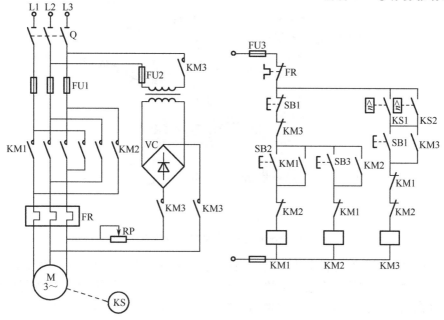

图 1-5-6　电动机可逆运行能耗制动控制电路

任务 1.6　直流电动机的电气控制

任 务 描 述

在电力拖动领域，随着变频器的出现形成交流调速技术的日渐成熟和低成本化，不断侵蚀着直流调速的"地盘"，但直到今天，直流调速仍固守着日渐缩小的"阵地"。

直流电动机具有调速性能好、调速方便平滑、调速装置简单、调速范围广等特点，能承受频繁冲击负载、过载能力强，能实现频繁启动、制动及逆向旋转，能满足各种机械负载的特性要求。本任务的学习目标为：

（1）熟悉电动机的结构及工作原理；

（2）掌握直流电动机励磁方式、铭牌数据、转向改变等基本知识；

（3）熟悉直流电动机启动、调速、制动的方法；

（4）能分析直流电动机控制的一些常见电路。

任 务 信 息

1.6.1　直流电动机的结构及工作原理

1. 直流电动机的结构

直流电动机的实物图如图 1-6-1 所示。直流电动机的结构比交流电动机复杂得多，主要由以下几部分组成。

（1）主磁极。它由主磁极铁芯及套装在铁芯上的励磁线圈构成，作用是建立主磁场。

（2）机座。它为主磁路的一部分，同时构成电动机的结构框架，由厚钢板或铸钢件构成。

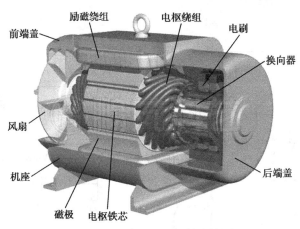

图 1-6-1　直流电动机的实物图

（3）电枢铁芯。它为电枢绕组的支撑部件，也为主磁路的一部分，由硅钢片叠压而成。

（4）电枢绕组。它是直流电动机的电路部分，由绝缘的圆形或矩形截面的导线绕成。

（5）换向器。它由许多鸽形尾的换向片排列成一个圆筒、片间用 V 形云母绝缘，两端再用两个环夹紧而构成。用作直流发电机时，称整流子，起整流作用；用于直流电动机时，用于换向。

（6）电刷装置。它由电刷、刷盒、刷杆和连线等构成，是电枢电路的引出（或引入）装置。

（7）换向极。它由铁芯和绕组构成，起改善换向、气隙磁场匀称等作用。

直流电动机的结构模型如图 1-6-2 所示。

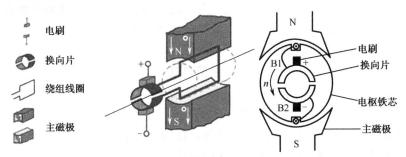

图 1-6-2　直流电动机的结构模型

图 1-6-2 为简单的两极直流电动机模型，由主磁极（励磁线圈）、电枢（电枢线圈）、电刷和换向片等组成。固定部分（定子）上装设了一对直流励磁的静止的主磁极 N、S，主磁极由励磁线圈的磁场产生；旋转部分（转子）上装设电枢铁芯与电枢绕组。电枢电流由外供直流电源所产生。定子和转子之间有一气隙。电枢线圈的首、末端分别连接于两个圆弧形的换向片上，换向片之间互相绝缘，由换向片构成的整体称为换向器。换向片固定在转轴上，与转轴也是绝缘的。在换向片上放置着一对固定不动的电刷 B1、B2，当电枢旋转时，电枢线圈通过换向片和电刷与外电路接触（引入外供直流电源）。

因为主磁极的磁场方向是固定不变的（由接入励磁电源极性所决定），要使电枢受到一个方向不变的电磁转矩，关键在于：当线圈边在不同极性的磁极下，如何将流过线圈中的电流方向及时地加以变换，即进行所谓"换向"，以确保线圈在不同磁极下的电流保持一个方向，从而使电磁转矩的方向始终保持不变。

直流电动机的实际构成比模型要复杂一些，比如增设了换向磁极（绕组）来改善换向，换向极绕组与电枢绕组相串联，增设补偿绕组（与电枢绕组相串联），两者的作用都起到减轻合成气隙磁场的畸变和减小电刷火花（环火）的作用。

2. 直流电动机的工作原理

直流电动机是将电源电能转变为轴上输出的机械能的电磁转换装置。由定子绕组通入直流励磁电流，产生励磁磁场，主电路引入直流电源，经碳刷（电刷）传给换向器，再经换向器将此直流电转化为交流电，引入电枢绕组，产生电枢电流（电枢磁场），电枢磁场与励磁磁场合成气隙磁场，电枢绕组切割合成气隙磁场，产生电磁转矩。

1.6.2　直流电动机的励磁方式

直流电动机按励磁方式分类，有他励和自励两种。他励指励磁与电枢回路在电气上相独立，自励则两者有直接的电气联系。自励多应用于小功率电机，而他励方式则多应用于中、大功率电动机。自励的励磁方式又包括：并励、串励、复励等，其中复励又有积复励和差复励之分。直流电动机的励磁方式如图 1-6-3 所示。

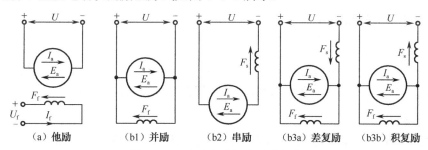

（a）他励　　（b1）并励　　（b2）串励　　（b3a）差复励　　（b3b）积复励

图 1-6-3　直流电动机的励磁方式

图 1-6-3 中，I_a 为电枢电流，E_a 为电枢反电势；F_f 为他励和并励方式下励磁电流；F_s 为串励及复励方式下的串励电流。

（1）他励方式：图（a）为他励方式，励磁绕组与电枢绕组无连接关系，用外加电流进行励磁。其他为自励方式，与电枢绕组公用电源励磁。

（2）并励方式：（b1）为并励方式，励磁绕组与电枢绕组公用同一直流电源，并且励磁绕组与电枢绕组呈并联关系。

从性能上讲，他励与并励电机性能接近，具有较硬的机械特性，转速随负载变化小，磁通为一常值，转矩随电枢电流成正比变化。但启动转矩小于串励电动机，适用于转速要求稳定，而对启动转矩无特别要求的负载。

（3）串励方式：图（b2）为串励方式。励磁线圈与电枢线圈相串联并公用电源，励磁电流即为电枢电流。串励直流电动机具有软的机械特性，转速随负载的轻重变化较大，转矩近乎与电枢电流的平方成正比。启动转矩较他励、并励直流电动机大，适用于要求启动转矩特别大，而对转速的稳定无要求的负载。

（4）复励方式：图（b3a）、（b3b）为复励方式，复励直流电动机有复励和串励两个励磁绕组，一为与电枢并联的并励绕组，一为与电枢串联的串励绕组。若串励绕组产生的磁通势与并励绕组产生的磁通势方向相同称为积复励；若相反，称为差复励。复励直流电动机具有并励和串励电动机的"折中或复合"特点，其特性介于并励和串励电动机之间。

直流电动机的运行注意事项（由运行特性和转矩特性所决定）：

（1）并励直流电动机的励磁绕组在运行中不能断开，否则易发生飞车；

（2）他励直流电动机的励磁电流在运行中不能太小，易超速运行；

（3）串励电动机则不允许空载运行，易发生飞车。

1.6.3 直流电动机的铭牌数据

每台直流电动机的外壳上都有一个铭牌，上面标有该电动机的技术数据，主要包括其型号和额定值。

1. 型号

直流电动机的型号如 Z2-41，Z 表示直流电动机，2 表示第二次统一设计，41 中的 4 表示机座号，1 表示电枢铁芯的长度序号。

直流电动机还有其他的型号表示方法，如 ZF2-151-1B、ZD2-121-1B 等，具体可查阅电工手册。

2. 直流电动机的额定值

1）额定功率

指电动机在铭牌规定的额定状态下运行时电动机的输出功率，以 kW 为单位。对电动机而言，额定功率并不是指所消耗电功率，而是指输出（轴）的机械功率。

2）额定电压

对他励电动机而言，有额定电枢电压和额定励磁电压之分。对自励电动机而言，指电源电压，以 V 为单位。

3）额定电流

对他励电动机而言，有电枢额定电流和励磁额定电流之分。对自励电动机，则指从电源线进入的电流值，以 A 为单位。

4）额定转速

指额定状态下运行时转子的转速。对他励电动机而言，有基速和最高转速之分。对自励电机，则为最高转速，以 r/min 为单位。

5）励磁方式

指电动机励磁绕组的连接和供电方式，有他励、自励等 5 种连接方式。

6）其他

如工作方式、温升、绝缘等级等。

1.6.4 直流电动机旋转方向的改变方法

直流电动机电枢的转动方向是由电枢导体的电流方向和励磁绕组电流产生的磁场方向决定的，只要改变其中一个方向，电机的转向便可改变，因此有以下两种改变电枢转向的方法。

（1）电枢绕组中电流方向改变，也就是施加在电枢绕组上的电源极性改变，而保持励磁磁场方向不变。

（2）励磁绕组中电流方向改变，使励磁磁场方向改变，而电枢电流方向不变。

通常是采用第一种方法，因为在运行中切换励磁电流方向时，易产生励磁供电消失，励磁电流为零而造成飞车的现象。

1.6.5 直流电动机的调速方法

直流电动机的调速方法从本质上讲只有两种，一种为改变电源参数，使电枢电流或励磁电流变化来实施调速；一种为改变电动机参数进行调速，如改变电枢绕组的串、并联电阻或改变励磁绕组的匝数等。

1. 串励电动机的调速方法

串励电动机的磁通是由电枢电流决定的，当负载增大时，电枢电流增大，磁通也增加，但电流与磁通不是正比关系。这是因为当电流大至一定程度时，因铁芯磁饱和，电流虽继续上升，但磁通量不再上升的缘故。其调速方法有以下两种。

（1）改变电源电压进行调速，将供电电压调低时，电机转速下降，为向下调速。

（2）改变电枢串联电阻进行调速，串联电阻阻值增大，电枢电流减小，速度下降，为向下调速。

2. 复励直流电动机的调速方法

复励直流电动机有两套励磁绕组，一套为串励绕组，一套为并励绕组，根据两套绕组不同的连接和不同匝数，可以得到不同的工作特性。其调速方法有以下四种。

（1）改变电源电压，向下调速；

（2）改变励磁绕组磁通（如调节励磁线圈匝数），弱磁（向上）调速；

（3）改变电枢串联电阻的阻值，向下调速；

（4）改变电枢回路并联电阻的阻值，向下调速。

广泛采用降低电源电压向下调速和减弱磁通向上调速的双向调速方法。

3. 并励直流电动机的调速方法

要改变电动机的转速，只要改变外施电压 U、改变磁通 Φ 或改变电枢回路电阻即可。但第三种方法，因电阻本身的功耗较大，仅适用于小功率直流电动机。

使磁通和电枢回路的电阻不变，靠调节电源电压来调速，即降低额定电压进行降速调节，电动机的转速与外施电压成正比，又称为恒转矩调速方式，调速范围大。

电源电压和电枢回路电阻不变，用改变励磁磁通进行调速，调节励磁电流，使磁通变化，是减弱磁通量进行的升速调节，又称为弱磁调速或恒功率调速，因换向和机械强度等原因，调速（升速）范围受限，一般允许升速 1.2～1.5 倍。

电源电压和磁通不变，在电枢回路中串/并联电阻进行调速，调速范围小，功耗大，调速不平滑，采用较少。

4. 他励直流电动机的调速方法

他励直流电动机的调速方法同并励电动机的三种调速方法，但他励直流电动机的励磁绕组与电枢绕组是独立的，因而在调节上更具灵活性，可以采用独立固定或可调励磁电源。常用调速方法有以下两种。

（1）固定励磁电压/电流为最大并维持恒定，改变电枢回路供电电压，为恒转矩（恒磁通）降速运行调节。调速范围为零速至基速。

（2）固定电枢电源（最大）电压并维持恒定，降低励磁电流使电动机在基速的基础上升速运行，又称为弱磁调速。调速范围为基速至最高速。

1.6.6 直流电动机的启动、停止和制动控制

1. 直流电动机的启动

直流电动机从接入电源开始，电枢由静止开始转动到额定转速的过程，称为启动过程。要求启动时间短、启动转矩大、启动电流小。启动的要求是矛盾的，比如，用逐渐提升供电电压实施软启动，来降低启动电流，但启动时间又会加长；加大启动转矩，又势必增大启动电流等，因而要根据实际应用和配置情况，对启动问题综合考虑。

（1）直接启动：只适用于小型直流电动机。启动方法是先给电动机加励磁，并调节励磁电流达到最大，当励磁磁场建立后，再使电枢绕组直接加上额定电压，电动机开始启动。在启动过程中，电枢中最大冲击电流称为启动电流。直接启动因启动电流大、电气和机械冲击大等缺点，应用较少。

（2）软启动：早期采用变阻器启动，电动机启动时在电枢回路中串入变阻器，用接触器触头切换电阻数，限制启动电流。后期采用晶闸管电力电子技术，用改变电枢电压的方式实现了软启动。

2. 停止方式

自由停车：直流电动机的电源关断后，电动机按运转惯性自由停车。

施加制动（刹车）措施：如机械抱闸刹车、能耗制动、反接制动等使其快速停车。

3. 直流电动机的制动方式

电动机的电磁转矩方向与旋转方向相反时，就称为电动机处于制动状态。

制动的目的：使电动机减速或停车、限制电动机转速的升高。

机械抱闸制动也是一种制动（刹车）方式，但不属电动机运行特性的范畴。属于电动机运行特性的制动方式有以下四种，有时也统称为电磁制动方式。

（1）能耗制动：指运行中的直流电动机突然断开电枢电源，然后在电枢回路串入制动电阻，使电枢绕组的惯性能量消耗在电阻上，使电动机快速制动。由于电压和输入功率都为零，所以制动平衡，线路简单。

（2）反接制动：为了实现快速停车，突然把正在运行的电动机的电枢电压反接，并在电枢回路中串入电阻，称为电源反接制动。制动期间电源仍输入功率，负载释放的动能和

电磁功率均消耗在电阻上，适用于快速停转并反转的场合，对设备冲击力大。

（3）倒拉反转反接制动：它适用于低速下放重物，制动时在电路串入一个大电阻，此时电枢电流变小，电磁转矩变小。由于串入的电阻很大，可以通过改变串入电阻值的大小来得到不同的下放速度。

（4）回馈制动：电动状态下运行的电动机，在某种条件下会出现出负载拖动电机运行的情况，此时电机由驱动变为制动。、

从能量方向看，电机处于发电状态——回馈制动状态。

正向回馈：当电机减速时，电机转速从高到低所释放的动能转变为电能，一部分消耗在电枢回路的电阻上，一部分返回电源。

反向回馈：电机拖位能负载（如下放重物）时，可能会出现这种状态。重物拖动电机超过给定速度运行，电机处于发电状态。电磁功率反向，功率回馈电源。

在实际应用中，很多情况下采用机械（抱闸）制动结合电磁制动的方法来进行制动，即先通过电磁制动将电机转速降到一个比较低的速度（接近零速），然后再机械抱闸制动，这样既避免了机械冲击又有比较好的制动效果。

任 务 实 施

1. 直流电动机单向启动控制

直流电动机在额定电压下直接启动时，启动电流高达额定电流的 10～20 倍，启动转矩很大，容易导致电动机换向器和电枢绕组损坏。因此，通常在电枢回路中串入电阻启动。同时，他励直流电动机在弱磁或零磁时会产生"飞车"现象，因此在接入电枢电压前，应先接入额定励磁电压，而且在励磁回路中应设弱磁保护。

图 1-6-4 所示为直流电动机电枢串两级电阻按时间原则单向运行启动控制电路。图中，KM1 为线路接触器，KM2、KM3 为短接启动电阻接触器，KA1 为过电流继电器，KA2 为欠电流继电器，KT1、KT2 为时间继电器，R_3 为放电电阻。

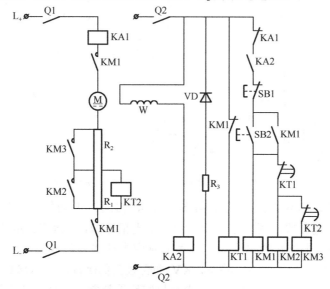

图 1-6-4　直流电动机电枢串两级电阻按时间原则单向运行启动控制电路

电动机启动时，先合上电枢电源开关 Q1 和励磁与控制电路电源开关 Q2，励磁回路通电，KA2 线圈通电吸合，其动合触头闭合，为启动做好准备；同时，KT1 线圈通电，其动断触头断开，切断 KM2、KM3 线圈电路。保证串入 R_1、R_2 启动。按下启动按钮 SB2，KM1 线圈通电并自锁，主触头闭合，接通电动机电枢回路，电枢串入两级启动电阻启动；同时 KM1 动断辅助触头断开，KT1 线圈断电，为延时使 KM2、KM3 线圈通电、短接 R_1 及 R_2 做准备。在串入 R_1、R_2 启动的同时，并接在 R_1 电阻两端的 KT2 线圈通电，其动合触头断开，使 KM3 不能通电，确保 R_2 电阻串入启动。

经一段时间延时后，KT1 延时闭合触头闭合，KM2 线圈通电吸合，主触头短接电阻 R_1，电动机转速升高，电枢电流减小。就在 R_1 被短接的同时，KT2 线圈断电释放，再经一定时间的延时，KT2 延时闭合触头闭合，KM3 线圈通电吸合，KM3 主触头闭合短接电阻 R_2，电动机在额定电枢电压下运行，启动过程结束。

过电流继电器 KA1 实现电动机过载和短路保护；欠电流继电器 KA2 实现电动机弱磁保护；电阻 R_3 与二极管 VD 构成励磁绕组的放电回路，实现过电压保护。

2. 直流电动机单向能耗制动

图 1-6-5 所示为直流电动机单向运行能耗制动电路。图中，KM1、KM2、KM3、KA1、KA2、KT1、KT2 作用与图 1-6-4 相同，KM4 为制动接触器，KV 为电压继电器。

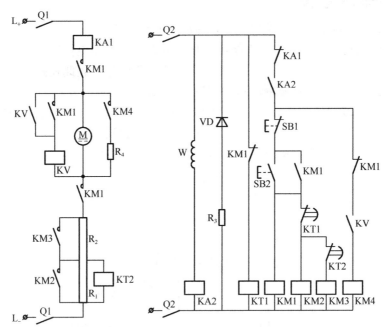

图 1-6-5　直流电动机单向运行能耗制动电路

电动机启动时，电路的工作情况与图 1-6-4 相同；电动机停车时，按下停止按钮 SB1，KM1 线圈断电释放，其主触头断开电动机电枢电源，电动机仍因惯性旋转。由于此时电动机转速较高，电枢两端仍建立足够大的感应电动势，使并联在电枢两端的电压继电器 KV 经自锁触头仍保持通电吸合状态，KV 动合触头仍闭合，使 KM4 线圈通电吸合，其动合主触头将电阻 R_4 并联在电枢两端，电动机实现能耗制动，使转速迅速下降，电枢感应

电动势也随之下降。当感应电动势降至一定值时电压继电器 KV 释放，KM4 线圈断电，电动机能耗制动结束，电动机自然停车至零。

3. 直流电动机调速控制

直流电动机可通过改变电枢电压或改变励磁电流进行调速。改变电枢电压方式常由晶闸管构成单相或三相全波可控整流电路，经改变其导通角来实现改变电枢电压的目的；改变励磁电流方式是通过改变励磁绕组中的串联电阻实现的。下面仅以改变电动机励磁电流为例，来分析其调速控制原理。

图 1-6-6 为直流电动机改变励磁电流的调速控制电路。电动机的直流电源采用两相零式整流电路，电阻 R 兼有启动限流和制动限流的作用，电阻 R_{RF} 为调速电阻，电阻 R_2 用于吸收励磁绕组的自感电动势，起过电压保护作用，KM1 为能耗制动接触器，KM2 为运行接触器，KM3 为切除启动电阻接触器。

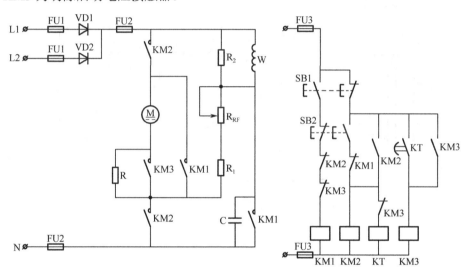

图 1-6-6　直流电动机改变励磁电流的调速控制电路

电动机启动时，按下启动按钮 SB2，KM2 和 KT 线圈同时通电并自锁，电动机 M 电枢串入电阻 R 启动。经一段延时后，KT 通电延时闭合触头闭合，使 KM3 线圈通电并自锁，KM3 主触头闭合，短接启动电阻 R，电动机进入全压运行。在正常运行状态下，调节电阻 R_{RF}，改变电动机励磁电流大小，即改变电动机磁路磁通，实现了电动机转速的改变。在正常运行状态下，按下停止按钮 SB1，接触器 KM2 和 KM3 线圈同时断电释放，其主触头断开，切断电动机电枢电路；同时 KM1 线圈通电吸合，其主触头闭合，通过电阻 R 接通能耗制动电路，而 KM1 另一对动合触头闭合，短接电容器 C，使电源电压全部加在励磁线圈两端，实现能耗制动过程中的强励磁作用，加强制动效果。松开停止按钮 SB1，制动结束。

任 务 总 结

通过本任务的学习，要注意直流电动机与三相交流异步电动机的区别，例如电动机的结构、工作原理以及两种电动机在启动控制、调速和制动方面的特点。进一步熟悉相关低压电器的应用，注意继电器-接触器控制电路的分析方法。

效 果 测 评

通过改变直流电动机电枢电压极性实现正反转的控制电路如图 1-6-7 所示。图中，KM1、KM2 为正反转接触器，KM3、KM4 为短接电枢电阻接触器，KT1、KT2 为时间继电器，R_1、R_2 为启动电阻，R_3 为放电电阻，SQ1 为反向转正向行程开关，SQ2 为正向转反向行程开关。启动后，电动机将按行程原则实现电动机的正反转自动往返运行。试分析直流电动机可逆运行启动控制的工作原理。

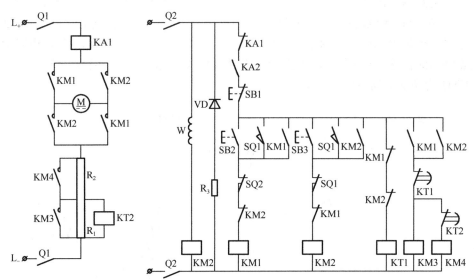

图 1-6-7　直流电动机可逆运行启动控制

项目 2

西门子 S7-200 PLC 控制实施

项目描述

可编程逻辑控制器（Programmable Logic Controller，PLC），简称可编程控制器，是专为在工业环境下应用而设计的数字运算操作电子系统，是微机技术与传统的继电接触控制技术相结合的产物，它克服了继电接触控制系统中的机械触头的接线复杂、可靠性低、功耗高、通用性和灵活性差的缺点，充分利用了微处理器的优点。近年来，PLC 的应用越来越广泛。经过 30 多年的发展，PLC 已十分成熟与完善，在国内外已广泛应用于钢铁、石油、化工、电力、建材、机械制造、汽车、轻纺、交通运输、环保及文化娱乐等各个行业。

项目分析

根据电动机驱动控制实施的工程实践，对本项目配置了 5 个学习任务，分别是：

任务 2.1　熟悉可编程控制器；

任务 2.2　三相异步电动机点动控制的 PLC 改造；

任务 2.3　三相异步电动机连续运转控制的 PLC 改造；

任务 2.4　三相异步电动机正反转控制的 PLC 改造；

任务 2.5　三相异步电动机 Y-△启动控制的 PLC 改造。

任务 2.1　熟悉可编程控制器

任务描述

可编程控制器（PLC）是现代工业自动化领域中的一门先进控制技术，其应用的深度和广度已经成为一个国家工业先进水平的重要标志之一。PLC 具有可靠性高、逻辑功能强、体积小、可在线修改控制程序、能远程通信联网、易于与计算机接口、模拟量控制等一系列优异性能。本任务主要针对西门子 S7-200 PLC 的基本原理、结构组成和应用特点等做简要说明。本任务的学习目标为：

（1）掌握可编程控制器的一般知识；

（2）熟悉 S7-200 可编程控制器的构成、硬件接口；

（3）熟悉 STEP7 编程软件；

（4）熟悉西门子 S7-200 内部元器件。

任务信息

可编程控制器（Programmable Controller）缩写为 PC，为了与个人计算机相区别，把可编程控制器缩写为 PLC（Programmable Logic Controller）。

2.1.1　可编程控制器的基本结构与工作原理

1. 可编程控制器的基本结构

可编程控制器的基本结构由输入/输出模块、中央处理单元、电源部件和编程器等组成，其结构框图如图 2-1-1 所示。由图可见，PLC 与计算机的基本组成相一致，因为 PLC 实际上就是一种工业控制计算机。

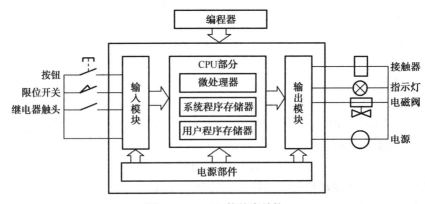

图 2-1-1　PLC 的基本结构

1）输入/输出模块（I/O 模块）

在 PLC 中，CPU 是通过输入/输出部件与外围设备连接的。输入模块用于将控制现场输入信号变换成 CPU 能接收的信号，并对其进行滤波、电平转换、隔离和放大等；输出模块用于将 CPU 的决策输出信号变换成驱动控制对象执行机构的控制信号，并对输出信号进行功率

放大、隔离 PLC 内部电路和外部执行元件等。I/O 模块一般包括数字量输入模块（DI）、数字量输出模块（DO）、模拟量输入模块（AI）和模拟量输出模块（AO）等。按用途来分，输入/输出模块还包括：数据传送/校验、串/并行转换、电平转换、电气隔离、A/D 转换、D/A 转换以及其他功能模块等。输出模块通常有三种形式：继电器式、晶体管式和晶闸管式。

2）中央处理单元

中央处理单元包括微处理器、系统程序存储器和用户程序存储器。

微处理器是 PLC 的核心部件，整个 CPU 的工作过程都是在中央处理器的统一指挥和协调下进行的，它的主要任务是按一定的规律和要求读入被控对象的各种工作状态，然后根据用户所编制的应用程序的要求去处理有关数据，最后再向被控对象送出相应的控制（驱动）信号。

在 PLC 中，存储器是保存系统程序、用户程序和工作数据的器件。系统程序存储器用以存放系统程序或监控程序、管理程序、指令解释程序、系统诊断程序等，此外还用以存放输入/输出电路、内部继电器、定时器/计数器、移位寄存器等各部分固定参数。系统存储器常用 ROM 和 EPROM。用户程序存储器是用来存放用户程序即应用程序的。常用的用户程序存储据有 RAM、EPROM 和 EEPROM。数据存储器主要用来存放控制现场的工作数据和 PLC 决策运算的结果。

3）电源部件

电源部件是把交流电转换成直流电源的装置，它向 PLC 提供所需的高质量直流电源。

4）编程器

编程器是 PLC 必不可少的重要外围设备。编程器上提供了用于编程的各种按键、指示灯或显示屏，它通过通信端口与 CPU 相联系，完成人机对话的功能，用于编辑与输入用户程序，调试与修改用户程序，并用来监控 PLC 运行工作状态。

2. 可编程控制器的基本工作原理

1）循环扫描工作原理

PLC 实施控制实质上是采用了对整个用户程序循环执行的工作方式即循环扫描方式，执行用户程序不是只执行一遍，而是一遍一遍不停地循环执行。每执行一遍称为扫描一次，扫描一遍全部用户程序的时间称为扫描周期。扫描周期的长短与程序中指令的数量以及每条指令执行时间的长短有关。应保障用户的扫描周期足够短，以确保在前一次扫描中刚好未捕捉的某变量的变化状态，在下一次扫描过程中必定被捕捉到。

2）PLC 扫描周期的执行过程

PLC 是在其系统软件的支持下按扫描原理工作的，它的工作过程就是周期性的循环扫描过程，每一个扫描周期均分为自诊断、输入采样、执行用户程序、输出刷新、通信五个阶段，如图 2-1-2 所示。

自诊断就是 PLC 在上电后和进行每一次扫描之前都要执行自诊断程序以保证设备的可靠性。诊断包括校验系统软件的校验和 CPU 测试、存储器测试、I/O 接口测试和动态测试等。如果自诊断发现异常情况，PLC 将全部输出置为 OFF 状态，然后停止 PLC 运行。PLC

除了上述自诊断功能外，往往还使用一个硬件时钟即时间监视器 WDT（Watchdog Timer）来辅助诊断，即在每一次扫描之前均复位 WDT。如果 CPU 出现故障，或用户程序执行时间太长，使扫描周期时间超过 WDT 的设定时间，WDT 将使 PLC 停止运行，复位输入输出，并给出报警信号。而 WDT 的主要功能是对 CPU 工作过程中出现受外界干扰而产生程序跑飞，以后始终不能再正常扫描循环的严重情况而设置的。

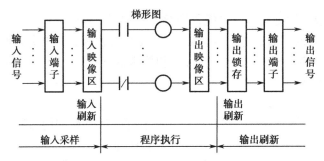

图 2-1-2　PLC 的工作过程

在输入采样阶段，PLC 以顺序扫描的方式采样所有输入的状态，并存入存储器输入映像区中，然后转入程序扫描执行阶段，这个过程称为采样。在程序扫描执行期间，用户程序中所有的输入值是输入映像区的值，即使外部输入状态发生变化，输入映像区的内容也不会随之改变，这种变化只能在下一扫描周期输入采样时才能再读入。

用户程序执行阶段，在一个扫描周期中包含了用户程序执行阶段，在程序扫描执行阶段，先从存储器输入映像区中规定要读入的内部辅助继电器、定时器、计数器的状态，然后按照程序的安排进行逻辑运算，并将运算结果存入存储器输出映像区。

在程序扫描执行阶段完成以后，存储器输出映像区中已存储了所有输出继电器的状态。在输出刷新阶段，将存储器输出映像区中所有输出继电器的状态转存到输出锁存电路，并驱动所有外部输出电路，至此，才真正完成了驱动器外部负载的功能，这就是输出刷新。为了便于现场测试，PLC 一般提供有输出控制功能，即用户可以通过编程器关闭或打开输入输出扫描过程或强制向外部输出开或关的驱动信号。

在扫描周期的通信阶段，配有网络通信的 PLC，进行 PLC 之间以及 PLC 与计算机之间的数据信息交换。

2.1.2　可编程控制器的性能指标及分类

1．PLC 的性能指标

PLC 的性能指标通常可以用以下这些指标来综合评述。

（1）编程语言。PLC 常用的编程语言有图形语言、助记符语言、流程图语言及某些高级语言等，目前使用最多的是前两者。不同的 PLC 可能采用不同的语言。

（2）指令总类和总条数。用以表示 PLC 的编程和控制功能。

（3）I/O 总点数。PLC 的输入和输出有开关量和模拟量两种。对于开关量，I/O 用最大 I/O 点数表示，而对模拟量，I/O 点数则用最大 I/O 通道数表示。

（4）PLC 内部继电器的种类和点数。包括输入继电器、输出继电器、辅助继电器、特

 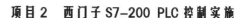

殊继电器、定时器、计数器、状态继电器、数据寄存器等，且每种继电器点数也不一样。

（5）用户程序存储量。用户程序存储量用于存储通过编程器输入的用户程序，存储量通常是以字节为单位来计算的，规定 16 位二进制为一个字（注意一般微处理器是以 8 位为一个字节的），每 1 024 个字节为 1 K 字。中小型 PLC 的存储量一般在 8 K 字以下，大型 PLC 的存储量有的已达 256 K 以上。

（6）扫描速度。扫描速度以 ms/K 字为单位表示。例如，20 ms/K 字表示扫描 1 K 字的用户程序需要的时间为 20 ms。

（7）工作环境。PLC 一般都能在温度 0～55 ℃，相对湿度小于 85%（无结露）的环境条件下工作。

（8）特殊功能。有的 PLC 还具有某些特殊功能，例如自诊断功能、通信联网功能、监控功能、特殊功能模块、远程 I/O 能力等。

（9）其他。还有其他一些指标，比如输入/输出方式、某些主要硬件（如 CPU、存储器）的型号等。

2. PLC 分类

目前 PLC 的品种很多，一般按下面几种情况进行大致分类。

1）按结构形式分类

按 PLC 的结构形式分类，可分为整体式和模块式两种。

整体式（箱体式）PLC 是将 PLC 的电源、中央处理器、输入/输出部件等集中配置在一起，有的甚至全部安装在一块印制电路板上，装在一个箱体内，通常称为主机。小型 PLC 常使用这种结构。

模块式（积木式）PLC 把 PLC 的各部分以模块形式分开，如电源模块、CPU 模块、输入模块、输出模块、通信模块等，把这些模块插到机架底板上，组装在一个机架内。这种结构配置灵活，装配方便，便于扩展。一般中型和大型 PLC 常采用这种结构。

2）按输入/输出点数和存储容量分类

按输入/输出点数和存储容量来分，PLC 大致可分为大、中、小型三种。

小型 PLC 的输入/输出点数在 256 点以下，用户程序存储器容量在 2 K 字以下。

中型 PLC 的输入/输出点数在 256～2 048 点之间，用户程序存储器容量一般为 2～8 K 字。

大型 PLC 的输入/输出点数在 2 048 点以上，用户程序存储器容量达 8 K 字以上。

3）按功能分类

按 PLC 功能强弱来分，可大致分为低档机、中档机和高档机三种。

2.1.3　可编程控制器的设计方法

1. 可编程控制器的系统设计

1）确定控制对象和控制范围

要应用可编程控制器，首先要详细分析被控对象、控制过程与要求，了解工艺流程后列出控制系统的所有功能和指标要求，与继电器控制系统和工业控制计算机进行比较后加以选择，如果控制对象的工业环境较差，而安全性、可靠性要求特别高，系统工艺复杂，输入输出以开关量为多，用可编程控制器进行控制是合适的。

控制对象确定后，可编程控制器的控制范围还要进一步明确。一般而言，能够反映生产过程的运行、能用传感器进行直接测量的参数，用人工进行控制工作量大、操作复杂、容易出错的或者操作过于频繁、人工操作不容易满足工艺要求的，往往由 PLC 控制。

2）可编程控制器系统设计原则

任何一种电气控制系统都是为了实现被控对象（生产设备或生产过程）的工艺要求，以提高生产效率和产品质量。在设计 PLC 控制系统时应遵循以下基本原则。

（1）最大限度地满足被控对象的控制要求。

（2）拟定电气控制方案。设计前，应深入现场进行调查研究，搜集资料，并与机械部分的设计人员和实际操作人员密切配合，共同拟定电气控制方案，协同解决实际中出现的各种问题。

（3）在满足控制要求的前提下，力求使控制系统简单、经济、使用及维修方便。

（4）保证控制系统的安全、可靠。

（5）考虑到生产的发展和工艺的改进，在选择 PLC 容量时应适当留有裕量。

3）可编程控制器控制系统设计的一般步骤

可编程控制器控制系统设计流程图如图 2-1-3 所示，具体设计步骤如下。

（1）控制要求分析。根据生产的工艺过程分析控制要求，如需要完成的动作（动作顺序、动作条件、必需的保护和连锁等）、操作方式（手动、自动、连续、单周期、单步等）。

（2）根据控制要求确定所需要的输入、输出设备，据此确定 I/O 点数。

（3）选择 PLC。

（4）分配 PLC 的 I/O 点，设计 PLC 的 I/O 与设备的 I/O 连接图。

（5）进行 PLC 程序设计。

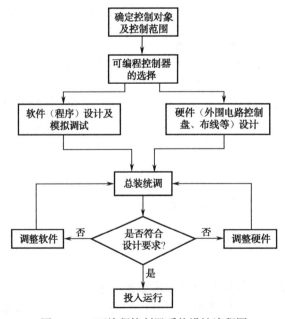

图 2-1-3　可编程控制器系统设计流程图

PLC 程序设计的步骤：

（1）绘制系统控制流程图。对于较复杂的控制系统，须绘制系统控制流程图，用以清楚地表明动作的顺序和条件。对于简单的控制系统，也可省去这一步。

（2）设计梯形图。这是程序设计的关键一步，也是比较困难的一步。要设计好梯形图，首先要十分熟悉控制要求，同时还要有一定的电气设计的实践经验。

（3）根据梯形图编制程序清单（若使用的编程器可直接输入梯形图，则可省去此步）。

（4）用编程器将程序键入到 PLC 的用户存储器中，并检查键入的程序是否正确。

（5）对程序进行调试和修改，直到满足要求为止。

（6）进行联机调试。如不满足要求，再回去修改程序或检查接线，直到满足要求为止。

（7）编制技术文件。

（8）交付使用。

4）可编程控制器的选择

合理选择 PLC，对于提高 PLC 控制系统的技术经济指标起着重要作用。

（1）机型的选择

机型选择的基本原则应是在功能满足要求的情况下，保证可靠、维护使用方便以及最佳的性能价格比。具体应考虑几个方面：结构合理、功能合理、机型统一、是否在线编程。

（2）输入/输出的选择

可编程控制器控制系统 I/O 点数估算。表 2-1-1 为典型传动设备及电气元件所需可编程序控制器 I/O 点数表。

表 2-1-1 典型传动设备及电气元件所需可编程控制器 I/O 点数

序号	电气设备、元件	输入点数	输出点数	I/O 总点数
1	Y-△启动的笼型电动机	4	3	7
2	单向运行的笼型电动机	4	1	5
3	可逆运行的笼型电动机	5	2	7
4	单向变极电动机	5	3	8
5	可逆变极电动机	6	4	10
6	单向运行的直流电动机	9	6	15
7	可逆运行的直流电动机	12	8	20
8	单线圈电磁阀	2	1	3
9	双线圈电磁阀	3	2	5
10	比例阀	3	5	8
11	按钮开关	1	-	1
12	光电开关	2	-	2
13	信号灯	-	1	1
14	拨号开关	4	-	4
15	三挡波段开关	3	-	3
16	行程开关	1	-	1
17	接近开关	1	-	1
18	抱闸	-	1	1
19	风机	-	1	1
20	位置开关	2	-	2

确定 I/O 点数一般是设计中必须说明的首要问题。估算出被控对象的 I/O 点数后就可选择点数相当的可编程控制器。I/O 点数是衡量可编程控制器规模大小的重要指标。选择相应规模的可编程控制器并留有 10%～15% 的 I/O 余量。

（3）内存估计

用户程序所需内存容量将受到内存利用率、开关量输入/输出总点数、模拟量输入/输出总点数和用户的编程水平等因素的影响。

高的内存利用率会给用户带来好处，同样的程序可以减少内存量，从而降低内存投资。另外，同样的程序可缩短扫描周期时间，从而提高需要的响应。

可编程序控制器开关量输入/输出总点数是计算所需内存的重要依据。一般系统中，开关量输入和开关量输出的比是 6：4。所需内存字数=开关量(输入+输出)总点数×10。

模拟量输入/输出总点数也是计算所需内存的重要依据，在只有模拟量输入的系统中，一般要对模拟量进行读入、数字滤波、传送和比较运算。在模拟量输入输出同时存在的情况下，就要进行较复杂的运算，一般是闭环控制，内存要比只有模拟量输入的情况需要量大。下面给出一般情况下的经验公式。

只有模拟量输入时：所需内存字数=模拟量点数×100。

模拟量输入输出同时存在时：所需内存字数=模拟量点数×200。

这些经验公式的算法是在 10 点模拟量左右，当点数小于 10 时内存可适当减少。

程序编写质量。用户程序的优劣对程序长短和运行时间都有较大影响。对于同样的系统，不同用户编写的程序可能会使程序长短和执行时间差距很大。一般来说，对初学者应为内存多留一些余量。

综上所述，推荐下面的经验计算公式：

总存储器字数=（开关量输入点数+开关量输出点数）×10+模拟量点数×150，然后按计算存储器字数的 25% 考虑余量。

（4）响应时间

对于过程控制，扫描周期和响应时间必须认真考虑。系统响应时间是指输入信号产生时刻与由此使输出信号状态发生变化时刻的时间间隔。系统响应时间=输入滤波时间+输出滤波时间+扫描时间。

2. 可编程控制器的硬件与软件设计的一般方法

在确定了控制对象的控制任务和选择好可编程控制器的机型后，就可进行控制系统流程图设计，画出流程图，进一步说明各信息流之间的关系，然后具体安排输入、输出的配置，并对输入、输出进行地址分配。配置与地址分配这两部分工作安排的合理，会给硬件设计、程序编写和系统调试带来很多方便。

1）硬件设计的一般方法

输入点进行地址分配时应注意的问题：

（1）把所有的按钮、限位开关分别集中配置，同类型的输入点可集中在一组内。

（2）按照每一种类型的设备号，按顺序定义输入点地址号。

（3）如果输入点有多余，可将每一个输入模块的输入点都分配给一台设备或机器。

（4）高噪声输入信号处理。尽可能将有高噪声的输入信号的模块插在远离 CPU 模块的

插槽内，因此这类输入点的地址号较大。

输出端配置和地址分配应注意的方面：

（1）同类型设备占用的输出点地址应集中在一起。

（2）按照不同类型的设备顺序地指定输出端地址号。

（3）如果输出端有多余，可将每一个输出模块的输出点都分配给一台设备或机器。

（4）输出地址号连写。对彼此有关的输出器件，如电动机正转、反转，电磁阀的前进与后退等，其输出地址号应连写。

输入输出动作分配确定后，再画出可编程控制器的端子和现场信号联络图表，这样进行系统设计时便可将硬件设计、程序编写两项工作平行地进行。

2）软件设计的一般方法

用户编写程序的过程就是软件设计过程。在系统的实现过程中，用户常面临 PLC 的编程问题，应当对所选择的产品的软件功能有所了解。

（1）PLC 内部元器件的功能及其规定地址编号

PLC 的逻辑指令一般都是针对 PLC 内某一元器件而言的，在编制用户程序时，必须熟悉每条指令涉及的元器件的功能及其规定地址编号。

每种功能的元器件用一定的字母来表示，如 I 表示输入继电器、Q 表示输出继电器、M 表示辅助继电器、V 表示变量寄存器、T 表示定时、C 表示计数器、AC 表示累加器等，并对这些元器件给予一定的编号。这些元器件编号采用八进制数码，即元器件状态存放在指定地址的内存单元中，供编程时调用。如"I 字节.位（I0.0~I7.7）"表示元器件的输入继电器功能及其编址方式，"Q 字节.位（Q0.0~Q7.7）"表示元器件的输出继电器功能及其编址方式，"M 字节.位（M0.0~M15.7）"表示元器件的辅助继电器功能及其编址方式，"T-bit（T0~T255）"表示元器件的定时器功能及其编址方式，"C-bit（C0~C255）"表示元器件的计数器功能及其编址方式等。

（2）PLC 编程语言

可编程控制器的控制功能都是以程序的形式来体现的，所以必须把控制要求转换成 PLC 能接收并执行的程序。PLC 常用的编程语言有梯形图语言、助记符语言、逻辑功能图语言和某些高级语言，但目前使用最多、最普遍的是梯形图语言及助记符语言。

（3）PLC 常用程序设计方法

程序设计通常采用逻辑设计法，它以布尔代数为理论基础，根据生产过程各工步之间各检测元件状态的不同组合和变化，确定所需的中间环节（如中间继电器）。再按各执行元件所应满足的动作节拍表，分别列写出各自用相应的检测元件及中间环节状态逻辑值表示的布尔表达式，最后用接点的串并联组合在电路上进行逻辑表达式的物理实现。可编程控制器的辅助继电器、定时器、计数器、状态器数量相当大，且这些器件的接点为无限多个，给程序设计带来很大方便，只要程序容量和扫描时间允许，程序的复杂程度并不影响程序的可靠性。

3）梯形图编程语言

梯形图是一种图形语言，它沿用继电器的触头线圈、串并联等术语和图形符号，并增加了一些继电器-接触器控制图中没有的符号，因此梯形图与继电器-接触器控制图的形式及符号有许多相同或相仿的地方。梯形图按自上而下、从左到右的顺序排列，最左边的竖线称为起始母线，然后按一定的控制要求和规则连接各个接点，最后以继电器线圈结束，称为逻辑行或"梯级"，一般在最右边还加一竖线，这条竖线称为右母线。通常一个梯形图中有若干逻辑行（梯级），形似梯子，梯形图由此而得名。梯形图比较形象直观，容易掌握，使用广泛，堪称用户第一编程语言。

梯形图中接点只有常开和常闭接点，通常是 PLC 内部继电器接点或内部寄存器、计数器等的状态，不同的 PLC 内每种接点有自己特定的号码标记，以示区分；梯形图中的继电器线圈包括输出继电器、辅助继电器线圈等，其逻辑动作只有线圈接通以后，才能使对应的常开或常闭接点动作；梯形图中接点可以任意串联或并联，但继电器线圈只能并联而不能串联；内部继电器、计数器、定时器等均不能直接控制外部负载，只能作中间结果供 PLC 内部使用；PLC 是按循环扫描方式沿梯形图的先后顺序执行程序的，在同一扫描周期中的结果保留在输出状态暂存器中，所以输出点的值在用户程序中可以当作条件使用。

在 PLC 梯形图编程中，应用了两个基本概念——软继电器和能流。

（1）软继电器

PLC 的梯形图设计主要是利用"软继电器"线圈的"吸—放"功能以及触头的"通—断"功能来进行的。实际上，PLC 内部并没有继电器那样的实体，只有内部寄存器中每位触发器。根据计算机对信息的"存—取"原理来读出触发器的状态，或在一定条件下改变它的状态。对"软继电器"的线圈定义号只能有一个，而对它的接点状态（常开或常闭）可作无数次的读出。

（2）能流

在梯形图中，并没有真实的电流流动。为了便于分析 PLC 的周期扫描原理以及信息存储空间分布的规律，假想在梯形图中有"电流"流动，这就是"能流"。"能流"在梯形图中只能作单方向流动即从左向右流动，层次的改变只能先上后下。

4）梯形图设计规则

接点应画在水平线上，不能画在垂直分支上，如图 2-1-4 所示。图 2-1-4（a）中接点 3 被画在垂直线上，就难于正确识别它与其他接点间的关系，也难判断通过接点 3 对输出线圈的控制方向。因此应根据从左到右、自上而下的原则和对输出线圈的几种可能控制路径画出，如图 2-1-4（b）所示。

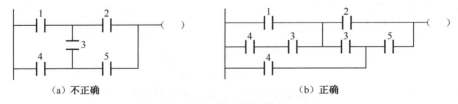

图 2-1-4　梯形图画法之一

不包含接点的分支应放在垂直方向，不可放在水平位置，以便于识别接点的组合相对输出线圈的控制路径，如图 2-1-5 所示。

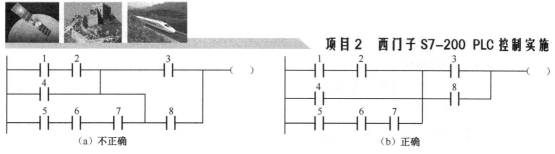

图 2-1-5　梯形图画法之二

在有几个串联回路相并联时，应将接点最多的那个串联回路放在梯形图的最上面。在有几个并联回路相串联时，应将接点最多的并联回路放在梯形图的最左边。这种安排所编写的程序简洁明了，指令较少，如图 2-1-6 所示。

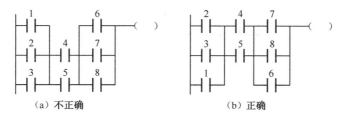

图 2-1-6　梯形图画法之三

不能将接点画在线圈的右边，只能在接点的右边接线圈，如图 2-1-7 所示。

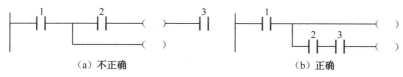

图 2-1-7　梯形图画法之四

梯形图推荐画法之一如图 2-1-8 所示。

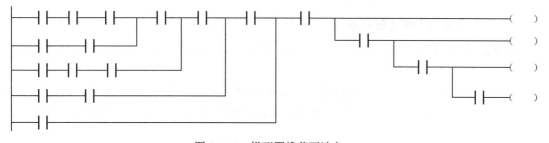

图 2-1-8　梯形图推荐画法之一

5）助记符编程语言

（1）助记符

助记符语言就是用表示 PLC 各种功能的助记功能缩写符号和相应的元器件编号组成的程序表达式。助记符语言比微机中使用的汇编语言直观易懂，编程简单。但不同厂家制造的 PLC 所使用的助记符不尽相同，所以对同一梯形图来说，写成对应的程序（语言表）也不尽相同，要将梯形图语言转换成助记符语言，必须先弄清所用 PLC 的型号以及内部各种元器件的标号和编址、使用范围及每条助记符使用方法。

（2）指令表编程规则

利用 PLC 基本指令对梯形图编程时，必须按照从左到右、自上而下的原则进行。梯形图的编程顺序展现如图 2-1-9 所示。

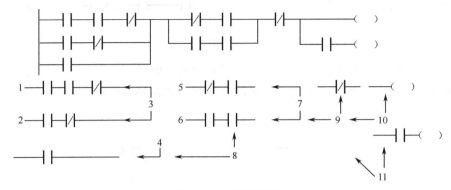

图 2-1-9　编程顺序

恰当的顺序可减少程序步数，如图 2-1-10 所示。

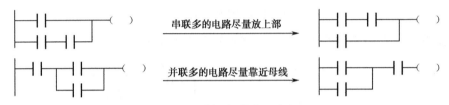

串联多的电路尽量放上部

并联多的电路尽量靠近母线

图 2-1-10　梯形图推荐画法之二

对于不可编程电路必须作重新安排，以便于正确应用 PLC 基本指令来进行编程。

2.1.4　可编程控制器的安装与调试方法

1. PLC 系统的安装注意事项

为保证 PLC 系统能长期正常可靠工作，安装时必须做到正确、可靠、安全和采取抗干扰措施。

（1）安装环境。环境温度要适当，安装时应远离热源和阳光直接照射，注意散热通风。注意防潮、防尘、防腐、防震，固定要牢靠。PLC 应尽可能远离高压电源线或高压设备，以避免电磁干扰。

（2）电源与接地。PLC 的供电线路应与其他大功率用电设备或产生强干扰设备（如弧焊机等）分开。如果 PLC 的供电电源带有干扰，可在 PLC 供电线路上接入低通滤波器，或安装一个一、二次侧之间带有隔离层的、电压比为 1 的隔离变压器。交流电源线和交流信号线不能与直流信号线和模拟量信号线同一线槽走线。PLC 最好安装专用的地线，如果此要求达不到，也必须做到 PLC 与其他设备公共接地，接地点应尽可能靠近 PLC，绝对不能与其他设备串联接地。若用屏蔽电缆，则其屏蔽层应在靠近 PLC 一端接地，而不能两端接地。

（3）输入端子的接线。

（4）外部输入信号的电流和电压应符合 PLC 要求，绝不能超出额定值。PLC 所能接收的脉冲信号宽度应大于扫描周期的时间。输入线一般不宜超过 30m，输入、输出不能用同一条电缆，要分开走线。特别要注意，输入的 COM 端绝不能与输出的 COM 端连接。

（5）输出端子的接线。为了防止连接 PLC 输出元件的负载短路而烧坏 PLC 板，应在 PLC 输出回路中串入熔断器，作为短路保护。输出端子连接的用户电源应根据 PLC 的输出方式选定。若 PLC 以外的触头串接于负载电路中，则外部触头应接在负载侧。输出端接入负载电流和电压应符合 PLC 的要求，负载电流超过或小于要求时，应采用相应的方法予以满足。安装外部紧急停车电路。

2．PLC 系统的调试运行

PLC 系统的调试运行是可编程控制器构成控制系统的最后一个设计步骤。用户程序在实际统调前须进行模拟调试。用装在可编程控制器上的模拟开关模拟输入信号的状态，用输出点的指示灯模拟被控对象，检验程序无误后便可把可编程控制器接到实际系统里去，进行调试运行。

（1）通电前检查。通电调试运行之前，应先对可编程序控制器外部接线做仔细检查，外部接线一定要准确、无误、牢固。检验 PLC 的工作方式、选择开关的位置、各有关数据的设置是否符合要求。

（2）调试运行。通电试运行时，先做"模拟运行"或"空运行"。为了安全可靠起见，常常先将主电路断开，进行预调，当确认接线无误后再接主电路，将模拟调试好的程序送入用户存储器进行调试，直到各部分的功能调试都正常，并能协调一致成为一个完整的整体控制为止。最好将运行成功的程序保存起来，以便以后查阅、修改和完善程序。

任 务 实 施

1．硬件构成

S7-200 系列 PLC 是超小型化的 PLC，它适用于各种行业、各种场合中的自动检测及控制等。S7-200 系列 PLC 的强大功能使其无论在独立运行或相连成网络都能实现复杂控制功能，使用范围可覆盖从替代继电器的简单控制到更复杂的自动化控制。S7-200 系列 PLC 实物外形图如图 2-1-11 所示。

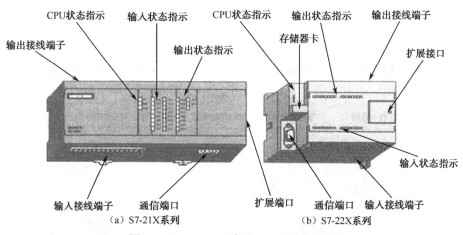

图 2-1-11　S7-200 系列 PLC 实物外形图

S7-200 系列 PLC 的型号表示为:

S7-200 □□□
└──CPU型号

例如 S7-200 CPU214 表示:S7-200 系列的 PLC,它的 CPU 型号是 214。S7-200 系列外部结构如图 2-1-11 所示,是典型的整体式 PLC,输入输出模块、CPU 模块、电源模块均装在一个机壳内,当系统需要扩展时,选用需要的扩展模块与基本单元连接。

1)输入接线端子

输入接线端子用于连接外部控制信号。在底部端子盖下是输入接线端子和为传感器提供的 24V 直流电源。

2)输出接线端子

输出接线端子用于连接被控设备。在顶部端子盖下是输出接线端子和 PLC 的工作电源。

3)CPU 状态指示

CPU 状态指示灯有 SF、STOP、RUN 三个,作用如表 2-1-2 所示。

表 2-1-2 CPU 状态指示灯的作用

名 称		状态及作用
SF	系统故障	亮 严重的出错或硬件故障
STOP	停止状态	亮 不执行用户程序,可以通过编程装置向 PLC 装载程序或进行系统设置
RUN	运行状态	亮 执行用户程序

4)输入状态指示

输入状态指示用于显示是否有控制信号(如控制按钮、行程开关、接近开关、光电开关等数字量信息)接入 PLC。

5)输出状态指示

输出状态指示用于显示 PLC 是否有信号输出到执行设备(如接触器、电磁阀、指示灯等)。

6)扩展接口

扩展接口通过扁平电缆线连接数字量 I/O 扩展模块、模拟量 I/O 扩展模块、热电偶模块、通信模块等。CPU 与扩展模块的连接如图 2-1-12 所示。

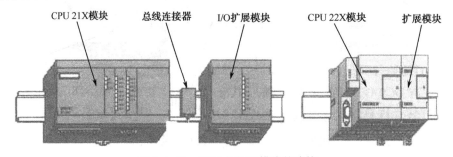

图 2-1-12 CPU 与扩展模块的连接

7）通信接口

通信接口支持 PPI、MPI 通信协议，有自由口通信能力，用于连接编程器（手持式或 PC）、文本/图形显示器、PLC 网络等外部设备，如图 2-1-13 所示。

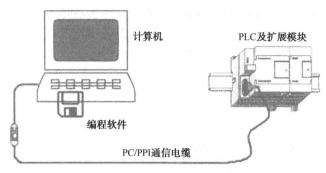

图 2-1-13　PC 与 S7-200 的连接

8）模拟电位器

模拟电位器用来改变特殊寄存器（SM28、SM29）中的数值，以改变程序运行时的参数，如定时器、计数器的预置值，过程量的控制参数等。

2. 系统构成

S7-200 系列 PLC 是超小型化的 PLC，它适用于各种行业、各种场合中的自动检测及控制等。S7-200 系列 PLC 的强大功能使其无论在独立运行或相连成网络都能实现复杂控制功能，使用范围可覆盖从替代继电器的简单控制到更复杂的自动化控制。

S7-200 系列 PLC 的型号表示为 S7-200 CPU21X。例如 S7-200 CPU214 表示：S7-200 系列的 PLC，它的 CPU 型号是 214。

S7-200 系列可提供 4 种不同的基本单元和 6 种型号的扩展单元。其系统的构成除基本单元、扩展单元外，还有编程器、程序存储卡、写入器、文本显示器等。

1）基本单元

S7-200 系列中 CPU21X 的基本单元有 4 种型号，其输入/输出点数的分配如表 2-1-3 所示。

表 2-1-3　S7-200 系列 PLC 中 CPU21X 的基本单元

型　号	输入点数/点	输出点数/点	可带扩展模块数/块	可带模拟量扩展模块数/块
S7-200 系列 PLC212	8	6	2	1
S7-200 系列 PLC214	14	10	7	4
S7-200 系列 PLC215	14	10	7	4
S7-200 系列 PLC216	24	16	7	4

2）扩展单元

S7-200 系列主要有 6 种扩展单元，控制单元内部设有 CPU、ROM 和 RAM 等部分，不能单独使用，作为基本单元输入/输出点数的扩充，仅能与基本单元连接使用。

智能建筑电气控制工程实施

不同的基本单元加不同的扩展单元，可以方便地构成各种输入/输出点数的控制系统，以适应不同工业控制的需要。S7-200 系列 PLC 扩展单元型号及输入/输出点数的分配如表 2-1-4 所示。

表 2-1-4　S7-200 系列 PLC 扩展单元型号及输入/输出点数

类　　型	型　号	输入点数/点	输出点数/点
数字量扩展单元	EM221	8	无
	EM222	无	8
	EM223	4/8/16	4/8/16
模拟量扩展单元	EM231	3	无
	EM232	无	2
	EM235	3	1

3）编程器

PLC 在正式运行时不需要编程器。编程器是用来进行用户程序的编制、存储、调试，并把用户程序送入 PLC 中。在 PLC 调试时，编程器还可用作监控及故障检测。专用的编程器分为简易型和智能型两种。

目前普遍采用的办法是将专用的编程软件装入通用计算机内，把各个计算机作为智能型的编程器来使用（S7-200 系列的专用编程软件有 STEP7-Micro/DOS 和 STEP7-Micro / W1N 两种），通过一条 PC/PPI 电缆将用户程序送入 PLC 中。

4）程序存储卡

S7-200 系列中 CPU214 以上单元设有外接 EEPROM 卡盒接口。通过该接口可以将卡盒的内容写入 PLC 内，也可将 PLC 内的程序及重要参数传到外部 EEROM 卡盒作备份。程序存储卡 EEPOM 有 6ES7291-8GC00-0XA0 和 6ES7291-8GD00-0XA0 两种型号，存储容量分别为 8 KB 和 16 KB 程序步。

5）写入器

写入器的功能是实现 PLC 和 EPROM 之间程序传送，以及 PLC 中 RAM 区程序通过写入器固化到程序存储卡中，或将程序传送到 PLC 的 RAM 中。

6）文本显示器

文本显示器 TD200 不仅是一个用于显示系统信息的显示器，还是操作控制单元，它可以在执行程序的过程中修改某个量的参数，也可以直接设置输入或输出量。文本信息的显示用选择/确认的方法，最多可显示 80 条信息，每条信息最多 4 个变量的状态。过程参数可在状态显示器上显示，并随时修改。TD200 面板上有 8 个可编程序的功能键，每个都已分配了一个存储器位，这些功能键在启动和测试系统时可以进行参数设置和诊断。

3. 结构特点

S7-200 系列属于整体式结构，其特点是非常紧凑。它将所有的面板都装入一个机体内，构成一个整体。这样能使体积小巧、成本低、安装方便。整体式 PLC 可以直接装入机床或电控柜中，它是机电一体化所特有的产品。例如，S7-200 系列在一个机体内集中了

CPU 板、输入板、输出板和电源板等。

应当指出的是，小型 PLC 的最新发展也开始吸收模块式结构的特点。各种不同点数的 PLC 都做成同宽同高不同长的模块，这样几个模块拼装起来后就成了一个整齐的长方体结构。西门子 S7-200 系列就采用这种结构。

4. S7 系列 PLC 的 STEP7 编程学习

近年来，计算机技术发展迅速，利用计算机进行 PLC 的编程、通信更有优势，计算机除可以进行 PLC 的编程外，还具有一般计算机的用途，兼容性好，利用率高。因此采用计算机对 PLC 进行编程已成为一种趋势，几乎所有生产 PLC 的企业都研究开发了 PLC 的编程软件和专用通信模块。

STEP 编程软件用于 SIMATIC S7、C7、M7 和基于 PC 的 WinAC，是供它们编程、监控和参数设置的标准工具。STEP7-Micro/Win 编程软件是由西门子公司专为 SIMATIC 系列 S7-200 PLC 研制开发的编程软件，它可以使用个人计算机作为图形编程器，用于在线（联机）或离线（脱机）开发用户程序，并可在线实时监控用户程序的执行状态，是西门子 S7-200 用户不可缺少的开发工具。

单台 PLC 与个人计算机的连接或通信，只需要一根 PC/PPL 电缆，将 PC/PPI 电路的 PC 端连接到计算机的 RS-485 串行通信口，另一端连接到 PLC 的 RS-485 通信口。在个人计算机上配置 MPI 通信卡或 PC/MPL 通信适配器，可以将计算机连接到 MPI 或 PROFIBUS 网络，通过通信参数的设置可以对网络上 PLC 上传和下载用户程序和组态数据，实现网络化编程。

STEP7-Micro/Win 的基本功能是 Windows 平台编制用户应用程序，它主要完成下列任务。

（1）离线（脱机）方式下创建、编辑和修改用户程序。在离线方式下，计算机不直接与 PLC 联系，可以实现对程序的编辑、编译、调试和系统组态，此时所有的程序和参数都存储在计算机的存储器中。

（2）在线（连接）方式下通过联机通信的方式上传和下载用户程序及组态数据，编辑和修改用户程序，可以直接对 PLC 进行各种操作。

（3）编辑程序过程中具有简单语法检查功能。利用此功能可以提前避免一些语法和数据类型方面的错误。

（4）具有用户程序的文档管理和加密等一些工具功能。

（5）直接用编程软件设置PLC 的工作方式、运行参数以及进行运行监控和强制操作等。

使用 STEP7-Micro/Win 编程软件编辑、调试 S7-200PLC 应用程序主要包括以下几步。

（1）以项目的形式建立程序文件：根据实际需要确定 CPU 主机型号、添加子程序或中断程序、更改子程序或中断程序名、上传和下载程序文件等。

（2）编辑程序：一般采用梯形图编程。编程元素包括线圈、接点、指令框、标号和连线等。

使用符号表可将直接地址编号用具有实际含义的符号代替，有利于程序清晰易懂。

使用带参数的子程序调用指令时要用局部变量表。

梯形图编辑器中的"网络（Network）"标志每个梯级，同时又是标题栏，可以再次为该梯级加标题或必要的注释说明，使程序清晰易读。

编程软件可实现 STL、LAD 或 FBD 三种编制器的切换，使用最多的是 STL 和 LAD 之

间互相切换，STL 的编程可以不按网络块的机构顺序编程，但 STL 只有严格按照网络块编程的格式编程才可切换到 LAD，否则无法实现转换。

STEP7-Micro/Win 提供一些特殊功能配置工具，利用向导（Wizard），如 PID 向导、NETR/NETW 向导、HSC 向导、TD200 向导，使一些特殊功能的编制更加容易，自动化程度更高。

（3）调试及运行监控：成功完成下载程序后，在软件环境下可以调试并监视用户程序的执行。可以采取单次扫描或多次扫描以及强制输出等措施调试程序，三种程序编辑器都可以在 PLC 运行时监视程序的执行过程和各元器件的执行结果，并可监视操作数的数值。

5. S7-200 系列 PLC 内部元器件

PLC 的逻辑指令一般都是针对 PLC 内某一元器件状态而言的，这些元器件的功能是相互独立的，每种元器件用一定的字母来表示，例如 I 表示输入继电器、Q 表示输出继电器、T 表示定时器、C 表示计数器、AC 表示累加器等，并对这些元器件给予一定的编号。这种编号采用八进制数码，即元件状态存放在指定地址的内存单元中，供编程时调用。在编制用户程序时，必须熟悉每条指令涉及的元器件的功能及其规定编号。

为此，在介绍 S7-200 系列 PLC 指令系统之前，将主要使用的元器件的功能和字母表示及其规定的编址加以介绍。

1）输入继电器 I

输入继电器在 PLC 中专门用来接收从外部敏感元件或开关元件发来的信号。它与 PLC 的输入端子相连，可以提供许多（无限制）常开常闭接点，供编程时使用（实际上是调用该元件的状态）。输入点的状态，在每次扫描周期开始时采样，采样结果以"1"或"0"的方式写入输入映像寄存器，作为程序处理时输入点状态"通"或"断"的根据。

S7-200 系列 PLC 的指令集还支持直接访问实际 I/O。使用立即输入指令时，绕过输入映像寄存器直接读取输入端子上的通、断状态，且不影响输入映像寄存器的状态。

输入继电器采用"字节.位"编址方式。CPU212、CPU214、CPU215 及 CPU216 输入映像寄存器地址编码如图 2-1-14 所示。

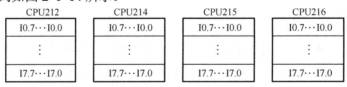

图 2-1-14　输入映像寄存器

如编号为 I0.0 的输入继电器的等效电路如图 2-1-15 所示，输入由外部按钮信号驱动，其常开、常闭接点供编程时使用。编程时应注意，输入继电器只能由外部信号来驱动，而不能在程序内部用指令来驱动，其接点也不能直接输出带动负载。

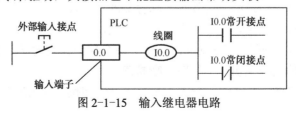

图 2-1-15　输入继电器电路

2）输出继电器 Q

PLC 的输出端子是 PLC 向外部负载发出控制命令的窗口。输出继电器的外部输出触头接到输出端子，以控制外部负载。输出继电器的输出方式有三种：继电器输出、晶体管输出和晶闸管输出。

每次扫描周期的最后，CPU 才以批处理方式将输出映像寄存器（PIQ）的内容传送到输出端子去驱动外部负载。

使用立即输出指令时，除影响输出映像寄存器相应 bit 位的状态外，还立即将其内容传送到实际输出端子去驱动外部负载。

输出继电器采用"字节.位"编址方式。CPU212、CPU214、CPU215 及 CPU216 输出映像寄存器地址编码如图 2-1-16 所示。

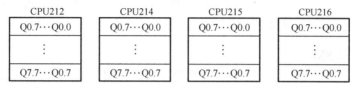

图 2-1-16　输出映像寄存器

输出继电器受程序执行结果所激励，它只有一对触头输出，直接带动负载。这时触头的状态对应于输出刷新阶段所存电路的输出状态。同时，它还有供编程使用的内部常开、常闭接点。内部使用的常开、常闭接点对应输出映像寄存器中该元件的状态（内存中）。如输出继电器 Q0.0 的等效电路如图 2-1-17 所示。

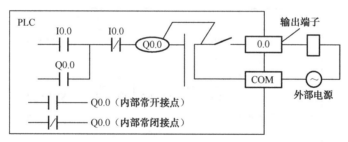

图 2-1-17　输出继电器的 Q0.0 电路

3）变量寄存器 V

S7-200 系列 PLC 有较大容量的变量寄存器，用于模拟量控制、数据运算、设置参数等。变量寄存器可以 bit 为单位使用，也可按字节、字、双字为单位使用，其数目取决于 CPU 的型号，CPU212 为 V0.0～V1023.7，CPU214 为 V0.0～V409.7，CPU215/216 为 V0.0～V511 9.7。

4）辅助继电器 M

在逻辑运算中经常需要一些中间继电器，这些继电器并不直接驱动外部负载，只起到中间状态的暂存作用。在 S7-200 系列 PLC 中，中间继电器称为内部标志位（Marker）。CPU 型号不同其数量也不同，如 CPU212 中的辅助继电器 M 共 16 Byte（即 128 bit），而 CPU214 以上则有 32 Byte（即 256 bit）。辅助继电器电路如图 2-1-18 所示。

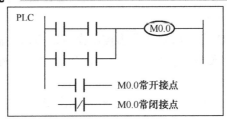

图 2-1-18 辅助继电器电路

辅助继电器 M 也采用"字节.位"编址方式，例如，M10.3 中 M 为元件符号，10 为字节号，3 为位编号（位编号可为 0～7）。辅助继电器一般以位为单位使用，即等同于一个中间继电器，也可以字节、字、双字为单位作存储数据用。

辅助继电器 M 的数目取决于 CPU 的型号，CPU212 为 M0.0～M15.7/MB15，CPU214/215/216 为 M0.0～M31.7/MB0MB31。

5）特殊标志位 SM

特殊标志位是用户程序与系统程序之间的界面，为用户提供一些特殊的控制及系统信息，用户对操作的一些特殊要求也可以通过 SM 通知系统。特殊标志位的数目取决于 CPU 的型号，CPU212 为 SM0.0～SM45.7，CPU214 为 SM0.0～SM85.7，CPU215/216 为 SM0.0～SMl49.7，特殊标志位分为只读区和可读/可写区两大部分，如表 2-1-5 所示（以 CPU212、CPU214 为例）。

表 2-1-5　特殊标志位

	CPU212	CPU214
SM 只读区	SM0.7，…，SM0.0	SM0.7，…，SM0.0
	… …	… …
	SM29.7，…，SM29.0	SM29.7，…，SM29.0
SM 可读/可写区	SM30.7，…，SM30.0	SM30.7，…，SM30.0
	… …	… …
	SM45.7，…，SM45.0	SM85.7，…，SM85.0

在只读区的特殊标志位，用户只能利用其接点。例如：

SM0.0 RUN 监控，PLC 存 RUN 状态时，SM0.0 总为 1。

SM0.1 初始脉冲，PLC 由 STOP 转为 RUN 时，SM0.1ON 一个扫描周期。

SM0.2 当 RAM 中保存的数据丢失时，SM0.2ON 一个扫描周期。

SM0.3 PLC 上电进入 RUN 状态时，SM0.3ON 一个扫描周期。

SM0.4 分脉冲，占空比为 50%，周期为 1 min 的脉冲串。

SM0.5 秒脉冲，占空比为 50%，周期为 1 s 的脉冲串。

SM0.6 扫描时钟，一个扫描周期为 ON，下一个周期为 OFF，交替循环。

SM0.7 指 CPU 上 MODE 开关的位置，0=TERM，1=RUN，通常用来在 RUN 状态下启动自由通信口方式。

可读/可写特殊标志位用于特殊控制功能。例如，用于自由通信口设置的 SMB30，用于定时中断间隔时间设置的 SMB34/SMB35，用于高速计数器设置的 SMB36～SMB65，用于

脉冲串输出控制的 SMB66～SMB85，其使用详情在各对应功能指令解释时加以说明。

6）定时器 T

PLC 中定时器的作用相当于时间继电器。定时器的设定值由程序赋予。定时器的数目取决于 CPU 的型号，CPU212 为 T0～T63，CPU214 为 T0～T127，CPU215/16 为 T0～T255。定时器的定时精度有 1 ms、10 ms 和 100 ms 三种，可由用户编程时确定。表 2-1-6 列出了定时器有关技术指标。

表 2-1-6　定时器有关技术指标

型　号	CPU212	CPU214	CPU215	CPU216
定时器	64T0～T63	128T0～T127	256T0～T255	
保持型延时通定时器 1 ms	T0	T0, T64	T0, T64	
保持型延时通定时器 10 ms	T1～T4	T1～T4 T65～T68	T1～T4 T65～T68	T1～T4 T65～T68
保持型延时通定时器 100 ms	T5～T31	T5～T31 T69～T95	T5～T31 T69～T95	T5～T31 T69～T95
延时通定时器 1 ms	T32	T32, T96	T32, T96	T32, T96
延时通定时器 10 ms	T33～T36	T33～T36 T97～T100	T33～T36 T97～T100	T33～T36 T97～T100
延时通定时器 100 ms	T37～T63	T37～T63 T101～T127	T37～T63 T101～T255	T37～T63 T101～T255

7）计数器 C

计数器的结构与定时器基本一样，其设定值在程序中赋予。计数器用来计数输入端子或内部元件送来的脉冲数。一般计数器频率受扫描周期的影响不可以太高。高频信号的计数可用指定的高速计数器（HSC）。计数器数目也取决于 CPU 型号，CPU212 为 C0～C63，CPU214 为 C0～C127，CPU215/216 为 C0～C255。

8）高速计数器 HSC

高速计数器的区域地址符为 HC，与高速计数器对应的数据只有 1 个，即计数器当前值。它是一个带符号的 32 位（bit）的双字类型的数据。

目前，CPU212 中只有 1 个高速计数器，用 HC0 表示；CPU214～CPU216 中有 3 个高速计数器，分别用 HC0～HC2 表示，对应的数据共占用 12B。

9）累加器 AC

S7-200 系列 PLC 提供 4 个 32 bit 累加器（AC0～AC3）。累加器支持字节（B）、字（W）和双字（D）的存取。以字节或字为单位存储累加器时是访问累加器的低 8 位或低 16 位。

10）状态元件 S

状态元件 S 是使用步进控制指令编程时的重要元件，通常与步进指令 LSCR、SCRT、SCRE 结合使用，实现顺序功能流程图编程即 SFC 编程。状态元件的数目取决于 CPU 型号，CPU212 中 S 元件的数目位 S0.0～S7.7，CPU214 中 S 元件的数目为 S0.0～S15.7，

CPU215/216 中 S 元件的数目为 S0.0～S31.7。

11）模拟量输入/输出（AIW/AQW）

模拟量信号经 A/D、D/A 转换，在 PLC 外为模拟量，在 PLC 内为数字量。在 PLC 内的数字量字长为 16bit，即 2Byte，故其地址均以偶数表示，如 AIW0，2，4，…；AQW0，2，4，…。地址范围：AIW0～AIW30，AQW0～AQW30。

任 务 总 结

本任务介绍了可编程序控制器的定义、基本结构、工作原理，通过可编程序控制器的系统设计方法的学习，应能掌握 PLC 控制系统设计的一般步骤，会使用 PLC 编程语言编程。通过西门子 S7-200 可编程控制器项目的学习，应能掌握 S7-200PLC 的构成，能够使用 STEP7 软件编程，掌握西门子 S7-200PLC 梯形图语言编程指令，掌握 S7-200 内部元器件。

效 果 测 评

通过对 PLC 的学习掌握以下内容。

（1）可编程控制器的基本结构；

（2）可编程控制器控制系统设计的一般步骤；

（3）S7-200 系列 PLC 的内部元器件。

任务 2.2 三相异步电动机点动控制的 PLC 改造

任 务 描 述

如图 2-2-1 中，在点动控制线路中，开关 QS、熔断器 FU1、接触器主触头及电动机组成主电路部分；而由启动按钮 SB、接触器 KM 线圈组成控制电路部分。对点动控制线路进行 PLC 改造，主要针对控制电路进行改造，而主电路部分保留不变。

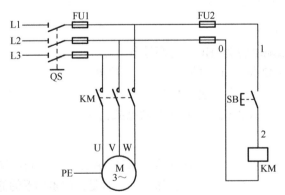

图 2-2-1　点动控制线路图

在控制电路中，启动按钮属于控制信号，应作为 PLC 的输入量分配接线端子，而接触器线圈属于被控对象，应作为 PLC 的输出量分配接线端子。

本任务的学习目标为：

（1）正确使用 S7-200 基本指令进行编程操作；

（2）按照编程规则正确编写点动的控制程序；

（3）掌握点动控制的程序设计方法。

任 务 信 息

2.2.1 PLC 基本操作指令及梯形图

电动机点动控制的 PLC 相关基本操作指令有逻辑取指令及线圈驱动指令 LD、LDN、=。

LD（Load）：常开接点逻辑运算开始。

LDN（Load Not）：常闭接点逻辑运算开始。

LD、LDN 指令用于与输入公共线（输入母线）相连的接点，也可以与 OLD、ALD 指令配合，适用于分支回路的开头。

LD、LDN 的操作数为：I，Q，M，SM，T，C，V，S。OUT 的操作数为：Q，M，SM，T，C，V，S。

=（OUT）：线圈驱动。

=指令用于输出继电器、辅助继电器、定时器及计数器等，但不能用于输入继电器。

上述三条指令的梯形图及指令表的用法如图 2-2-2 所示。

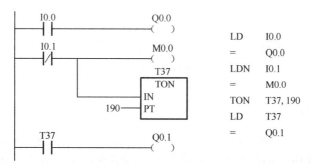

图 2-2-2 LD、LDN、=指令的应用

具体相关元件对应的指令及功能如表 2-2-1 所示。

表 2-2-1 相关元件对应的指令及功能

类　型	梯　形　图	语　句　表	功　能
常开触头	─┤├─ bit	LD bit A bit O bit	LD：装载常开触头 A：串联常开触头 O：并联常开触头
常闭触头	─┤/├─ bit	LDN bit AN bit ON bit	LDN：装载常闭触头 AN：串联常闭触头 ON：并联常闭触头
线圈	─( )─ bit	= bit	=：输出指令
常开触头	─┤I├─ bit	LDI bit AI bit OI bit	LDI：装载常开立即触头 AI：串联常开立即触头 OI：并联常开立即触头

续表

类 型	梯 形 图	语 句 表	功 能
常闭触头	bit —┤/├—	LDNI bit ANI bit ONI bit	LDNI：装载常闭立即触头 ANI：串联常闭立即触头 ONI：并联常闭立即触头
线圈	bit —（ I ）—	=I bit	=I：立即输出指令

"bit"表示存储区域的某一个位，必须指定存放地址才能存取这个位，地址包括存储器标识符、字节地址和位号。位寻址使用"字节.位"的寻址方式，即先寻找到某个位所在的字节，再寻找这个位。

触头代表 CPU 对存储器某个位的读操作，常开触头和存储器的位状态相同，常闭触头和存储器的位状态相反。

线圈代表 CPU 对存储器某个 bit 的写操作，若程序中逻辑运算结果为"1"，表示 CPU将该线圈所对应存储器的位置"1"；若程序中逻辑运算结果为"0"，表示 CPU 将该线圈所对应存储器的位置"0"。

2.2.2 继电器-接触器控制与 PLC 控制比较

1. 元器件不同

点动控制的继电器-接触器控制电路由各种硬件低压电器组成，而 PLC 梯形图中输入继电器、输出继电器、辅助继电器、定时器、计数器等软继电器由软件来实现，不是真实的硬件继电器。

2. 工作方式不同

点动控制的继电器-接触器控制电路工作时，电路中硬件继电器都处于受控状态，凡符合条件吸合的硬件继电器都同时处于吸合状态，受各种约束条件不应吸合的硬件继电器都同时处在断开状态。PLC 梯形图中软件继电器都处于周期性循环扫描工作状态，受同一条件制约的各个软继电器的动作顺序取决于程序扫描顺序。

3. 元件触头数量不同

硬件继电器的触头数量有限，一般只有 4～8 对，PLC 梯形图中软件继电器的触头数量在编程时可无限制使用，可常开又可常闭。

4. 控制电路实施方式不同

继电器-接触器控制电路是通过各种硬件继电器之间接线来实施的，控制功能固定，当要修改控制功能时必须重新接线。PLC 控制电路由软件编程来实施，可以灵活变化和在线修改。

任 务 实 施

对电动机点动控制线路进行 PLC 控制改造。

1. I/O 分配

根据任务分析，对输入量、输出量进行分配如下：

输入量（IN）	输出量（OUT）
启动按钮（SB）　I0.0	接触器（KM）　Q0.0

2. 绘制 PLC 硬件接线图

根据如图 2-2-1 所示的控制线路图及 I/O 分配，绘制 PLC 硬件接线图，如图 2-2-3 所示，以保证硬件接线操作正确。

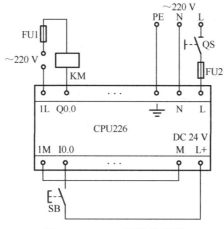

图 2-2-3   PLC 硬件接线图

3. 创建一个工程项目

双击 STEP 7-Micro/Win32 软件图标，启动该软件，并创建一个工程项目，并命名为点动控制线路，其窗口如图 2-2-4 所示。

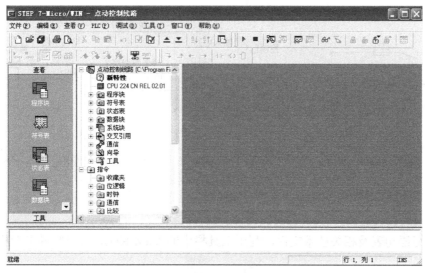

图 2-2-4   创建一个工程项目窗口

4．编辑一个符号表

编辑符号表（Symbol Table）窗口如图 2-2-5 所示。

符号	地址	注释
点动按钮	I0.0	
接触器	Q0.0	

图 2-2-5　编辑符号表窗口

5．设计梯形图程序

设计梯形图程序如图 2-2-6 所示。

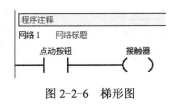

图 2-2-6　梯形图

6．运行及调试程序

（1）下载程序，在线监控程序运行。

（2）分析程序运行结果，编写语句表及相关技术文件。

① 控制过程分析。如图 2-2-7 所示，接通开关 QS→按下点动按钮 SB→线圈 I0.0 得电→梯形图中 I0.0 常开触头接通→线圈 Q0.0 有信号流流过→其硬件常开触头接通→接触器线圈 KM 得电→接触器主触头接通→电动机启动运转。

松开点动按钮→线圈 I0.0 断电→梯形图中 I0.0 常开触头复位断开→线圈 Q0.0 没有信号流流过→其硬件常开触头断开→接触器线圈 KM 断电→接触器主触头复位断开→电动机停止运转。

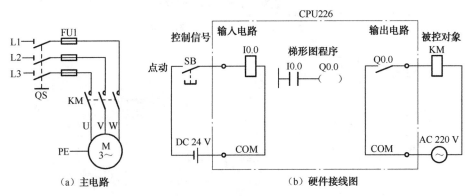

图 2-2-7　控制过程分析

② 编写语句表及相关技术文件，利用工具栏中的 View/STL，可以将梯形图程序转换为语句表程序。

③ 图 2-2-8 为图 2-2-6 所示的梯形图程序对应的语句表

程序注释

网络 1　　网络标题
LD　　　点动按钮
=　　　　接触器

图 2-2-8　STL 语句

任 务 总 结

通过电动机点动控制的 PLC 改造实施项目的学习，应能掌握项目所涉及的 PLC 编程指令及梯形图，能够绘制点动控制的 PLC 改造电路图，使用 STEP7 软件编辑相关控制程序。

效 果 测 评

应用 PLC 控制某信号灯的通断电路的设计。

（1）准备要求。一个开关 QS、一盏信号灯 HL 及其相应的电气元件等。

（2）控制要求。当开关 QS 接通时，信号灯 HL 亮；相反，当开关 QS 断开时，信号灯 HL 灭。

任务 2.3　三相异步电动机连续运转控制的 PLC 改造

任 务 描 述

连续运转控制线路可以控制电动机连续运转，并且具备短路、过载、欠压及失压保护功能，连续运转控制线路是有触头控制线路的基本课题。

连续运转控制线路由开关 QS、熔断器 FU1、接触器主触头、热继电器热元件及电动机组成主电路部分，而由热继电器常闭触头、停止按钮 SB1、启动按钮 SB2、接触器线圈及常开触头组成控制电路部分。PLC 改造主要针对控制电路进行改造，而主电路部分保留不变。图 2-3-1 为电动机连续运转控制线路。

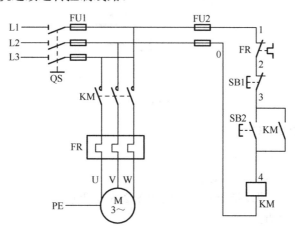

图 2-3-1　电动机连续运转控制线路

本任务的学习目标为：

（1）正确使用 S7-200 基本指令进行编程操作；

（2）按照编程规则正确编写连续运转控制程序；

（3）掌握连续运转控制的程序设计方法。

任 务 信 息

2.3.1 PLC 接点串并联操作指令及梯形图

1. 接点串联指令 A、AN

A（And）：常开接点串联连接。

AN（And NOT）：常闭接点串联连接。

上述两条指令的梯形图及指令表的用法如图 2-3-2 所示。

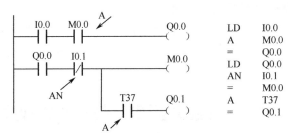

图 2-3-2　A、AN 指令的应用

A、AN 指令使用说明：

（1）A、AN 是单个接点串联连接指令，可连续使用。

（2）若要串联多个接点组合回路时，须采用后面说明的 ALD 指令。

（3）若按正确次序编程，可以反复使用=指令，如图 2-3-2 中，=Q0.1。但如果按图 2-3-3 次序编程就不能连续使用=指令。

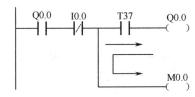

图 2-3-3　编程错误次序示例

（4）A、AN 的操作数为：I，Q，M，SM，T，C，V，S。

2. 接点并联指令 O、ON

O（Or）：常开接点并联连接。

ON（Or Not）：常闭接点并联连接。

上述两条指令的梯形图及指令表的用法如图 2-3-4 所示。

O、ON 指令使用说明：

（1）O、ON 指令可作为一个接点的并联连接指令，紧接在 LD、LDN 指令之后，即对其前面 LD、LDN 指令所规定的接点再联一个接点，可以连续使用。

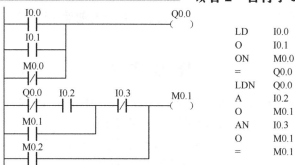

图 2-3-4　O、ON 指令的应用

（2）若要将两个以上的接点的串联回路与其他回路并联时，须采用后面说明的 OLD 指令。

（3）O、ON 的操作数为：I，Q，M，SM，T，C，V，S。

2.3.2　PLC 电路块串并联操作指令及梯形图

1. 串联电路块的并联指令 OLD

OLD（Or Load）：用于串联电路块的并联连接。使用 OLD 指令，如图 2-3-5 所示。

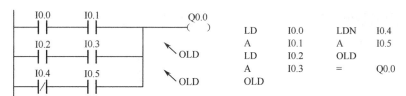

图 2-3-5　OLD 指令的应用

（1）几个串联支路并联连接时，其支路的起点以 LD、LDN 开始，支路终点用 OLD 指令。

（2）如需将多个支路并联，从第二条支路开始，在每一支路后面加 OLD 指令。用这种方法编程，对并联支路的个数没有限制。

（3）OLD 指令无操作数。

2. 并联电路块的串联指令 ALD

ALD（And Lord）：用于并联电路块的串联连接。使用 ALD 指令，如图 2-3-6 所示。

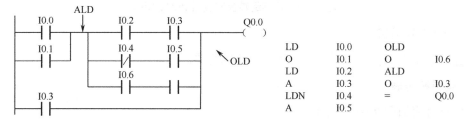

图 2-3-6　ALD 指令的应用

（1）分支电路（并联电路块）与前面电路串联连接时，使用 ALD 指令。分支的起始点用 LD、LDN 指令，并联电路块结束后，使用 ALD 指令与前面电路串联。

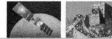

（2）如果有多个并联电路块串联，顺次以 AD 指令与前面支路连接，支路数量没有限制。

（3）ALD 指令无操作数。

任 务 实 施

在连续运转控制电路中，热继电器常闭触头、停止按钮、启动按钮属于控制信号，应作为 PLC 的输入量分配接线端子；而接触器线圈属于被控对象，应作为 PLC 的输出量分配接线端子，对于 PLC 的输出端子来说，允许额定电压为 220 V，因此需要将原线路图中接触器的线圈电压由 360 V 改为 220 V，以适应 PLC 的输出端子需要。

1. I/O 分配

根据任务分析，对输入量、输出量进行分配如下：

输入量（IN）	输出量（OUT）
热继电器（FR）　I0.0	接触器（KM）　Q0.0
停止按钮（SB1）　I0.1	
启动按钮（SB2）　I0.2	

2. 绘制 PLC 硬件接线图

根据连续运转控制线路图及 I/O 分配，绘制 PLC 硬件接线图，如图 2-3-7 所示，以保证硬件接线操作正确。

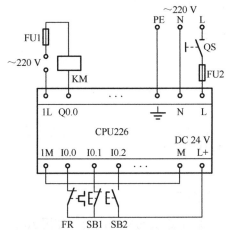

图 2-3-7　连续运转控制线路 PLC 改造图

3. 创建工程项目

创建一个工程项目，并命名为连续运转控制线路。

4. 编辑符号表

编辑符号表如图 2-3-8 所示。

5. 设计梯形图程序

采用启保停电路设计连续运转控制线路梯形图程序如图 2-3-9 所示。

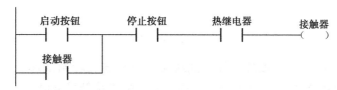

	Symbol	Address	Comment
	热继电器	I0.0	
	启动按钮	I0.1	
	停止按钮	I0.2	
	接触器	Q0.0	

图 2-3-8　编辑符号表

图 2-3-9　采用启保停电路的连续运转控制线路梯形图程序

6. 下载调试程序

（1）下载程序，在线监控程序运行。

（2）分析程序运行结果，编写语句表及相关技术文件。

任 务 总 结

连续运转控制的 PLC 改造实施，应能掌握项目所涉及的 PLC 编程指令及梯形图，能够绘制连续运转控制的 PLC 改造电路图，使用 STEP7 软件编辑相关控制程序。

效 果 测 评

用 PLC 改造连续运转带点动控制线路的设计、安装与调试：

（1）准备要求。设备：一个停止按钮 SB1、一个启动按钮 SB2、一个点动按钮 SB3、一个接触器 KM、一个热继电器 FR 和一台电动机 M 及其相应的电气元件等。

（2）控制要求。根据连续运转带点动控制线路图 2-3-10，对其控制部分进行 PLC 改造。

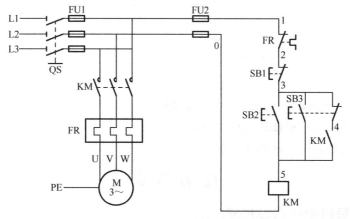

图 2-3-10　连续运转带点动控制线路

① 绘出连续运转带点动控制的 PLC 接线图。

② 根据给定的控制要求，列出 PLC I/O 接口元件地址分配表。

③ 设计梯形图，列出指令表。

④ 安装接线（按照规范）。

⑤ 输入程序并调试。

⑥ 通电试验。

任务 2.4 三相异步电动机正反转控制的 PLC 改造

任务 描 述

按钮、接触器双重连锁正反转控制线路兼有两种连锁控制线路的优点，操作方便，工作安全可靠。由图 2-4-1 所示的控制线路可见，对应接触器 KM1 而言，按钮 SB1 相当于启动按钮，SB2 和 SB3 属于停止按钮，FR 属于过载保护装置。因此，针对接触器 KM1 的梯形图程序，可参照连续运转控制线路进行编程操作。接触器 KM2 的梯形图程序与 KM1 相似。

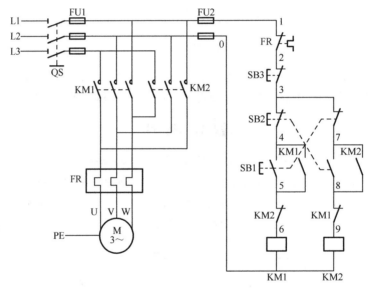

图 2-4-1 双重连锁的正反转控制线路

本任务的学习目标为：

（1）正确使用 S7-200 基本指令进行编程操作；

（2）按照编程规则正确编写正反转控制程序；

（3）掌握正反转控制的程序设计方法。

任务 信 息

PLC 置位/复位操作指令及梯形图

置位即置 1，复位即置 0。置位和复位指令可以将位存储器的某一位开始的一个或多个同类存储器位置 1 或置 0。

S/R 指令表如表 2-4-1 所示。

表 2-4-1　S/R 指令表

STL	LAD	功　能
S S—BIT，N	S—BIT —（S） S	从 S—BIT 开始的 N 个元件置 1 并保持
R S—BIT，N	S—BIT —（S） N	从 S—BIT 开始的 N 个元件清 0 并保持

如图 2-4-2 所示例子，I0.0 的上升沿令 Q0.0 接通并保持，即使 I0.0 断开也不再影响 Q0.0。I0.0 的上升沿使 I0.1 断开并保持断开状态，直到 I0.0 的下一个脉冲到来。

对同一元件可以多次使用 S/R 指令（与=指令不同）。实际上图 2-4-2 所示的例子组成一个 S-R 触发器，当然也可以把次序反过来组成 R-S 触发器。但要注意，由于是扫描工作方式，故写在后面的指令有优先权。如此例中，若 I0.0 和 I0.1 同时为 1，则 Q0.0 为 0，R 指令写在后面而有优先权。

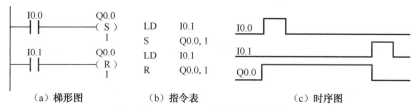

（a）梯形图　　　　（b）指令表　　　　（c）时序图

图 2-4-2　S/R 指令应用示例

S/R 指令的操作数：Q，M，SM，V，S。

任 务 实 施

分析如图 2-4-1 所示的控制线路的原理可知，接触器 KM1 与 KM2 不能同时得电动作，否则三相电源短路。为此，电路中采用接触器常闭触头串接在对方线圈回路作电气连锁，使电路工作可靠。采用按钮 SB1、SB2 的常闭触头，目的是为了让电动机正反转直接切换，操作方便。这些控制要求都应在梯形图程序中予以体现。

1. I/O 分配

根据任务分析，对输入量、输出量进行分配如下：

输入量（IN）	输出量（OUT）
热继电器（FR）　I0.3	正转接触器（KM1）　Q0.0
停止按钮（SB3）　I0.2	反转接触器（KM2）　Q0.1
正向启动按钮（SB1）　I0.0	
反向启动按钮（SB2）　I0.1	

2. 绘制 PLC 硬件接线图

根据如图 2-4-1 所示的控制线路图及 I/O 分配，绘制 PLC 硬件接线图，如图 2-4-3 所

示，以保证硬件接线操作正确。

由于 PLC 程序执行时间很短（一个扫描周期仅几微秒），而接触器动作也需要时间，两者存在一定的时间差，很容易导致接触器工作过程中出现短路故障。因此，在接触器 KM1、KM2 的线圈回路串联对方的常闭触头实现电气连锁很必要。

3. 创建工程项目

创建一个工程项目，并命名为正反转控制线路。

4. 编辑符号表

编辑符号表如图 2-4-4 所示。

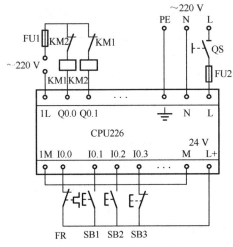

Symbol	Address
正向启动按钮	I0.0
反向启动按钮	I0.1
停止按钮	I0.2
热继电器	I0.3
正转接触器	Q0.0
反转接触器	Q0.1

图 2-4-3 PLC 硬件接线图　　　　　图 2-4-4 编辑符号表

5. 设计梯形图程序

（1）采用启保停电路设计正反转控制线路梯形图程序其梯形图如图 2-4-5 所示。

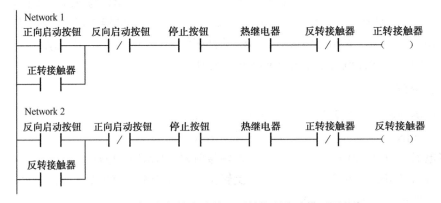

图 2-4-5 采用启保停电路的正反转控制线路梯形图程序

（2）采用 S、R 指令设计梯形图程序，其梯形图如图 2-4-6 所示。

比较图 2-4-5 和图 2-4-6 的梯形图程序可知，采用启保停电路中的启动条件就是采用 S/R 指令程序的置位条件，停止条件就是复位条件。

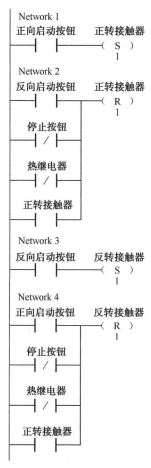

图 2-4-6　采用 S、R 指令梯形图程序

采用启保停电路中停止条件的常开触头（常闭触头）应改为采用 S、R 指令程序中常闭触头（常开触头），触头串联（并联）改为触头并联（串联）。

6. 运行并调试程序

（1）下载程序，在线监控程序运行；

（2）分析程序运行结果，编写语句表及相关技术文件。

任务总结

根据连续运转控制的 PLC 改造实施，应能掌握项目所涉及的 PLC 编程指令及梯形图，能够绘制正反转控制的 PLC 改造电路图，使用 STEP7 软件编辑相关控制程序。

效果测评

用 PLC 改造自动往返循环控制线路的设计与调试：

（1）准备要求。设备：一个停止按钮 SB1、一个正向启动按钮 SB2、一个反向启动按钮

SB3、四个行程开关 SQ1～SQ4 和一台电动机 M 及其相关电气元件等。

（2）控制要求。根据自动往返循环控制线路图 2-4-7，对其控制部分进行 PLC 改造。

① 绘出自动往返循环控制的 PLC 接线图。

② 根据给定的控制要求，列出 PLC I/O 接口元件地址分配表。

③ 设计梯形图，列出指令表。

④ 安装接线（按照规范）。

⑤ 输入程序并调试。

⑥ 通电试验。

⑦ 评分。

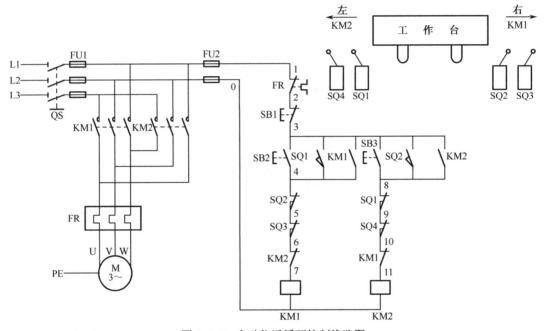

图 2-4-7　自动往返循环控制线路图

任务 2.5　三相异步电动机 Y-△启动控制的 PLC 改造

任务描述

由于交流异步电动机直接启动时启动电流很大，容易造成电动机故障。因此，一般对于容量较大的异步电机采用降压启动，以限制启动电流。Y-△降压启动是一种较为常见的启动方法，Y-△启动控制线路适用于正常工作时定子绕组作△形连接的异步电动机。

本任务的学习目标为：

（1）正确使用 S7-200 基本指令进行编程操作；

（2）按照编程规则正确编写 Y-△启动控制程序；

（3）掌握 Y-△启动控制的程序设计方法。

任 务 信 息

2.5.1 PLC 定时与计数操作指令及梯形图

1. 定时器

S7-200 系列 PLC 按工作方式分有两大类定时器。

TON：延时通定时器（On Delay Timer）。

TONR：保持型延时通定时器（Retentive On Delay Timer）。

延时通定时器指令应用示例如图 2-5-1 所示。

每个定时器均有一个 16bit 当前值寄存器及一个 1bit 的状态位 T-bit（反映定时器触头状态）。在图 2-5-1 所示例中，当 I0.0 接通时，即驱动 T33 开始计时（数时基脉冲）；计时到设定值 PT 时，T33 状态 bit 置 1，其常开接点接通，驱动 Q0.0 有输出；其后当前值仍增加，但不影响状态 bit。当 I0.0 分断时，T33 复位，当前值清 0，状态 bit 也清 0，即回复原始状态。若 I0.0 接通时间未到设定值就断开，则 T33 跟随复位，Q0.0 不会有输出。

当前寄存器为 16bit，最大计数值为 32767，由此可推算不同分辨率的定时器的设定时间范围。按时基脉冲分，则有 1 ms、10 ms、100 ms 三种定时器。

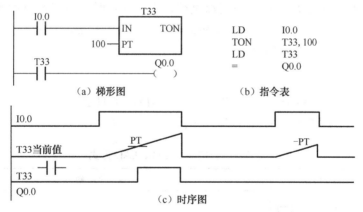

（a）梯形图   （b）指令表

（c）时序图

图 2-5-1　延时通定时器指令应用示例

保持型延时通定时器指令应用示例如图 2-5-2 所示。

对于保持型延时通定时器 T3，则当输入 IN 为 1 时，定时器计时（数时基脉冲）；当 IN 为 0 时，其当前值保持（不像 TON 一样复位）；下次 IN 再为 1 时，T3 当前值从原保持值再往上加，将当前值与设定值 PT 作比较，当前值大于等于设定值时，T3 状态 bit 置 1，驱动 Q0.0 有输出；以后即使 IN 再为 0 也不会使 T3 复位，要令 T3 复位必须用复位指令。

必须注意的是：对于 S7-200 系列 PLC 定时器，1 ms、10 ms、100 ms 定时器的刷新方式是不同的。

1 ms 定时器由系统每隔 1 ms 刷新一次，与扫描周期与程序处理无关，即采用中断刷新方式。因而，当扫描周期较长时，在一个周期内可能被多次刷新。其当前值在一个扫描周期内不一定保持一致。

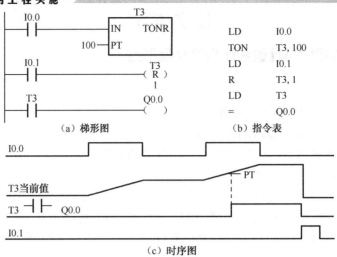

（a）梯形图　　　　　　（b）指令表

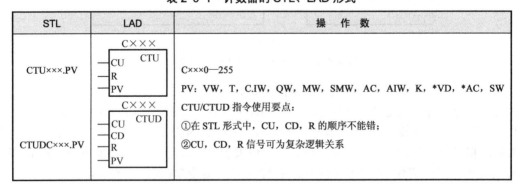

（c）时序图

图 2-5-2　保持型延时通定时器指令应用示例

10 ms 定时器则由系统在每个扫描周期开始时刷新。由于每个扫描周期只刷新一次，故在每次程序处理期间，其当前值为常数。

100 ms 定时器则在该定时器指令执行时被刷新。因此要注意，如果该定时器线圈被激励而该定时器指令并不是每个扫描周期都执行，那么该定时器不能及时刷新，丢失时基脉冲，造成计时失准。如果同一个 100 ms 定时器指令在一个扫描周期中多次被执行，则该定时器就会多数时基脉冲，此时相当于时钟走快了。

2. 计数器

S7-200 系列 PLC 有两种计数器：CTU 为加计数器；CTUD 为加/减计数器。

计数器的 STL、LAD 形式如表 2-5-1 所示。

表 2-5-1　计数器的 STL、LAD 形式

STL	LAD	操　作　数
CTU×××.PV	C××× CU　CTU R PV	C×××0—255 PV: VW, T, C.IW, QW, MW, SMW, AC, AIW, K, *VD, *AC, SW CTU/CTUD 指令使用要点： ①在 STL 形式中，CU，CD，R 的顺序不能错； ②CU，CD，R 信号可为复杂逻辑关系
CTUDC×××.PV	C××× CU　CTUD CD R PV	

每个计数器有一个 16bit 的当前值寄存器及一个状态位 C−bit。CU 为加计数器脉冲输入端，CD 为减计数器脉冲输入端，R 为复位端，PV 为设定值。当 R 端为 0 时，计数脉冲有效；当 CU 端（CD 端）有上升沿输入时，计数器当前值加 1（减 1）。当计数器当前值大于或等于设定值时，C−bit 置 1，即其常开接点闭合。R 端为 1 时，计数器复位，即当前值清零，C−bit 也清零。计数范围为-32 768～32 768，当达到最大值 32 768 时，再来一个加

计数脉冲，则当前值转为-32 768。同样，当达到最小值-32 768 时，再来一个减计数脉冲，则当前值转为最大值 32 768。计数器应用示例如图 2-5-3 所示。

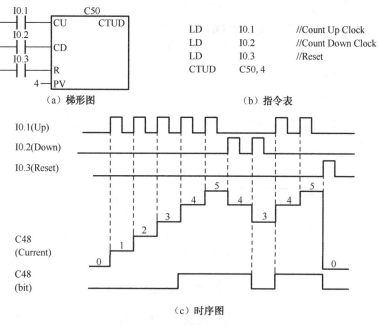

（a）梯形图　　　　　　　　　　　（b）指令表

```
LD      I0.1        //Count Up Clock
LD      I0.2        //Count Down Clock
LD      I0.3        //Reset
CTUD    C50, 4
```

（c）时序图

图 2-5-3　计数器应用示例

2.5.2　PLC 比较与取反操作指令及梯形图

1. 比较指令

比较指令是将两个操作数按指定的条件作比较，条件成立时，接点就闭合。其 STL、LAD 形式及功能如表 2-5-2 所示。比较指令为上下控制等提供了极大的方便。

表 2-5-2　比较指令的 STL、LAD 形式及功能

STL	LAD	功　能
LD□×× n1，n2	n1 ——┃┃—— ××□ —— n2	比较接点接起始总线
LD　　　n A□×× n1，n2	n ┃┃ n1 ——┃┃—— ××□ —— n2	比较接点的"与"
LD　　　n O□×× n1，n2	n ——┃┃—— n1 ——┃┃—— ××□ —— n2	比较接点的"或"

表 2-5-2 中"××"表示操作数 n1，n2 所须满足的条件：

==等于比较，如 LD□==n1，n2，即 n1==n2 时接点闭合；

＞＝大于等于比较，如 n1——｜＞=□｜——n2，即 n1＞=n2 时接点闭合；

＜＝小于等于比较，如 n1——｜＜=□｜——n2，即 n1＜=n2 时接点闭合。

"□"表示操作数 n1，n2 的数据类型及范围：

B　Bite，字节的比较，如 LDB= =IB2，MB2；

W　Word，字的比较，如 AW＞=MF2，VW12；

D　Double word，双字的比较，如 OD<=VD24，MDΦ；

R　Real，实数的比较（实数应放在双字节中，仅限于 CPU214 以上）。

2. NOT 与 NOP 指令

NOT 与 NOP 指令如表 2-5-3 所示。

NOT 为逻辑结果取反指令，在负载逻辑结果取反时为用户提供方便。NOP 为空操作，对程序没有实质影响。

表 2-5-3　NOT 与 NOP 指令

STL	LAD	功　能	操作元件
NOT	—| NOT |—	逻辑结果取反	无
NOP	—| NOP |—	空操作	无

任 务 实 施

由如图 2-5-4 所示的控制线路可见，接触器 KM2 与 KM3 不能同时得电动作，否则三相电源短路。为此，电路中采用接触器常闭触头串接在对方线圈回路作电气连锁，使电路可靠。

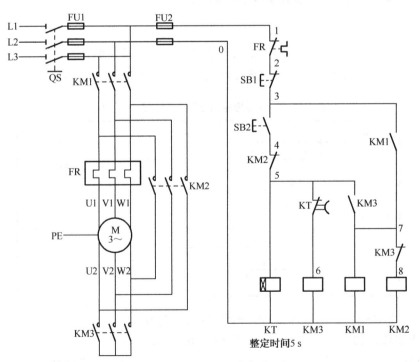

图 2-5-4　Y-△启动控制线路

时间继电器采用通电延时型时间继电器，控制电动机 Y 形连接降压启动的时间，时间继电器 KT 不能作为 PLC 的输出量分配接线端子，应该利用 PLC 内部的接通延时定时器指令（TON）实现定时功能。所以，在本任务中将重点学习 S7-200 PLC 中定时器指令的应用。

1. I/O 分配

根据任务分析，对输入量、输出量进行分配如下：

输入量（IN）	输出量（OUT）
热继电器（FR） I0.0	电源接触器（KM1） Q0.0
停止按钮（SB3） I0.1	三角形接触器（KM2） Q0.1
启动按钮（SB1） I0.2	星形接触器（KM2） Q0.2

2. 绘制 PLC 硬件接线图

根据如图 2-5-4 所示的控制线路图及 I/O 分配，绘制 PLC 硬件接线图，如图 2-5-5 所示，以保证硬件接线操作正确。

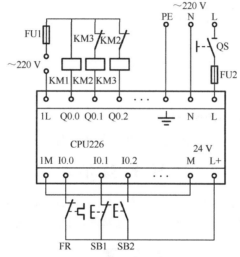

图 2-5-5　PLC 硬件接线图

3. 创建工程项目

创建一个工程项目，并命名为 Y-△启动控制线路。

4. 编辑符号表

编辑符号表如图 2-5-6 所示。

	符号	地址
	热继电器	I0.0
	停止按钮	I0.1
	启动按钮	I0.2
	电源接触器	Q0.0
	三角形接触器	Q0.1
	星形接触器	Q0.2

图 2-5-6　编辑符号表

5. 设计梯形图程序

采用启保停电路设计 Y-△启动控制线路梯形图程序如图 2-5-7 所示。

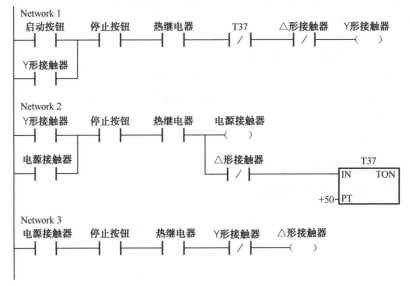

图 2-5-7　采用启保停电路的 Y-△启动控制线路梯形图程序

6. 运行并调试程序

（1）下载程序，在线监控程序运行。

（2）分析程序运行结果，编写语句表及相关技术文件。

任 务 总 结

根据 Y-△启动控制线路的 PLC 改造实施，应能掌握项目所涉及的 PLC 编程指令及梯形图，能够绘制 Y-△启动控制线路的 PLC 改造电路图，使用 STEP7 软件编辑相关控制程序。

效 果 测 评

用 PLC 改造带 Y-△启动的正反转控制线路的设计与调试：

（1）准备要求。设备：一个停止按钮 SB1、一个正向启动按钮 SB2、一个反向启动按钮 SB3 和一台电机 M 及其相应的电气元件等。

（2）控制要求。根据带 Y-△启动的正反转控制线路图 2-5-8，对其控制部分进行 PLC 改造。

① 绘出带 Y-△启动的正反转控制线路的 PLC 接线图。

② 根据给定的控制要求，列出 PLC I/O 接口元件地址分配表。

③ 设计梯形图，列出指令表。

④ 安装接线（按照规范）。

⑤ 输入程序并调试。

⑥ 通电试验。

⑦ 评分。

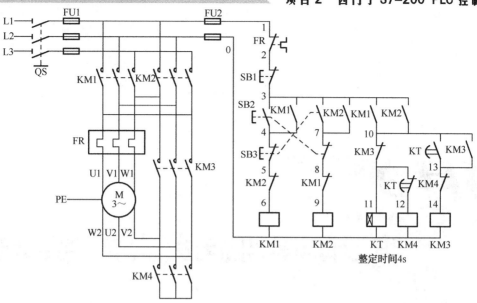

图 2-5-8 带 Y-△ 启动的正反转控制线路

项目 3
变频器驱动控制实施

项目描述

　　变频器是应用变频技术与微电子技术，通过改变电动机工作电源频率方式来控制交流电动机的电力控制设备。变频器主要由整流（交流变直流）、滤波、逆变（直流变交流）、制动单元、驱动单元、检测单元、微处理单元等组成。变频器靠内部 IGBT 的开断来调整输出电流的电压和频率，根据电动机的实际需要来提供其所需要的电源电压，进而达到节能、调速的目的。随着工业自动化程度的不断提高，变频器也得到了非常广泛的应用。变频器主要用于交流电动机(异步电动机或同步电动机)转速的调节，是公认的交流电动机最理想、最有前途的调速方案，除了具有卓越的调速性能之外，变频器还有明显的节能作用，是企业技术改造和产品更新换代的理想调速装置。自 20 世纪 80 年代被引进中国以来，变频器作为节能应用与速度工艺控制中越来越重要的自动化设备，得到了快速发展和广泛的应用。在电力、纺织与化纤、建材、石油、化工、冶金、市政、造纸、食品饮料、烟草等行业以及公用工程（中心空调、供水、水处理、电梯等）中，变频器都在发挥着重要作用。

项目分析

　　根据电动机驱动控制实施的工程实践，对本项目配置了 5 个学习任务，分别是：

任务 3.1　学习变频器基础知识；

任务 3.2　MM420 变频器的面板操作与运行；

任务 3.3　变频器数字量控制；

任务 3.4　变频器模拟信号控制；

任务 3.5　变频器的多段速运行。

任务 3.1　学习变频器基础知识

任 务 描 述

随着工农业生产对调速性能要求的不断提高和电力电子、微电子及计算机控制等技术的迅速发展，变频调速技术日趋成熟，传统的直流调速系统将逐渐被变频调速系统所取代，其框图分别如图 3-1-1、图 3-1-2 所示。变频调速是通过变频器来实现的，那么变频器是由哪些部分组成的？它是如何实现变频调速的呢？

图 3-1-1　直流调速系统　　　　　　　　图 3-1-2　变频调速系统

本任务的学习目标为：
（1）熟悉变频器的组成及原理；
（2）熟悉变频器的分类与应用；
（3）熟悉变频器的铭牌与结构；
（4）熟悉变频器的安装和维护规范。

任 务 信 息

3.1.1　变频器的分类

变频器的分类方法很多，下面简单介绍几种主要的分类方法。

1. 按变换环节分类

1）交-交变频器

交-交变频器是把恒压恒频（CVCF）的交流电直接变换成变压变频（VVVF）的交流电。其主要优点是没有中间环节，故变换效率高，但其连续可调的频率范围较窄，输出频率一般为额定频率的 1/2 以下，电网功率因数较低，主要应用于低速大功率的拖动系统。

2）交-直-交变频器

交-直-交变频器首先将工频交流电整流成直流电，经过滤波，再将平滑的直流电逆变成频率可调的交流电，主要由整流电路、中间直流环节和逆变电路三部分组成。交-直-交变频器按中间环节的滤波方式又可分为电压型变频器和电流型变频器。

电压型变频器的主电路典型结构如图 3-1-3 所示。在电路中，中间直流环节采用大电容滤波，直流电压波形比较平直，使施加于负载上的电压值基本上不受负载的影响，基本保持恒定，类似于电压源，因而称之为电压型变频器。

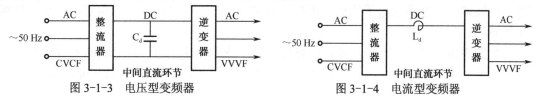

图 3-1-3　电压型变频器　　　　　　　　图 3-1-4　电流型变频器

电流型变频器与电压型变频器在主电路结构上基本相似，不同的是电流型变频器的中间直流环节采用大电感滤波，如图 3-1-4 所示，直流电流波形比较平直，使施加于负载上的电流基本不受负载的影响，其特性类似于电流源，所以称之为电流型变频器。

2. 按电压的调制方式分类

1）PAM（脉幅调制）

它是通过调节输出脉冲的幅值来进行输出控制的一种方式。在调节过程中，整流器部分负责调节电压或电流，逆变器部分负责调频。

2）PWM（脉宽调制）

它是通过改变输出脉冲的占空比来实现变频器输出电压的调节，因此逆变器部分需要同时进行调压和调频。目前，普遍应用的是脉宽按正弦规律变化的正弦脉宽调制方式，即 SPWM 方式。

3. 按控制方式分类

1）U/f 控制变频器

U/f 控制是同时控制变频器输出电压和频率，通过保持 U/f 比值恒定，使得电动机的主磁通不变，在基频以下实现恒转矩调速，基频以上实现恒功率调速。它是一种转速开环控制，无须速度传感器，控制电路简单，多应用于精度要求不高的场合。

2）VC 控制变频器

VC 控制即矢量控制，矢量控制是一种高性能的异步电动机控制方式，其基本思想是模仿直流电动机的控制原理，以三相交流绕组和两相直流绕组产生同样的旋转磁动势为准则，将异步电动机的定子电流矢量分解为产生磁场的电流分量（励磁电流）和产生转矩的电流分量（转矩电流）分别加以控制，因此更接近直流电动机的调速。

3）DTC 控制变频器

DTC 控制即直接转矩控制，是继矢量控制之后发展起来的另一种高性能的异步电动机控制方式，其基本思想是在准确观测定子磁链的空间位置和大小并保持其幅值基本恒定以及准确计算负载转矩的条件下，通过控制电动机的瞬时输入电压来控制电动机定子磁链的瞬时旋转速度，改变它对转子的瞬时转差率，从而达到直接控制电动机输出的目的。

4. 按变频器用途分类

1）通用变频器

通用变频器的特点是通用性，是变频器家族中应用最为广泛的一种。通用变频器主要包含两大类，即节能型变频器和高性能通用变频器。

节能型变频器是一种以节能为主要目的而简化了其他一些系统功能的通用变频器，控制方式比较单一，主要应用于风机、水泵等调速性能要求不高的场合，具有体积小、价格低等优势。

高性能通用变频器是一种在设计中充分考虑了变频器应用时可能出现的各种需要，并为这种需要在系统软件和硬件方面都做了相应的准备，使其具有较丰富的功能，如 PID 调节、PC 闭环速度控制等。高性能通用变频器除了可以应用于节能型变频器的所有应用领域之外，还广泛应用于电梯、数控机床等调速性能要求较高的场合。

2）专用变频器

专用变频器是一种针对某一种（类）特定的应用场合而设计的变频器，为满足某种需要，这种变频器在某一方面具有较为优良的性能，如电梯及起重机用变频器等，还包括一些高频、大容量、高压等变频器。

3.1.2　变频器的工作原理与外部特征

1. 变频器的调速原理

交流变频器是微计算机及现代电力电子技术高度发展的结果。微计算机是变频器的核心，电力电子器件构成了变频器的主电路。大家都知道，从发电厂送出的交流电的频率是恒定不变的，在我国为 50 Hz。交流电动机的同步转速：

$$n=(f/p)\times 60$$

式中，n 为同步转速（r/min）；f 为定子频率（Hz）；p 为电动机的磁极对数。

异步电动机转速：

$$n=(1-s)(f/p)\times 60$$

式中 s 为转差率。

因而，改变频率可以方便地改变电动机的运行速度，也就是说变频对于交流电动机的调速来说是十分合适的。

2. 变频器的外部特征

从外部结构来看，通用变频器有开启式和封闭式两种。开启式的散热性能较好，接线端子外露，适合于电气柜内的安装；封闭式的接线端子全在内部，须打开面盖才能看见。下面以西门子 MM420 封闭式系列变频器为例，变频器的外观如图 3-1-5 所示，其中变频器铭牌型号说明如图 3-1-6 所示。

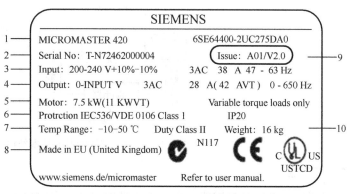

1—变频器型号；2—制造序号；3—输入电源规格；4—输出电流及频率范围；

5—适用电动机及其容量；6—防护等级；7—运行温度；8—采用的标准；

9—硬件/软件版本号；10—重量

图 3-1-5　MM420 变频器外观　　　　图 3-1-6　变频器铭牌

通用变频器的铭牌主要包含型号（订货号）、输入电源规格、最大输出电流等内容，使用变频器必须遵循铭牌上的有关说明。以西门子 MM420 系列变频器为例，变频器的型号说明如图 3-1-7 所示。

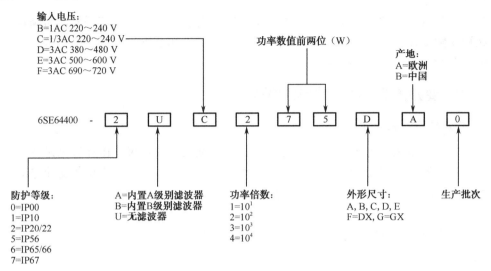

图 3-1-7　变频器型号说明

3.1.3　变频器的基本结构

从频率变换的形式来说，变频器分为交-交和交-直-交两种形式。交-交变频器可将工频交流电直接变换成频率、电压均可控制的交流电，称为直接式变频器，价格较高。而交-直-交变频器则是先把工频交流电通过整流变成直流电，然后再把直流电变换成频率、电压均可控制的交流电，又称间接式变频器。市售通用变频器多是交-直-交变频器，其基本结构如图 3-1-8 所示，它由主电路（包括整流器、中间直流环节、逆变器）和控制电路组成，现将各部分的功能分述如下。

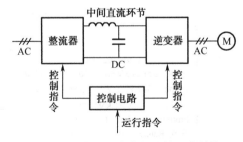

图 3-1-8　交-直-交变频器的基本结构

1. 整流器

电网侧的变流器是整流器，它的作用是把三相（也可以是单相）交流整流成直流。

2. 中间直流电路

中间直流电路的作用是对整流电路的输出进行平滑，以保证逆变电路及控制电源得到质量较高的直流电源。由于逆变器的负载多为异步电动机，属于感性负载。无论是电动机

处于电动或发电制动状态其功率因数总不会为 1。因此在中间直流环节和电动机之间总会有无功功率的交换。这种无功能量要靠中间直流环节的储能元件（电容器或电抗器）来缓冲。所以又常称中间直流环节为中间直流储能环节。

3. 逆变器

负载侧的变流器为逆变器。逆变器的主要作用是在控制电路的控制下将平滑输出的直流电源转换为频率及电压都可以任意调节的交流电源。逆变电路的输出就是变频器的输出。

4. 控制电路

变频器的控制电路包括主控制电路、信号检测电路、门极驱动电路、外部接口电路及保护电路等几个部分，其主要任务是完成对逆变器的开关控制，对整流器的电压控制及完成各种保护功能。控制电路是变频器的核心部分，性能的优劣决定了变频器的性能。

一般三相变频器的整流电路由三相全波整流桥组成，中间直流电路的储能元件在整流电路是电压源时是大容量的电解电容，在整流电路是电流源时是大容量的电感。为了电动机制动的需要，中间电路中有时还包括制动电阻及一些辅助电路。逆变电路最常见的结构形式是利用 6 个半导体主开关器件组成的三相桥式逆变电路。有规律地控制逆变器中主开关的通与断，可以得到任意频率的三相交流输出。现代变频器控制电路的核心器件是微型计算机，全数字化控制为变频器的优良性能提供了硬件保障。

5. 变频器主电路的结构框图

交-直-交变频器的主电路如图 3-1-9 所示。由图可见，主电路主要由整流电路、直流中间电路和逆变器三部分组成。

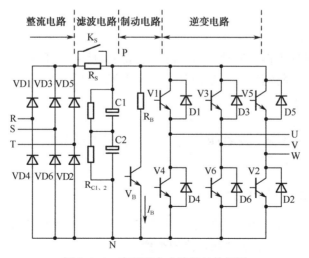

图 3-1-9 变频器主电路的结构框图

1）交-直部分

（1）整流电路（VD1～VD6）

整流电路由 VD1～VD6 组成三相可控整流桥，将三相交流电整流成直流。

（2）滤波电容（C1、C2）

整流电路输出的整流电压式脉动的直流电压，必须加以滤波。滤波电容（C1、C2）的主要作用就是对整流电压进行滤波。另外，它在整流电路与逆变器之间起去耦作用，以消除相互干扰。C1、C2同时还具有储能作用，它是电压型变频器的主要标志。

（3）开启电流吸收电阻（R_S）

由于在变频器接通电源时，滤波电容 C 的充电电流很大，该电流过大时能使三相整流桥损坏，还可能形成对电网的干扰。为了限制滤波电容 C 的充电电流，在变频器开始接通电源的一段时间内，电路串入限流电阻 R_S，当滤波电容 C 充电到一定程度时闭合，将 R_S 短接。

2）直-交部分

（1）逆变电路（V1～V6）

由逆变管 V1～V6 组成三相逆变桥， V1～V6 交替通断，将整流后的直流电压变成交流电压，这是变频器的核心部分。目前，常用的逆变管有功率晶体管（GTR）、绝缘栅双极晶体管（IGBT）等。

（2）续流二极管（D1～D6）

续流二极管 D1～D6 主要有以下功能：

由于电动机是一种感性负载，其电流具有无功分量，工作时 D1～D6 为无功电流返回直流电源提供通道。

降速时，电动机处于再生制动状态，D1～D6 为再生电流返回直流电源提供通道。

逆变管 VT1～VT6 交替通断，同一桥臂的两个逆变管在切换过程中， D1～D6 为线路的分布电感提供释放能量的通道。

3）制动部分

（1）制动电阻（R_B）

电动机在降速时处于再生制动状态，回馈到直流电路中的能量将使电流不断上升，可能导致危险。因此需要将这部分能量消耗掉，使电流保持在允许的范围内，制动电阻就是用来消耗这部分能量的。

（2）制动单元（V_B）

制动单元一般由功率晶体管 GTR（或 IGBT）及其驱动电路构成，其功能是为流经的放电电流提供通路并控制其大小。

3.1.4 变频器的安装维护

变频器属于精密设备，为了确保其能够长期、安全、可靠地运行，安装时须充分考虑变频器工作场所的条件、安装方式和正确的维护。

1. 安装环境

（1）安装在通风良好的室内场所，环境温度要求在-10～40 ℃的范围内，如温度超过40 ℃ 时，需外部强制散热或者降温使用。

（2）避免安装在阳光直射、多尘埃、有飘浮性的纤维及金属粉末的场所。

（3）严禁安装在有腐蚀性、爆炸性气体的场所。

（4）湿度要求低于95%RH，无水珠凝结。

（5）安装在平面固定振动小于 5.9 m/s^2 的场所。

（6）尽量远离电磁干扰源和对电磁干扰敏感的其他电子仪器设备。

2. 安装方式

1）壁挂式安装

变频器的外壳设计比较牢固，一般情况下，允许直接安装在墙壁上，称为壁挂式。为了保证通风良好，所有变频器都必须垂直安装，变频器与周围物体之间的距离应满足下列条件：两侧大于 100 mm、上下大于 150 mm（见图 3-1-10），而且为了防止杂物掉进变频器的出风口阻塞风道，在变频器出风口的上方最好安装挡板。

2）柜式安装方式

当现场的灰尘过多，湿度比较大，或变频器外围配件比较多，需要和变频器安装在一起时，可以采用柜式安装。变频器柜式安装是目前最好的安装方式，因为可以起到很好的屏蔽辐射干扰，同时也能起到防灰尘、防潮湿、防光照等作用。柜式安装方式的注意事项：

单台变频器采用柜内冷却方式时，变频柜顶端应安装抽风式冷却风扇，并尽量装在变频器的正上方（这样便于空气流通）。

多台变频器安装应尽量并列安装，如必须采用纵向方式安装，应在两台变频器间加装隔板，如图 3-1-11 所示。

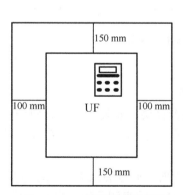

图 3-1-10　变频器安装空间

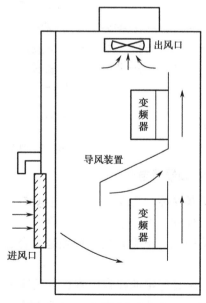

图 3-1-11　变频器纵向安装

3. 变频器与电源和电动机连接时的注意事项

（1）变频器与供电电源之间应装设带有短路及过载保护的低压断路器、交流接触器，以免变频器发生故障时事故扩大。电控系统的急停控制应使变频器电源侧的交流接触器断开，彻底切断变频器的电源供给，保证设备及人身安全。

（2）变频器输入端 L1/R、L2/S、L3/T 与输出端 U、V、W 不能接错。变频器的输入端 R、S、T 与三相整流桥输入端相连接，而输出端 U、V、W 是与三相异步电动机相连接的晶体管逆变电路。若两者接错，轻则不能实现变频调速，电动机也不会运转，重则烧毁变频器。

（3）在变频器输入侧与输出侧串接合适的电抗器，或安装谐波滤波器，滤波器的组成必须是 LC 型，吸收谐波和增大电源或负载的阻抗，达到抑制谐波的目的。

变频器与电源、电动机的接线方法如图 3-1-12 所示。

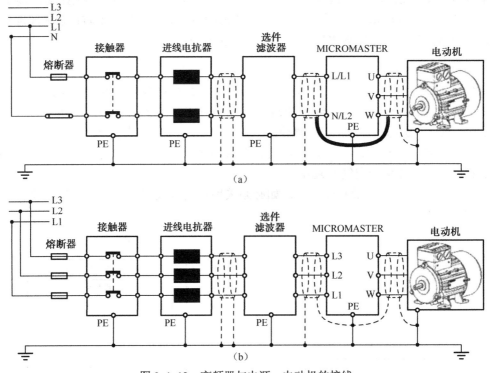

图 3-1-12　变频器与电源、电动机的接线

4. 变频器通电前检查

变频器安装、接线完成后，通电前应进行下列检查。

（1）外观、构造检查。包括检查变频器的型号是否有误、安装环境有无问题、装置有无脱落或破损、电缆直径和种类是否合适、电气连接有无松动、接线有无错误、接地是否可靠等。

（2）绝缘电阻的检查。测量变频器主电路绝缘电阻时，必须将所有输入端（L1、L2、L3）和输出端（U、V、W）都连接起来后，再用 500 V 兆欧表测量绝缘电阻，其值应在 5 MΩ 以上。而控制电路的绝缘电阻应用万用表的高阻挡测量，不能用兆欧表或其他有高电压的仪表测量。

（3）电源电压检查。检查主电路电源电压是否在允许电源电压值以内。

5. 通用变频器常见故障及维护方法

按变频器发生故障或损坏的特征，一般可分为两类：一类是在运行中频繁出现的自动停机现象，并伴随着一定的故障显示代码，其处理措施可根据随机说明书上提供的指导方法进行处理和解决。这类故障一般是由于变频器运行参数设定不合适，或外部工况、条件不满足变频器使用要求所产生的一种保护动作现象。另一类是由于使用环境恶劣，高温、导电粉尘引起的短路、潮湿引起的绝缘能力降低或击穿等突发故障（严重时，会出现打火、爆炸等异常现象）。这类故障发生后，一般会使变频器无任何显示，其处理方法是先对变频器解体检查，重点查找损坏件，根据故障发生区，进行清理、测量、更换，然后全面测试，再恢复系统，空载试运行，观察触发回路输出侧的波形，波形正常后再加载运行，达到解决故障的目的。

任 务 实 施

认识变频器的铭牌、外观和结构。

（1）训练工具、材料和设备。西门子 MM420 变频器一台、通用电工工具一套。

（2）操作方法和步骤。

① 变频器的认识。变频器从外部结构上看，有开启式和封闭式两种，开启式的散热性能好，但接线端子外露，适用在电气柜内部安装；封闭式的接线端子全部在内部，不打开盖子是看不见的，我们所要拆装的西门子 MM420 变频器就是封闭式的。

② 产品的铭牌。参阅《MM420 变频器操作说明书》或图 3-1-6 变频器铭牌，并写出各参数含义。

③ 产品外观。参阅《MM420 变频器操作说明书》，说出各部分的名称和功能。

④ 前盖板、键盘、通风盖的拆卸。参阅《MM420 变频器操作说明书》。

⑤ 安装：

将前盖板的插销插入变频器底部的插孔；

以安装插销部分为支点，将盖板完全推入机身；

安装前盖板前拆去操作面板，安装好盖板后再安装操作面板。

⑥ 注意事项。不要在带电的情况下拆下操作面板；不要在带电时进行拆装；抬起时要缓慢轻拿。

任 务 总 结

通过学习，应该掌握变频器基本原理和结构组成，对变频器的功能分类有清晰地了解，对变频器的铭牌参数含义会识别，了解变频器的安装和维护基本规范。

效 果 测 评

查阅变频器资料，完成以下内容。

（1）针对某一具体变频器，让学生借助有关工具书，进行铭牌识读，分析其类型、结构组成、工作原理等。

（2）简述 U/f 和矢量控制的基本原理。

（3）简述变频器的安装维护注意事项。

任务 3.2　MM420 变频器的面板操作与运行

任 务 描 述

变频器 MM420 系列（MicroMaster420）是西门子公司广泛应用于工业场合的多功能标准变频器。它采用高性能的矢量控制技术，提供低速高转矩输出和良好的动态特性，同时具备很强的过载能力，以满足广泛的应用场合。对于变频器的应用，必须首先熟练对变频器的面板操作，以及根据实际应用，对变频器的各种功能参数进行设置。本任务的学习目标为：

（1）熟悉变频器的面板操作方法。

（2）能熟练设置变频器的功能参数。

（3）熟练掌握变频器的正反转、点动、频率调节方法。

任 务 信 息

3.2.1　变频器的端子功能与电源选择

1. 西门子 MM420 变频器的端子功能

图 3-2-1、图 3-2-2 分别为 MM420 变频器的端子示意图和实物图。

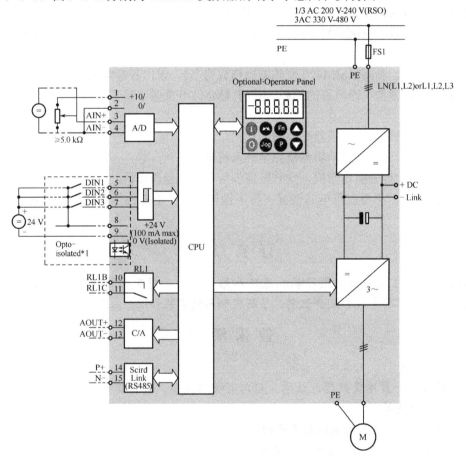

图 3-2-1　MM420 变频器的端子示意图

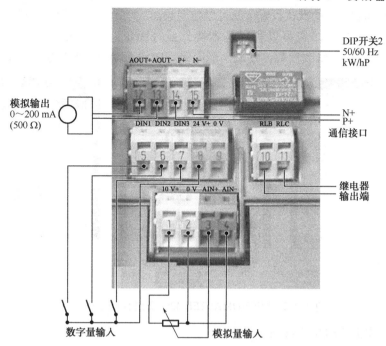

图 3-2-2　MM420 变频器控制回路接线端子实物图

变频器 MM420 端子说明如下。

1：+10 V 直流电压输出；2：0 V（即 10V 直流电压的地）；3：模拟量输入的正电压接线端；4：模拟量输入的负电压接线端；5、6、7：数字量（开关量）输入接线端；8：+24 V 直流电压输出；9：0 V（即 24 V 直流电压的地）；10、11：开关量输出接线端；12、13：模拟量输出接线端；14、15：RS485 串行通信接口；R、S、T：主回路三相进线端子；U、V、W：主回路三相出线端子。

变频器主回路中，输入根据变频器的型号不同，可能是三相交流输入，也可能为单相交流输入。输入的交流电通过整流滤波以后成为稳定的直流电，再经逆变器逆变成频率和电压都可变的三相交流电，用以驱动电动机，并达到电动机变速的目的。

2. 电源频率的选择

默认的电源频率设置值（工厂设置值）可以用 SDP 下的 DIP 开关加以改变；变频器交货时的设置情况如下。

（1）DIP 开关 2

Off 位置：欧洲地区默认值（50 Hz，功率单位 kW）。

On 位置：北美地区默认值（60 Hz，功率单位 hp）。

（2）DIP 开关 1

不供用户使用。

3.2.2　变频器基本操作面板的操作

MM 420 变频器在标准供货方式时装有状态显示板 SDP（见图 3-2-3），对于很多用户来说，利用 SDP 和制造厂的默认设置值就可以使变频器成功地投入运行。如果工厂的默认设置值不适合您的设备情况，您可以利用基本操作板（BOP）（见图 3-2-3）或高级操作板（AOP）（见图 3-2-3）修改参数，使之匹配起来。BOP 和 AOP 是作为可选件供货的。

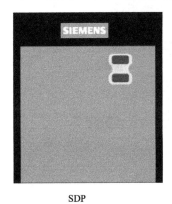

SDP	BOP	AOP
状态显示板	基本操作板	高级操作板

图 3-2-3　MICROMASTER 420 变频器的操作面板

1. 基本操作板（BOP）按钮

本文只针对基本操作板（BOP）进行讲解，利用基本操作板（BOP）可以改变变频器的各个参数，为了利用 BOP 设定参数，必须首先拆下 SDP，并装上 BOP。

BOP 具有 7 段显示的五位数字，可以显示参数的序号和数值、报警和故障信息以及设定值和实际值。参数的信息不能用 BOP 存储。BOP 面板上的操作按钮功能定义如表 3-2-1 所示。BOP 操作时，变频器的一些默认参数设置如表 3-2-2 所示。

表 3-2-1　基本操作板（BOP）上的按钮

显示/按钮	功　能	功能的说明
r0000	状态显示	LCD 显示变频器当前的设定值
I	启动变频器	按此键启动变频器。默认值运行时此键是被封锁的。为了使此键的操作有效，应设定 P0700 = 1
0	停止变频器	OFF1：按此键，变频器将按选定的斜坡下降速率减速停车，默认值运行时键被封锁；为了允许此键操作，应设定 P0700 = 1。 OFF2：按此键两次（或一次，但时间较长）电动机将在惯性作用下自由停车。此功能总是"使能"的
改变电动机的转动方向	改变电动机的转动方向	按此键可以改变电动机的转动方向，电动机的反向用负号表示或用闪烁的小数点表示。默认值运行时此键是被封锁的。为了使此键操作有效，应设定 P0700 = 1
jog	电动机点动	在变频器无输出的情况下按此键，将使电动机启动，并按预设定的点动频率运行。释放此键时，变频器停车。如果变频器/电动机正在运行，按此键将不起作用

续表

显示/按钮	功　能	功能的说明
Fn	功能	此键用于浏览辅助信息。 变频器运行过程中，在显示任何一个参数时按下此键并保持不动2 s，将显示以下参数值（在变频器运行中从任何一个参数开始）： （1）直流回路电压（用 d 表示，单位 V）； （2）输出电流（A）； （3）输出频率（Hz）； （4）输出电压（用 o 表示，单位 V）； （5）由 P0005 选定的数值（如果 P0005 选择显示上述参数中的任何一个（3、4 或 5），这里将不再显示）。 连续多次按下此键将轮流显示以上参数。 跳转功能。 在显示任何一个参数（rXXXX 或 PXXXX）时短时间按下此键，将立即跳转到 r0000，如果需要的话，您可以接着修改其他的参数。跳转到 r0000 后，按此键将返回原来的显示点
P	访问参数	按此键即可访问参数
▲	增加数值	按此键即可增加面板上显示的参数数值
▼	减少数值	按此键即可减少面板上显示的参数数值

表 3-2-2　用 BOP 操作时的默认设置值

参　　数	说　　明	默认值，欧洲（或北美）地区
P0100	运行方式，欧洲/北美	50 Hz，kW（60 Hz，hp）
P0307	功率（电动机额定值）	kW（hp）
P0310	电动机的额定功率	50 Hz（60 Hz）
P0311	电动机的额定速度	1 395（1 680）r/min[决定变量]
P1082	最大电动机频率	50 Hz（60 Hz）

2. 用基本操作板（BOP）更改参数

下面的图表说明如何改变参数 P0004 的数值。修改下标参数数值的步骤见下面列出的 P0719 例图。按照这个图表中说明的类似方法，可以用"BOP"设定任何一个参数。

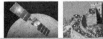

实例 2-1　改变 P0004—参数过滤功能

操作步骤	显示的结果
1　按 ⓟ 访问参数	r0000
2　按 ▲ 直到显示出 P0004	P0004
3　按 ⓟ 进入参数数值访问级	0
4　按 ▲ 或 ▼ 达到所需要的数值	3
5　按 ⓟ 确认并存储参数的数值	P0004
6　　使用者只能看到命令参数	

实例 2-2　修改下标参数 P0719

修改下标参数 P0719 时必须把 P0003 的参数设为 ≥3，P0004 设在 0 或 7 才可以访问到 P0719。

操作步骤	显示的结果
1　按 ⓟ 访问参数	r0000
2　按 ▲ 直到显示出 P0719	P0719
3　按 ⓟ 进入参数数值访问级	in000
4　按 ⓟ 显示当前设定值	0
5　按 ▲ 或 ▼ 选择运行所需要的最大频率	12
6　按 ⓟ 确认和存储 P0719 的设定值	P0719
7　按 ▼ 直到显示出 r0000	r0000

8 按 Ⓟ 返回标准的变频器显示（由用户定义）

说明 – 忙碌信息

修改参数的数值时，BOP 有时会显示：

表明变频器正忙于处理优先级更高的任务。

P-----

任 务 实 施

通过变频器操作面板对电动机的启动、正反转、点动、调速控制。

1. 训练工具、材料和设备

西门子 MM420 变频器、小型三相异步电动机、电气控制柜、电工工具（1 套）、连接导线若干等。

2. 操作方法和步骤

1）按要求接线

系统接线如图 3-2-4 所示，检查电路正确无误后，合上主电源开关 QS。

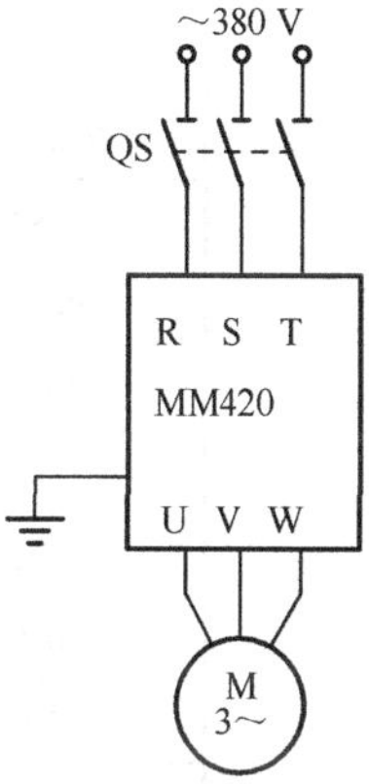

2）参数设置

设定 P0010=30 和 P0970=1，按下 P 键，开始复位，复位过程大约 3 min，这样就可保证变频器的参数回复到工厂默认值。

图 3-2-4 变频调速系统

设置电动机参数，为了使电动机与变频器相匹配，需要设置电动机参数。电动机参数设置见表 3-2-2。电动机参数设定完成后，设 P0010=0，变频器当前处于准备状态，可正常运行。

表 3-2-2 电动机参数设置

参数号	出厂值	设置值	说　　明
P0003	1	1	设定用户访问级为标准级
P0010	0	1	快速调试
P0100	0		功率以 kW 表示，频率为 50Hz
P0304	230		电动机额定电压（V）
P0305	3.25	依据实际电机参数设置	电动机额定电流（A）
P0307	0.75		电动机额定功率（kW）
P0310	50		电动机额定频率（Hz）
P0311	0		电动机额定转速（r/min）

设置面板基本操作控制参数，见表 3-2-3。

115

表 3-2-3　面板基本操作控制参数

参数号	出厂值	设置值	说　明
P0003	1	1	设用户访问级为标准级
P0010	0	0	正确地进行运行命令的初始化
P0004	0	7	命令和数字 I/O
P0700	2	1	由键盘输入设定值（选择命令源）
P0003	1	1	设用户访问级为标准级
P0004	0	10	设定值通道和斜坡函数发生器
P1000	2	1	由键盘（电动电位计）输入设定值
P1080	0	0	电动机运行的最低频率（Hz）
P1082	50	50	电动机运行的最高频率（Hz）
P0003	1	2	设用户访问级为扩展级
P0004	0	10	设定值通道和斜坡函数发生器
P1040	5	20	设定键盘控制的频率值（Hz）
P1058	5	10	正向点动频率（Hz）
P1059	5	10	反向点动频率（Hz）
P1060	10	5	点动斜坡上升时间（s）
P1061	10	5	点动斜坡下降时间（s）

3）变频器运行操作

变频器启动：在变频器的前操作面板上按运行键，变频器将驱动电动机升速，并运行在由 P1040 所设定的 20 Hz 频率对应的 560 r/min 的转速上。

正反转及加减速运行：电动机的转速（运行频率）及旋转方向可直接通过按前操作面板上的增加键/减少键（▲/▼）来改变。

点动运行：按下变频器前操作面板上的点动键，则变频器驱动电动机升速，并运行在由 P1058 所设置的正向点动 10 Hz 频率值上。当松开变频器前操作面板上的点动键，则变频器将驱动电动机降速至零。这时，如果按一下变频器前操作面板上的换向键，再重复上述的点动运行操作，电动机可在变频器的驱动下反向点动运行。

电动机停车：在变频器的前操作面板上按停止键，则变频器将驱动电动机降速至零。

任 务 总 结

通过学习，熟悉变频器结构组成、端子和面板功能及参数设置，体会变频器优良的调速、节能、软启动等性能，掌握和熟悉变频器的正确现场调试方法与技术要领，对变频器正常运作、减少故障、延长使用寿命至关重要，也为后面任务的实施打下基础。

效 果 测 评

结合 MM420 变频器完成以下内容。

（1）电动机铭牌参数、运行频率参数设置。

（2）控制信号来源参数设置。

（3）简述变频器系统调试的步骤和方法。

（4）简述 MM420 变频器主电路和控制电路各接线端子的功能。

任务 3.3   变频器数字量控制

任 务 描 述

变频器在实际使用中，电动机经常要根据各类机械的某种状态而进行正转、反转、点动等运行，变频器的给定频率信号、电动机的启动信号等都是通过变频器控制端子给出的，即变频器的外部运行操作，大大提高了生产过程的自动化程度。本任务的学习目标：

（1）掌握 MM420 变频器基本参数的输入方法；

（2）掌握 MM420 变频器输入端子的操作控制方式；

（3）熟练掌握 MM420 变频器的运行操作过程。

任 务 信 息

3.3.1   变频器数字输入端口的功能

MM420 变频器有 3 个数字输入端口（DIN1～DIN3），具体如图 3-3-1 所示。

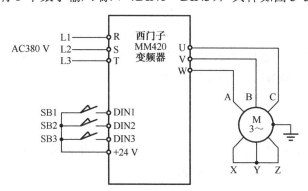

图 3-3-1   MM420 变频器的数字输入端口

MM420 变频器的 3 个数字输入端口（DIN1～DIN3），即端口 5、6、7。每一个数字输入端口功能可选，用户可根据需要进行设置。

3.3.2   变频器数字输入端口的参数设置

数字输入端口（DIN1～DIN3）功能设定参数号为 P0701～P0703，每一个数字输入功能设置参数值范围均为 0～99，出厂默认值均为 1。以下列出其中几个常用的参数值，各数值的具体含义见表 3-3-1。

表 3-3-1　MM420 数字输入端口功能设置表

参数值	功 能 说 明
0	禁止数字输入
1	ON/OFF1（接通正转、停车命令 1）
2	ON/OFF1（接通反转、停车命令 1）
3	OFF2（停车命令 2），按惯性自由停车
4	OFF3（停车命令 3），按斜坡函数曲线快速降速
9	故障确认
10	正向点动
11	反向点动
12	反转
13	MOP（电动电位计）升速（增加频率）
14	MOP 降速（减少频率）
15	固定频率设定值（直接选择）
16	固定频率设定值（直接选择+ON 命令）
17	固定频率设定值（二进制编码选择+ON 命令）
25	直流注入制动

任 务 实 施

用 MM420 变频器实现电动机正反转、点动控制。

用自锁按钮 SB1 和 SB2，外部线路控制 MM420 变频器的运行，实现电动机正转和反转控制。其中端口 5（DIN1）设为正转控制，端口 6（DIN2）设为反转控制。对应的功能分别由 P0701 和 P0702 的参数值设置。

1. 实施器材

西门子 MM420 变频器一台、三相异步电动机一台、断路器一个、熔断器三个、自锁按钮两个、导线若干、通用电工工具一套等。

2. 实施过程

1）按要求接线

变频器外部运行操作接线图如图 3-3-1 所示。注意变频器输入输出接线不要接错，否则易导致变频器损毁。

2）参数设置

恢复变频器工厂默认值，设定 P0010=30 和 P0970=1，按下 P 键，开始复位。

设置电动机参数，电动机参数设置见表 3-3-2。电动机参数设置完成后，设 P0010=0，变频器当前处于准备状态，可正常运行。

接通断路器，在变频器通电的情况下，完成相关参数设置，具体设置见表 3-3-3。

表 3-3-2 电动机参数设置

参数号	出厂值	设 置 值	说 明
P0003	1	1	设用户访问级为标准级
P0010	0	1	快速调试
P0100	0	0	工作地区：功率以 kW 表示，频率为 50 Hz
P0304	230	依据实际电机参数设置	电动机额定电压（V）
P0305	3.25		电动机额定电流（A）
P0307	0.75		电动机额定功率（kW）
P0308	0		电动机额定功率因数（COSφ）
P0310	50		电动机额定频率（Hz）
P03111	0		电动机额定转速（r/min）

表 3-3-3 变频器参数设置

参数号	出厂值	设置值	说 明
P0003	1	1	设用户访问级为标准级
P0004	0	7	命令和数字 I/O
P0700	2	2	命令源选择"由端子排输入"
P0003	1	2	设用户访问级为扩展级
P0004	0	7	命令和数字 I/O
*P0701	1	1	ON 接通正转，OFF 停止
*P0702	1	2	ON 接通反转，OFF 停止
*P0703	9	10	正向点动
P0003	1	1	设用户访问级为标准级
P0004	0	10	设定值通道和斜坡函数发生器
P1000	2	1	由键盘（电动电位计）输入设定值
*P1080	0	0	电动机运行的最低频率（Hz）
*P1082	50	50	电动机运行的最高频率（Hz）
*P1120	10	5	斜坡上升时间（s）
*P1121	10	5	斜坡下降时间（s）
P0003	1	2	设用户访问级为扩展级
P0004	0	10	设定值通道和斜坡函数发生器
*P1040	5	20	设定键盘控制的频率值
*P1058	5	10	正向点动频率（Hz）
*P1059	5	10	反向点动频率（Hz）
*P1060	10	5	点动斜坡上升时间（s）
*P1061	10	5	点动斜坡下降时间（s）

3）变频器运行操作

（1）正向运行：当按下带锁按钮 SB1 时，变频器数字端口 5 为 ON，电动机按 P1120 所设置的 5 s 斜坡上升时间正向启动运行，经 5 s 后稳定运行在 560 r/min 的转速上，此转速与 P1040 所设置的 20 Hz 对应。放开按钮 SB1，变频器数字端口 5 为 OFF，电动机按 P1121 所设置的 5 s 斜坡下降时间停止运行。

（2）反向运行：当按下带锁按钮 SB2 时，变频器数字端口 6 为 ON，电动机按 P1120 所设置的 5 s 斜坡上升时间正向启动运行，经 5 s 后稳定运行在 560 r/min 的转速上，此转速与 P1040 所设置的 20 Hz 对应。放开按钮 SB2，变频器数字端口 6 为 OFF，电动机按 P1121 所设置的 5 s 斜坡下降时间停止运行。

（3）电动机的点动运行：正向点动运行，当按下带锁按钮 SB3 时，变频器数字端口 7 为 ON，电动机按 P1060 所设置的 5 s 点动斜坡上升时间正向启动运行，经 5 s 后稳定运行在 280 r/min 的转速上，此转速与 P1058 所设置的 10 Hz 对应。放开按钮 SB3，变频器数字端口 7 为 OFF，电动机按 P1061 所设置的 5 s 点动斜坡下降时间停止运行。

（4）电动机的速度调节：分别更改 P1040 和 P1058、P1059 的值，按上步操作过程，就可以改变电动机正常运行速度和正反向点动运行速度。

（5）电动机实际转速测定：电动机运行过程中，利用激光测速仪或者转速测试表，可以直接测量电动机实际运行速度，当电动机处在空载、轻载或重载时，实际运行速度会根据负载的轻重略有变化。

任 务 总 结

通过变频器的外部运行操作的学习，理解外部操作与 BOP 面板控制的区别，进一步掌握 MM420 变频器基本参数的输入方法、设置参数的种类及各参数的含义。

正确理解变频器安装接线原理图并能正确连接。理解 MM420 变频器输入端子的操作控制方式。熟练掌握 MM420 变频器的运行操作过程。

效 果 测 评

正确理解变频器的外部运行操作控制原理，根据给定的条件完成以下内容。

（1）电动机正转运行控制，要求稳定运行频率为 40 Hz，DIN1 端口设为正转控制。画出变频器外部接线图，并进行参数设置、操作调试。

（2）利用变频器外部端子实现电动机正转、反转和点动的功能，电动机加减速时间为 4 s，正转或反转稳定运行频率为 40 Hz，点动频率为 10 Hz。DIN1 端口设为正转控制，DIN2 端口设为反转控制，进行参数设置、操作调试。

任务 3.4　变频器模拟信号控制

任 务 描 述

MM420 变频器可以通过 3 个数字输入端口对电动机进行正反转连续运行、点动运行方向控制；可通过基本操作面板，按频率调节按键可增加和减少输出频率，从而设置正反向

转速的大小；也可以由模拟输入端控制电动机转速的大小。本任务的学习目标：

（1）掌握 MM420 变频器的模拟信号控制；

（2）掌握 MM420 变频器基本参数的输入方法；

（3）熟练掌握 MM420 变频器的运行操作过程。

任 务 信 息

3.4.1　变频器的模拟量输入端口的设置

MM420 变频器模拟量输入端口的设置如图 3-4-1 所示，MM420 变频器的 1、2 输出端为用户的给定单元提供了一个高精度的 10 V 直流稳压电源。可利用转速调节电位器串联在电路中，调节电位器，改变输入端口 AIN1+给定的模拟输入电压，变频器的输入量将紧紧跟踪给定量的变化，从而平滑无级地调节电动机转速的大小。

3.4.2　变频器模拟量输入端口的功能

MM420 变频器为用户提供了模拟输入端口，即端口 3、4。通过设置 P0701 的参数值，使数字输入端口 5 具有正转控制功能；通过设置 P0702 的参数值，使数字输入端口 6 具有反转控制功能；模拟输入端口 3、4 外接电位器，通过端口 3 输入大小可调的模拟电压信号，控制电动机转速的大小。即由数字输入端控制电动机转速的方向，由模拟输入端控制转速的大小。如图 3-4-1 为 MM420 变频器模拟、数字输入端子接线图。

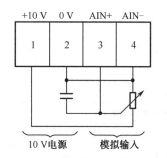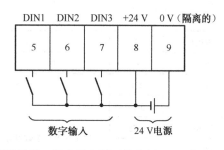

图 3-4-1　MM420 变频器模拟、数字输入端子接线图

任 务 实 施

用 MM420 变频器实现模拟量调速。

1．实施项目

用自锁按钮 SB1、SB2 控制电动机正反转启停功能，由模拟输入端控制电动机转速的大小。

2．实施器材

西门子 MM420 变频器一台、三相异步电动机一台、电位器一个、断路器一个、熔断器三个、自锁按钮两个、通用电工工具一套、导线若干等。

3. 实施过程

1）按要求接线

变频器模拟信号控制接线如图 3-4-2 所示。检查电路正确无误后，合上主电源开关 QS。

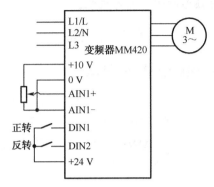

图 3-4-2　MM420 变频器模拟信号控制接线示意图

2）参数设置

恢复变频器工厂默认值，设定 P0010=30 和 P0970=1，按下 P 键，开始复位。

设置电动机参数，电动机参数设置见表 3-4-1。电动机参数设置完成后，设 P0010=0，变频器当前处于准备状态，可正常运行。

表 3-4-1　电动机参数设置

参数号	出厂值	设 置 值	说 明
P0003	1	1	设用户访问级为标准级
P0010	0	1	快速调试
P0100	0	0	工作地区：功率以 kW 表示，频率为 50 Hz
P0304	230	依据实际电机参数设置	电动机额定电压（V）
P0305	3.25		电动机额定电流（A）
P0307	0.75		电动机额定功率（kW）
P0308	0		电动机额定功率因数（COSφ）
P0310	50		电动机额定频率（Hz）
P0311	0		电动机额定转速（r/min）

设置模拟信号操作控制参数，模拟信号操作控制参数设置见表 3-4-2。

3）变频器运行操作

（1）电动机正转与调速

按下电动机正转自锁按钮 SB1，数字输入端口 DIN1 为 ON，电动机正转运行，转速由外接电位器 RP1 来控制，模拟电压信号在 0～10 V 之间变化，对应变频器的频率在 0～50 Hz 之间变化，对应电动机的转速在 0～1 500 r/min 之间变化。当松开带锁按钮 SB1 时，电动机停止运转。

表 3-4-2　模拟信号操作控制参数设置

参数号	出厂值	设置值	说　明
P0003	1	1	设用户访问级为标准级
P0004	0	7	命令和数字 I/O
P0700	2	2	命令源选择由端子排输入
P0003	1	2	设用户访问级为扩展级
P0004	0	7	命令和数字 I/O
P0701	1	1	ON 接通正转，OFF 停止
P0702	1	2	ON 接通反转，OFF 停止
P0003	1	1	设用户访问级为标准级
P0004	0	10	设定值通道和斜坡函数发生器
P1000	2	2	频率设定值选择为模拟输入
P1080	0	0	电动机运行的最低频率（Hz）
P1082	50	50	电动机运行的最高频率（Hz）

（2）电动机反转与调速

按下电动机反转自锁按钮 SB2，数字输入端口 DIN2 为 ON，电动机反转运行，与电动机正转相同，反转转速的大小仍由外接电位器来调节。当松开带锁按钮 SB2 时，电动机停止运转。

任务总结

通过变频器的模拟信号操作控制项目的学习，应能掌握该项目所涉及的变频器数字量输入、模拟量输入端子的作用。正确理解各端子及参数设置的含义，具备初步使用变频器的能力。通过该项目的学习，应具备对变频器安装接线的能力，并能正确理解变频器的模拟信号操作的工作原理和绘制接线图。掌握实施的基本步骤和设备的安装与系统的调试方法。

效果测评

结合 MM420 变频器，完成下列任务。

要用一台智能温控器的 0～10 V 的模拟量输出来控制风机的转速，当温度高时风机的转速高，温度低时风机的转速低，温控器的模拟量输出接变频器的哪个端子，参数怎样设置？

任务 3.5　变频器的多段速运行

任务描述

由于现场工艺上的要求，很多生产机械在不同的转速下运行，如车床主轴变速等。为方便这种负载，大多数变频器均提供了多挡频率控制功能。用户可以通过几个开关的通断组合来选择不同的运行频率，实现在不同转速下运行的目的，这就是变频器的多段速控制。本任务的学习目标：

（1）掌握变频器多段速频率控制方式；

（2）掌握变频器的多段速运行操作过程；

（3）熟悉变频器基本参数的输入方法。

任 务 信 息

3.5.1　变频器的多段速控制功能

MM420 变频器的多段速功能，也称作固定频率，就是在设置参数 P1000=3 的条件下，用开关量端子选择固定频率的组合，实现电机多段速运行。

3.5.2　变频器的多段速控制参数设置

MM420 变频器的多段速控制参数设置可通过如下三种方法实现。

1. 直接选择（P0701-P0703=15）

在这种操作方式下，一个数字输入选择一个固定频率，端子与参数设置对应见表 3-5-1。

表 3-5-1　端子与参数设置对应表

端子编号	对应参数	对应频率设置值	说　明
5	P0701	P1001	1. 频率给定源 P1000 必须设置为 3。
6	P0702	P1002	2. 当多个选择同时激活时，选定的频率是它们的总和
7	P0703	P1003	

2. 直接选择 + ON 命令（P0701-P0703=16）

在这种操作方式下，数字量输入既选择固定频率，又具备启动功能。并且一个数字输入选择一个固定频率，当多个选择同时激活时，选定的频率是它们的总和。

3. 二进制编码选择 + ON 命令（P0701-P0703=17）

MM420 变频器的 3 个数字输入端口（DIN1～ DIN3）通过 P0701～P0703 设置实现多频段控制。每一频段的频率分别由 P1001～P1007 参数设置，最多可实现 7 频段控制，各个固定频率的选择见表 3-5-2。在多频段控制中，电动机的转速方向是由 P1001~P1007 参数所设置的频率正负决定的。3 个数字输入端口，哪一个作为电动机运行、停止控制，哪些作为多段频率控制，是可以由用户任意确定的，一旦确定了某一数字输入端口的控制功能，其内部的参数设置值必须与端口的控制功能相对应。

表 3-5-2　固定频率选择对应表

频　率　设　定	DIN3	DIN2	DIN1
P1001	0	0	1
P1002	0	1	0

续表

频 率 设 定	DIN3	DIN2	DIN1
P1003	0	1	1
P1004	1	0	0
P1005	1	0	1
P1006	1	1	0
P1007	1	1	1

任 务 实 施

用 MM420 变频器实现多段速控制。

1. 实施项目

实现 3 段固定频率控制，连接线路，设置功能参数，操作三段固定速度运行。

2. 实施器材

西门子 MM420 变频器一台、三相异步电动机一台、断路器一个、熔断器三个、自锁按钮四个、导线若干、通用电工工具一套等。

3. 实施过程

1）按要求接线

按图 3-5-1 连接电路，检查线路正确后，合上变频器电源空气开关 QS。

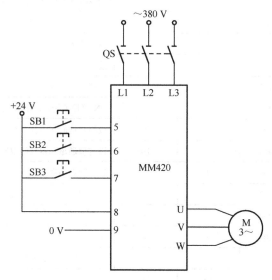

图 3-5-1　三段固定频率控制接线图

2）参数设置

恢复变频器工厂默认值，设定 P0010=30，P0970=1。按下 P 键，变频器开始复位到工厂默认值。

设置电动机参数，见表 3-5-3。电动机参数设置完成后，设 P0010=0，变频器当前处于准备状态，可正常运行。

表 3-5-3　电动机参数设置

参 数 号	出 厂 值	设 置 值	说　明
P0003	1	1	设用户访问级为标准级
P0010	0	1	快速调试
P0100	0	0	工作地区：功率以 kW 表示，频率为 50 Hz
P0304	230	依据实际电机参数设置	电动机额定电压（V）
P0305	3.25		电动机额定电流（A）
P0307	0.75		电动机额定功率（kW）
P0308	0		电动机额定功率因数（COSφ）
P0310	50		电动机额定频率（Hz）
P0311	0		电动机额定转速（r/min）

设置变频器 3 段速固定频率控制参数，设置参数如表 3-5-4 所示。

表 3-5-4　变频器 3 段速固定频率控制参数设置

参 数 号	出 厂 值	设 置 值	说　明
P0003	1	1	设用户访问级为标准级
P0004	0	7	命令和数字 I/O
P0700	2	2	命令源选择由端子排输入
P0003	1	2	设用户访问级为扩展级
P0004	0	7	命令和数字 I/O
P0701	1	17	选择固定频率
P0702	1	17	选择固定频率
P0703	1	1	ON 接通正转，OFF 停止
P0003	1	1	设用户访问级为标准级
P0004	2	10	设定值通道和斜坡函数发生器
P1000	2	3	选择固定频率设定值
P0003	1	2	设用户访问级为扩展级
P0004	0	10	设定值通道和斜坡函数发生器
P1001	0	20	选择固定频率 1（Hz）
P1002	5	30	选择固定频率 2（Hz）
P1003	10	50	选择固定频率 3（Hz）

3）变频器运行操作

当按下按钮 SB3 时，数字输入端口 7 为 ON，允许电动机运行。

第 1 段速控制：当 SB1 按钮开关接通、SB2 按钮开关断开时，变频器数字输入端口 5 为 ON，端口 6 为 OFF，变频器工作在由 P1001 参数所设定的频率为 20 Hz 的第 1

频段上。

第 2 段速控制：当 SB1 按钮开关断开，SB2 按钮开关接通时，变频器数字输入端口 5 为 OFF，6 为 ON，变频器工作在由 P1002 参数所设定的频率为 30 Hz 的第 2 频段上。

第 3 段速控制：当按钮 SB1、SB2 都接通时，变频器数字输入端口 5、6 均为 ON，变频器工作在由 P1003 参数所设定的频率为 50 Hz 的第 3 频段上。

电动机停车：当 SB1、SB2 按钮开关都断开时，变频器数字输入端口 5、6 均为 OFF，电动机停止运行。或在电动机正常运行的任何频段，将 SB3 断开使数字输入端口 7 为 OFF，电动机也能停止运行。

注意的问题：3 个频段的频率值可根据用户要求 P1001、P1002 和 P1003 参数来修改。当电动机需要反向运行时，只要将对应频段的频率值设定为负就可以实现。

任 务 总 结

通过变频器的多段速操作控制项目的学习，正确理解多段速控制的含义。掌握该项目所涉及的变频器数字量输入的作用，正确理解各端子参数设置的含义，具备初步使用变频器的能力。通过该项目的学习，应具备对变频器安装接线的能力，并能正确理解变频器的多段速操作的工作原理和绘制接线图。掌握实施的基本步骤和设备的安装与系统的调试方法。

效 果 测 评

（1）用变频器实现电动机 7 段速运转。

7 段速设置分别为：第 1 段速输出频率为 10 Hz；第 2 段速输出频率为 20 Hz；第 3 段速输出频率为 50 Hz；第 4 段速输出频率为 30 Hz；第 5 段速输出频率为-10 Hz；第 6 段速输出频率为-20 Hz；第 7 段速输出频率为-50 Hz。7 段速频率分布如图 3-5-2 所示。画出变频器外部接线图，写出参数设置。

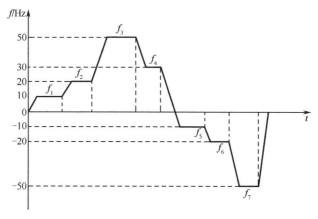

图 3-5-2　七段速频率分布图

（2）使用 PLC 和 MM420 变频器联机，实现电动机 3 段速频率运转控制。

① 要求按下按钮 SB1，电动机启动并运行在第 1 段速，频率为 15 Hz；延时 18 s 后电动机反向运行在第 2 段速，频率为 30 Hz；再延时 20 s 后电动机正向运行在第 3 段速，频率

为 50 Hz，当按下停止按钮 SB2，电动机停止运行。

② 按要求接线并画出 PLC 与变频器的连接电路。

③ 写出 PLC 输入/输出地址分配表。

④ PLC 程序设计。

⑤ 变频器参数设置。

项目 4
楼宇常用设备控制实施

项目描述

楼宇自动化系统是由中央计算机及各种控制子系统组成的综合性系统,它采用传感技术、计算机和现代通信技术,实现楼宇的采暖、通风、电梯、空调、给排水、配变电与自备电源、火灾自动报警与消防联动等系统。电梯、空调系统、给排水系统、锅炉房系统是楼宇的重要机电设备,为楼宇的交通、空气温度与湿度调节、供水和排水、大楼蒸汽和热水供给发挥重要作用。

项目分析

根据工程实践,对本项目配置了 4 个学习任务,分别是:

任务 4.1　电梯控制;

任务 4.2　空调系统控制;

任务 4.3　给水排水控制;

任务 4.4　锅炉房设备控制。

任务 4.1　电梯控制

任 务 描 述

电梯是服务于规定楼层的固定式升降设备。它具有一个轿厢，运行在至少两列垂直的倾斜角小于 15°的刚性导轨之间。轿厢尺寸与结构形式便于乘客出入或装卸货物。它适用于装置在两层以上的建筑内，是输送人员或货物的垂直提升设备的交通工具。本任务的学习目标为：

（1）熟悉电梯的分类；

（2）掌握电梯的构造；

（3）熟悉电梯的控制要求和电梯的电力拖动方式；

（4）熟悉电梯用变频器的操作、变频器接线端子含义和变频器参数设置；

（5）熟悉电梯控制原理图（通过案例）。

任 务 信 息

4.1.1　电梯的分类

由于建筑物的用途不同，客、货流量也不同，故需配置各种类型的电梯，因此各个国家对电梯的分类也采用不同方法。根据我国的行业习惯，大致归纳如下。

1. 按速度分类

（1）低速电梯：电梯运行的额定速度在 1 m/s 以下，常用于 10 层以下的建筑物。

（2）快速电梯：电梯运行的额定速度在 1～2 m/s 之间，常用于 10 层以上的建筑物内。

（3）高速电梯：运行的额定速度在 2 m/s 以上，常用于 16 层以上的建筑物内。

（4）超高速电梯：电梯运行的额定速度超过 5 m/s，甚至更高，常用于楼高超过 100 m 的建筑物内。

随着电梯速度的提高，以往对高、中、低速电梯速度限值的划分也将作相应的提高和调整。

2. 按用途分类

（1）乘客电梯：为运送乘客而设计，主要用于宾馆、饭店、办公大楼及高层住宅。

（2）住宅电梯：供住宅楼使用，主要运送居民，也可运送家用物件或其他生活物件。

（3）观光电梯：电梯观光侧轿厢壁透明，装饰豪华、活泼，运行于大厅中央或高层大楼的外墙上，供游客、乘客观光用。

（4）载货电梯：为运送货物而设计，轿厢的有效面积和载重量较大。

（5）客货两用电梯：主要用于运送乘客，也可运送货物。

（6）医用（病床）电梯：专为医院设计，用于运送病人、医疗器械和救护设备的电梯。

（7）杂物（服务）电梯：供图书馆、办公楼、饭店等运送图书、文件、食品等。

（8）汽车电梯：用于多层、高层车库中的各种客、货、轿车的垂直运输。

（9）自动扶梯：与地面成 30°～35°倾斜角，在一定方向上以较慢的速度连续运行，多用于机场、车站、商场、多功能大厦中，是具有一定装饰性的代步运输工具。

（10）自动人行道：在一定的水平或倾斜方向上连续运行，常用于大型车站、机场等处，是自动扶梯的变形。

（11）其他电梯：如建筑施工梯、消防梯、矿井梯、运机梯等。

3. 按拖动方式分类

（1）交流电梯：用交流感应电动机作为驱动力的电梯，如双速电梯、交流调频调压调速电梯。

（2）直流电梯：用直流电动机作为驱动力的电梯。现在基本不再生产。

（3）液压电梯：靠液压传动的原理，利用电动泵驱动液体流动，由柱塞使轿厢升降的电梯。

4. 按有无司机分类

（1）有司机电梯：必须由专职司机操作而完成电梯运行的电梯。

（2）无司机电梯：不需专门司机操作，由乘客自己按动需去楼层的按钮后，电梯自动运行到达目的层楼的电梯。此类电梯具有集选功能。

（3）有/无司机电梯：此类电梯可改变控制电路。平时由乘客自己操纵电梯运行，遇客流量大或必要时，改由司机操纵。

5. 按控制方式分类

（1）集选控制电梯：它能实现无司机操纵，其主要特点是，把轿厢内选层信号和各层外呼信号集合起来，自动决定上下运行方向，顺序应答，并能顺向截梯。这类电梯在轿厢上设有称重装置，用于避免电梯超载。轿门上设有保护装置，以防乘客出入轿厢时被夹伤。这是目前常用的电梯控制方式。

（2）并联控制电梯：将 2～3 台电梯的控制线路并联起来进行逻辑控制，公用层站外召唤按钮，电梯本身具有集选功能。

（3）群控电梯：是用微机控制和统一调度多台集中并列的电梯。有以下两种控制方式。

① 梯群程序控制：控制系统按照客流状态编制程序，按程序集中调度和控制。

② 梯群智能控制：智能控制电梯有数据的采集、交换、存储功能，还可进行分析、筛选和报告，并能显示出所有电梯的运行状态。计算机可通过专用程序分析电梯的工作效率、评价服务水平，并根据当前的客流情况，自动选择最佳的运行控制程序。

6. 按曳引机结构分类

（1）有齿曳引机电梯：曳引机有减速器，用于交、直流电梯。

（2）无齿曳引机电梯：曳引机没有减速器，由曳引机直接带动曳引轮转动。

7. 其他分类方式

按机房位置不同，可分为机房位于井道顶部的上置式电梯、机房位于井道底部或底部旁侧的下置式电梯、小机房电梯、无机房电梯，此外还有别墅电梯、船舶电梯、防爆电梯、防腐电梯等。

4.1.2　电梯的基本构造

电梯是机、电合一的大型机电产品，由机械和电气两大系统组成。机械部分相当于人的躯体，电气部分相当于人的神经，机与电的高度合一，使电梯成为现代高技术产品。

电梯由曳引系统、导向系统、轿厢系统、重量平衡系统、门系统、安全保护系统、电气拖动系统、信号控制系统八大系统组成。电梯的主要部件分别装在机房、井道、厅门及底坑中。

下面介绍电梯的结构。不同规格型号的电梯，其部件组成情况也不同。这里只介绍一些基本的情况。图4-1-1所示为一种交流调速乘客电梯的整机示意图。

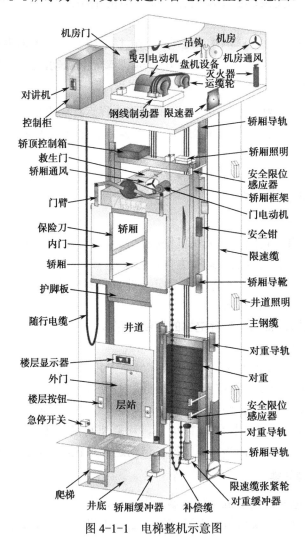

图 4-1-1　电梯整机示意图

1. 电梯机房里的主要部件

1）曳引机

曳引机是电梯的驱动装置。曳引机包括以下部分。

（1）驱动电动机：交流梯为专用的交流电机；直流梯为专用的直流电机。

（2）制动器：在电梯上通常采用双瓦块常闭式电磁制动器。电梯停止或电源断电情况下制动抱闸，以保证电梯不致移动。

（3）减速箱：大多数电梯厂选用蜗轮蜗杆减速箱，也有行星齿轮、斜齿轮减速箱。无齿轮电梯不需减速箱。图4-1-2为带减速箱的电梯曳引机。

图4-1-2 带减速箱的电梯曳引机

目前电梯曳引机主要采用无齿轮曳引机，其外形结构如图4-1-3所示。

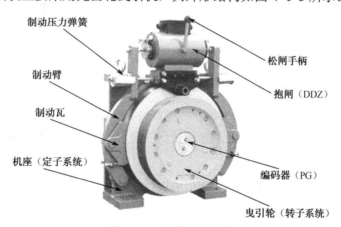

图4-1-3 无齿轮曳引机

（4）曳引轮：曳引机上的绳轮称为曳引轮。两端借助曳引钢丝绳分别悬挂轿厢和对重，并依靠曳引钢丝绳与曳引轮绳槽间的静摩擦力来实现电梯轿厢的升降。

（5）导向轮或复绕轮：导向轮又称抗绳轮。因为电梯轿厢尺寸一般都比较大，轿厢悬挂中心和对重的悬挂中心的距离往往大于设计上所允许的曳引轮直径。因此对一般电梯而言，通常要设置导向轮，以保证两股向下的曳引钢丝绳之间的距离等于或接近轿厢悬挂中心和对重悬挂中心间的距离。

对复绕的无齿轮电梯而言，改变复绕轮的位置同样可以达到上述目的。

2）限速器

当轿厢运行速度达到限定值时，能发出电信号并产生机械动作的安全装置。其上装有限速器开关，该开关串入电梯安全回路，从电气上控制电梯的超速运行。电梯限速器如图4-1-4所示。

3）控制柜

各种电子元器件和电器元件安装在一个防护用的柜形结构内，按预定程序控制轿厢运行的电控设备，电梯控制柜一般放置于电梯机房。电梯控制柜是电梯的电控核心，内部装有电梯主控制器、电梯驱动用变频器、电梯轿厢检修盒、交流接触器等控制部件。电梯所有信号全部汇集到电梯控制柜。图 4-1-5 为电梯控制柜实物图。

图 4-1-4　电梯限速器

图 4-1-5　电梯控制柜

2. 电梯井道里的主要部件

1）轿厢

轿厢是电梯的主要部件，是容纳乘客或货物的装置。图 4-1-6 为电梯轿厢实物图。

2）导轨

供轿厢和对重在升降运行中起导向作用的组件。图 4-1-7 为电梯 T 形导轨实物图。

图 4-1-6　电梯轿厢

图 4-1-7　电梯 T 形导轨

3）对重装置

设置在井道中，由曳引钢丝绳经曳引轮与轿厢连接，在运行过程中起平衡作用的装置。图4-1-8所示为电梯对重装置示意图。

4）缓冲器

当轿厢超过下极限位置时，用来吸收轿厢或对重装置所产生动能的制停安全装置。缓冲器一般设置在井道底坑上。液压缓冲器是以油为介质吸收动能的缓冲器。弹簧缓冲器是以弹簧形变来吸收动能的缓冲器。图4-1-9为电梯缓冲器示意图。

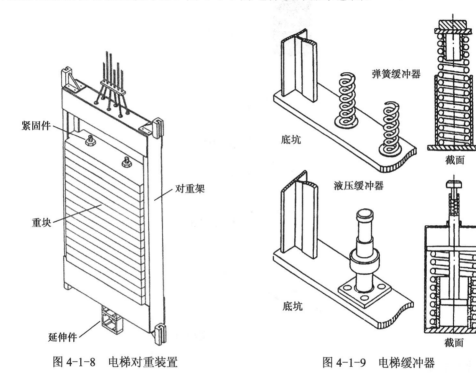

图4-1-8　电梯对重装置　　　　　图4-1-9　电梯缓冲器

5）限位开关

该装置可以装在轿厢上，也可以装在电梯井道上端站和下端站附近，当轿厢运行超过端站时，用于切断控制电源的安全装置。

6）接线盒

接线盒固定在井道壁上，包括井道中间接线盒及各层站接线盒。

7）控制电缆

控制电缆包括随行电缆和井道电缆，分别与轿内操作箱连接和井道中间接线盒连接。

8）补偿链或补偿绳

补偿链或补偿绳用于补偿电梯在升降过程中由于曳引钢丝绳在曳引轮两边的重量变化。

9）平层感应器或井道传感器

平层感应器或井道传感器是在平层区内，使轿厢地坎与厅门地坎自动对准的装置。

3. 轿厢上的主要部件

1）操作箱

操作箱装在轿厢内靠近轿厢门附近，是用于操作轿厢运行的电器装置，其上配置有轿内选层按钮、开关门按钮、楼层指示、司机操作/检修开关盒、紧急呼叫按钮等设备。图 4-1-10 为电梯操作箱实物图。

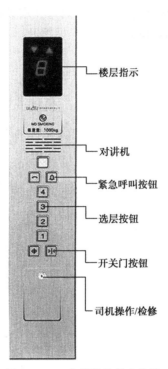

图 4-1-10　电梯操作箱实物图

2）自动门机

自动门机是装于轿厢顶的前部，以小型的交流、直流、变频电动机为动力的自动开关轿门和厅门的装置。图 4-1-11 为某品牌电梯门机实物图及门机结构示意图。

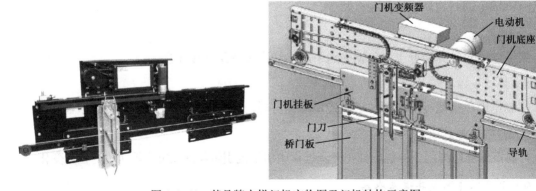

图 4-1-11　某品牌电梯门机实物图及门机结构示意图

3）安全触板（光电装置）

安全触板（光电装置）设置在层门轿门之间，在层门、轿门关闭过程中，当有乘客或障碍物触及时，门立刻停止关闭并返回开启的安全装置。载货电梯一般不设此装置。

4）轿门

轿门是设置在轿厢入口的门。

5）称重装置

称重装置是能检测轿厢内负载变化状态，并发出信号的装置，适用于乘客或货物电梯等。

6）安全钳

安全钳是由于限速器作用而引起动作，迫使轿厢或对重装置掣停在导轨上，同时切断控制回路的安全装置。图 4-1-12 为某型号电梯安全钳实物图。

图 4-1-12　电梯安全钳实物图

7）导靴

导靴设置在轿厢架和对重装置上，使轿厢和对重装置沿着导轨运行的装置。

4. 电梯层门口的主要部件

1）层门

层门设置在层站入口的封闭门。

2）层门门锁

层门门锁设置在层门内侧，门关闭后，将门锁紧，同时接通控制回路，轿厢可运行的机电连锁安全装置。图 4-1-13 所示为某电梯层门门锁装置实物图。

3）楼层指示灯

楼层指示灯设置在层站层门上方或一侧，用以显示轿厢运行层站位置和方向的装置。图 4-1-14 所示为电梯楼层指示灯，安装在电梯层站层门上方。

图 4-1-13　电梯层门门锁装置

图 4-1-14　电梯楼层指示灯

4）层门方向指示灯

层门方向指示灯（限于某些电梯需要）设置在层站层门上方或一侧，用以显示轿厢欲运行方向并装有到站音响机构的装置。

5）呼梯盒

呼梯盒设置在层站门侧，当乘客按下需要的召唤按钮时，在轿厢内即可显示或登记，令电梯运行停靠在召唤层站的装置。图 4-1-15 为不同形式的电梯层站呼梯盒，不带层楼和方向指示的是群控电梯的呼梯盒。

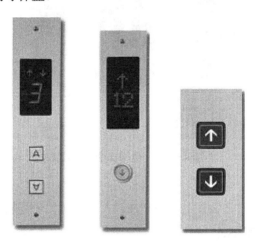

图 4-1-15　不同形式的电梯层站呼梯盒

4.1.3　电梯的控制要求

1. 电梯的控制方法

在电梯的电气自动控制系统中，达到电梯逻辑控制的方法主要有以下三种。

1）继电器-接触器控制系统

这种控制系统是已淘汰的一种电梯电气控制系统。

2）PLC 控制系统

PLC 是一种通用逻辑控制器，在电梯的控制中占据一定的地位，尤其在电梯微机控制出现之前。PLC 控制与用微机控制一样，信号处理及运行过程自动控制，能实现梯群的控制、调度和管理，能实现电梯故障诊断，PLC 具有 PID 运算、模拟量控制、位置控制等功能，它可以控制电梯的驱动装置，使电梯的速度可调可控。

3）微机控制系统

微机控制系统就是把微机技术应用于电梯控制系统，电梯的微机控制系统实质上是使控制算法不再由"硬件"逻辑所固定，而是通过一种所谓"程序存储器"中的程序（"软件"）而固定下来的控制系统。因此对于有不同功能要求的电梯控制系统，只要修改程序存储器中的程序——软件即可，而无须变更或减少硬件系统的布线。因而，使用方便，功能强大，维保成本低，为广大电梯厂商所青睐。

2. 不同控制形式的单机运行电梯控制要求

1）轿内手柄开关控制、自动平层、自动开关门电梯电气控制系统

①有专职司机控制；②自动开关门；③到达预定停靠的中间层站时，提前自动将额定快速运行切换为慢速运行，平层时自动停靠开门；④到达两端站时，提前自动强迫电梯由额定快速运行切换为慢速运行，平层时自动停靠开门；⑤厅外有召唤装置，而且召唤时厅外有记忆指示灯信号，轿内有音响信号和召唤人员所在层站位置及要求前往方向记忆指示灯信号；⑥厅外有电梯运行方向和所在位置指示灯信号；⑦自动平层；⑧召唤要求实现后，自动消除轿内、外召唤位置和要求前往方向记忆指示灯信号；⑨开电梯时，司机必须向左或右扳动手柄开关，放开手柄开关有一定范围，需要在上平层传感器离开停靠站前一层站的平层隔磁板至准备停靠站的平层隔磁板之间时放开手柄开关，手柄开关放开后，电梯仍以额定速度继续运行，到预定停靠层站时提前自动把快速运行切换为慢速运行，平层时自动停靠开门。

2）轿内按钮开关控制、自动平层、自动开关门电梯电气控制系统

①～⑧同"轿内手柄开关控制、自动平层、自动开关门电梯电气控制系统"中的①～⑧；⑨开电梯时，司机只需点按轿内操作箱上与预定停靠楼层对应的指令按钮，电梯便能自动关门、启动加速、额定满速运行，到预定停靠层站时提前自动将额定快速运行切换为慢速运行，平层时自动停靠开门。

3）轿内外按钮开关控制、自动平层、自动开关门电梯电气控制系统

①无专职司机控制；②～④同"轿内手柄开关控制、自动平层、自动开关门电梯电气控制系统"中的②～④；⑤厅外有召唤装置，乘用人员点按装置的按钮时，装置上有记忆指示灯信号；电梯在本层时自动开门，不在本层时自行启动运行，到达本层站时提前自动将快速运行切换为慢速运行，平层时自动停靠开门；⑥～⑧同"轿内手柄开关控制、自动平层、自动开关门电梯电气控制系统"中的⑥～⑧；⑨电梯到达召唤人员所在层站停靠开门，乘用人员进入轿厢后只需点按一下操作箱上与预定停靠楼层对应的指令按钮，电梯便自动关门、启动、加速、额定速度运行，到预定停靠层站时提前自动将额定快速运行切换为慢速运行，平层时自动停靠开门；乘用人员离开轿厢4～6s 后电梯自行关门，门关好后就地等待新的指令任务。

4）轿外按钮开关控制、自动平层、手动开关门电梯电气控制系统

①同"轿内外按钮开关控制、自动平层、自动开关门电梯电气控制系统"中的①；

②手动开关门；③到达预定停靠的中间层站平层时自动停靠；④到达两端站平层时强迫电梯停靠；⑤厅外有控制电梯的操作箱，使用人员通过该操作箱招来和送走电梯；⑥同"轿内手柄开关控制、自动平层、自动开关门电梯电气控制系统"中的⑦；⑦使用人员使用电梯时通过厅外的操作箱可以招来和送走电梯。

5）信号控制电梯的电气控制系统

①～⑧同"轿内手柄开关控制、自动平层、自动开关门电梯电气控制系统"中的①～⑧；⑨开电梯时司机可按乘客要求做多个指令登记，然后通过点按启动或关门启动按钮启动电梯，在预定停靠层站停靠开门，乘客出入轿厢后，仍通过点按启动按钮或关门启动按钮启动电梯，直到完成运行方向的最后一个内外指令任务为止。若相反方向有内外指令信号，电梯将自动换向，司机通过点按启动按钮或关门启动按钮启动运行电梯。电梯运行前方出现顺向召唤信号时，电梯到达有顺向召唤指令信号的层站能提前自动将快速运行切换为慢速运行，平层时自动停靠开门。在特殊情况下，司机可通过操作箱的直驶按钮，实现直驶。

6）集选控制电梯的电气控制系统

①有/无专职司机控制；②～⑧同"轿内手柄开关控制、自动平层、自动开关门电梯电气控制系统"中的②～⑧；⑨在有司机状态下，司机控制程序和电梯性能与信号控制电梯相同；在无司机状态下除与轿内外按钮控制电梯相同外，还增加了轿内多指令登记和厅外顺向召唤指令信号截梯性能等。

4.1.4 电梯的电力拖动

拖动系统通常利用电能驱动电梯机械装置运动，其主要功能是为电梯提供动力，对电梯运动操纵过程进行控制。电梯拖动系统主要由曳引电动机、供电装置、速度检测装置和调速装置等几部分构成，其中曳引电动机必须是能适应频繁启/制动的电梯专用电动机。电梯的调速控制主要是对电动机的速度控制。电梯运行性能的好坏，在很大程度上取决于其拖动系统性能的优劣。

1. 电梯拖动系统的种类

根据电动机和调速控制方式的不同，电梯拖动系统可分为直流调速拖动系统、交流变极调速拖动系统、变压调速拖动系统和变压变频调速拖动系统四种。目前，电梯常用的是变压变频调速拖动系统。

1）直流调速拖动系统

直流电梯拖动系统具有调速范围宽，可连续平稳调速，控制方便、灵活、快捷、准确等优点，但也有体积大、结构复杂、价格昂贵、维护困难和能耗大等缺点。目前直流电梯的应用已经很少，只在一些对调速性能要求极高的特殊场所使用。

2）交流变极调速拖动系统

由电机学原理可知，三相异步电动机转速与定子绕组的磁极对数有关，只要调节定子绕组的磁极对数就可以改变电动机的转速。电梯用交流电动机有单速、双速及三速之分。该系统只限于货梯上使用，现已趋于淘汰。

3）变压调速拖动系统

交流异步电动机的转速与定子所加电压成正比，改变定子电压可实现变压调速。变压调速具有结构简单、效率较高、电梯运行较平稳、较舒适等优点。但当电压较低时，最大转矩锐减，低速运行可靠性差，且电压又不能高于额定电压，这就限制了调速范围；此外，供电电源含有高次谐波，加大了电动机的损耗和电磁噪声，降低了功率因数。此类电梯拖动系统应用也很少。

4）变压变频调速拖动系统

交流异步电动机转速与电源频率成正比，连续均匀地改变供电电源的频率，就可平滑地改变电动机的转速，但同时也改变了电动机的最大转矩，电梯为恒转矩负载，为了实现恒定转矩调速，获得最佳的电梯舒适感，变频调速时必须同时按比例改变电动机电源电压，即变压变频（VVVF）调速。其调速性能远远优于前两种交流拖动系统，可以和直流拖动系统相媲美。目前，这种电梯拖动系统是电梯工业中应用最多的拖动方式。

2. 变压变频调速拖动系统

1）VVVF 电梯拖动系统结构

VVVF 电梯调速拖动系统的实质就是采用交流异步电动机驱动。来自电源的三相交流电经过二极管模块组成的整流器作全波整流，并经电路滤波，取得近似于直流的电压值，再经大功率三极管模块组成的逆变器逆变成为可变电压、可变频率的三相交流电，供给牵引电动机，同时采用 PWM 控制使逆变器输出的交流电压接近于正弦波，减少了高次谐波，因而降低了噪声，减少了电动机的发热损耗，并使电梯运行平稳。电梯拖动系统结构如图 4-1-16 所示。其中的脉冲编码器用来实现电梯的闭环控制，使电梯的运行速度更精确。

2）电梯用变频器

图 4-1-16 所示电梯拖动系统结构图中，电梯曳引电动机由电梯专用变频器驱动。变频器由整流器、逆变器、控制模块等组成，它的作用是对三相交流电源进行变压变频率控制，从而实现电梯的速度调节，因此变频器在电梯电力拖动中起着十分重要的作用。电梯的电力拖动控制是一种闭环控制，结合电梯专用脉冲编码器和电流检测环节，可实现速度和电流双闭环控制，使电梯的运行更加平稳精确。下面着重介绍一种电梯专用变频器——意大利西威（SIEI）变频器，它在电梯永磁无齿轮曳引机驱动领域有广泛的应用。图 4-1-17 为西威变频器实物图。

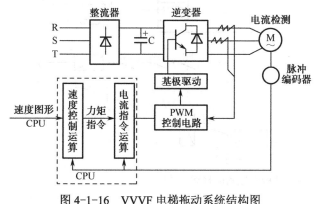

图 4-1-16　VVVF 电梯拖动系统结构图

图 4-1-17　西威变频器实物图

（1）变频器接线端子

熟悉变频器接线端子是变频器正确布线、阅读变频器驱动控制原理图、是保证变频器正确安全使用的前提条件。图 4-1-18 为西威变频器的接线端子图。下面对部分接线端子进行说明。

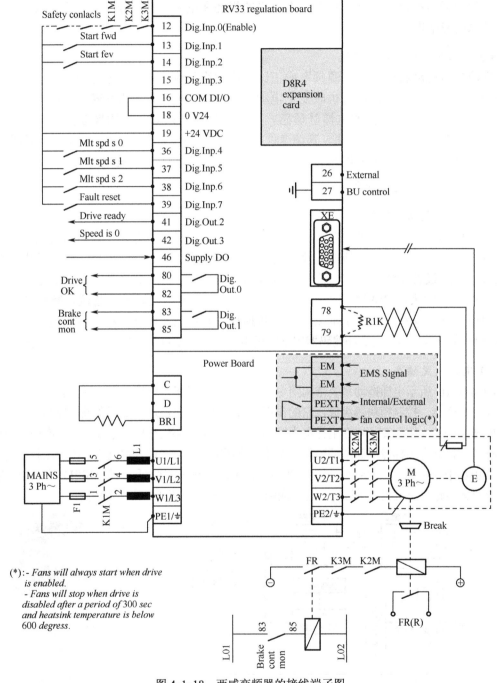

图 4-1-18　西威变频器的接线端子图

① 数字量输入/输出端子，信号标准为最大值+30 V，3.2 mA@15 V；5 mA@24 V；6.4 mA@30 V。

Digital input 0（Dig.Inp.0）（Enable）：数字量输入 0，变频器使能信号，高电平有效；只有当使能信号有效时，其他的输入才有效。其上串联有电梯安全触头，如电梯主回路接触器辅助触头。

Digital input 1（Dig.Inp.1）：数字量输入 1，可编程输入，出厂默认值：电梯曳引机正转方向输入，即电梯上行方向（Start fwd）。

Digital input 2（Dig.Inp.2）：数字量输入 2，可编程输入，出厂默认值：电梯曳引机反转方向输入，即电梯下行方向（Start rev）。

Digital input 3（Dig.Inp.3）：数字量输入 3，可编程输入，出厂默认值：外部故障。

COM DI/O：数字输入输出的参考点。

0 V24：24 V 的参考点：+24 V 电压输出的参考点。

+24 VDC：+24 V 电源输出。

Digital input 4（Dig.Inp.4）：数字量输入 4，可编程输入，默认值：多段速选择 0（Mlt spd s 0），由变频器控制上位机给出。

Digital input 5（Dig.Inp.5）：数字量输入 5，可编程输入，默认值：多段速选择 1（Mlt spd s 1），由变频器控制上位机给出。

Digital input 6（Dig.Inp.6）：数字量输入 6，可编程输入，默认值：多段速选择 2（Mlt spd s 2），由变频器控制上位机给出。

Digital input 7（Dig.Inp.7）：数字量输入 7，可编程输入，默认值：变频器故障复位（Fault reset）。

Digital output 0（Dig.out.0）：数字量输出 0，变频器运行正常（Drive OK）。

Digital output 1（Dig.out.1）：数字量输出 1，抱闸接触器监控（Brake cont.mon.）。

Digital output 2（Dig.out.2）：数字量输出 2，可编程输出，默认值：驱动器就绪，信号反馈给变频器控制上位机。

Digital output 3（Dig.out.3）：数字量输出 3，可编程输出，默认值：电梯零速（Speed is 0），信号反馈给变频器控制上位机。

Supply DO：数字输出端子 41、42 的电源。

② C/BR1：接电梯制动电阻，当电梯减速运行时，曳引电机处于发电状态，这些电能必须由制动电阻来消耗，才能保证电梯的正常平层停车。当变频器功率超过一定值时，由外部制动单元实现制动能耗，接线端子为 External BU Control。

③ U1/L1、V1/L2、W1/L3：主电路三相交流输入。

④ U2/T1、V2/T2、W2/T3：主电路三相变频变压交流输出，接电梯曳引电动机。变频器主电路输入、输出切不可以接反，否则会损坏变频器。

⑤ XE：接电梯专用旋转编码器，以实现电梯速度闭环控制。

⑥ R1K：接曳引电动机内部的 PTC 保护电阻，以防止电动机过热而损坏。

从图 4-1-18 中还可以看出，电梯的停车制动是由直流电磁制动器实现的。当电梯运行速度达到零速时，变频器输出 BRAKE CONT MON 信号，结合电梯运行主接触器 K2M、K3M 信号，给直流电磁制动器供电实现电梯制动。

（2）变频器键盘操作

对变频器进行操作必须通过变频器的人机接口进行，那就是变频器的键盘，键盘由一个带有两行 16 位字符的 LCD 显示器、7 个发光二极管和 9 个功能键等组成。图 4-1-19 所示为变频器键盘和 LED 模块图。它可以用来：

① 启动/关闭变频器（此功能可以不开启）。

② 提高/降低速度和点动操作。

③ 运行时显示速度、电压、诊断结果等。

④ 设置参数和输入命令。

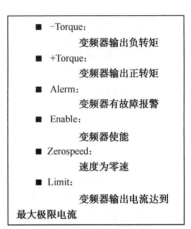

- -Torque:
  变频器输出负转矩
- +Torque:
  变频器输出正转矩
- Alerm:
  变频器有故障报警
- Enable:
  变频器使能
- Zerospeed:
  速度为零速
- Limit:
  变频器输出电流达到
  最大极限电流

图 4-1-19 变频器键盘和 LED 模块图

LED 模块由 6 个发光二极管组成。用来显示运行时的状态和诊断信息。键盘可在变频器工作时安装或者拆卸。变频器键盘操作按钮定义如表 4-1-1 所示。

表 4-1-1 变频器键盘操作按钮定义

控 制 键	文 本 名 称	功 能
[I]	[START]（[开始]）	变频器启动指令键
[O]	[STOP]（[停止]）	变频器停止指令键
[+]	[Increase]/[Jog]（[加速]/[点动]）	当开启内部电位器功能时，此键增加速度给定，加上挡键为点动
[−]	[Decrease]/[Rotation control]（[减速]/[运转方向]）	当开启内部电位器功能时，此键减少速度给定，若加上挡键，在点动和电位器模式中改变旋转方向
[▼]	[Down arrow]/[Help]（[下翻]/[帮助]）	用来在目录内下翻菜单和参数。在参数模式下为参数向下选择或数值更改。按上挡键和 Help 键，可进入相应的 Help 菜单，当 Help 菜单无效时，将显示 Help not found

控 制 键	文 本 名 称	功 能
	[Up arrow]/[Alarm] （[上翻]/[报警]）	用来在目录内上翻菜单和参数。在参数模式下为参数向上选择或数值更改。按上挡键和 Alarm 键切换到故障寄存器显示。（加上挡键）用[UP/DOWN]浏览最后十个故障
	[Left arrow]/[Escape] （[返回]/[取消]）	编辑数字参数时，用来选择参数的位，其他情况用于退出设定模式。Escape 用于退出设定模式和故障复位（加上挡键）
	[Enter]/[Home] （[确认]/起始键]）	菜单的进入键，参数设定模式中为确认所设定的新值。Home 直接回到基本菜单中（加上挡键）
	[Shift]（[上挡键]）	选择按键第二功能（Rotation control，Jog，Help，Alarm，Escape，Home）

（3）变频器参数设置

变频器参数根据应用性质的不同分多种类型，有些参数还与电动机的类型有关，电机类型不一样，参数也不尽相同。变频器参数设置比较复杂，要有效设置变频器参数，应正确理解参数的含义。由于变频器参数非常多，在此不一一介绍，仅介绍一些常见的基本参数。

① MONITOR（监控菜单）。

● Drive status（驱动器状态）。

在此菜单可以监控电梯运行时变频器输出的电压、电流、频率、功率、转矩、速度和内部使能命令等。

● I-O status（输入输出状态）。

在此菜单可以监控电梯运行时变频器各个模拟和数字输入输出口的状态。"1"表示有信号，"0"表示无信号。

● Advance status（高级参数监控）。

在此菜单可以监控电梯运行时变频器的直流母线电压、励磁（给定）电流、转矩（给定）电流、（给定）磁通、电机过载率、编码器检测速度和编码器位置等。

● Drive ID status（驱动器规格参数）。

此菜单用于察看变频器的型号，如额定电流、额定功率及软件版本信息。

② STARTUP（启动菜单）。

● Mains voltage（主电压）（V）。

变频器电压等级，电压等级可选。工厂设置：400 V。

● Switching freq（变频器开关频率）（kHz）。

关系变频器的工作效率，开关频率可选。工厂设置：8 kHz。

● Spd ref/fbk res（速度反馈参考值）（r/min）。工厂设置：0.125 r/min。

注：以下为异步电机参数。

Rated voltage（额定电压）（V）、Rated frequency（额定频率）（Hz）、Rated current（额定电流）（A）、Rated speed（额定速度）（r/min）、Rated power（额定功率）（kW）、Cosfi（功率因数）、Efficiency（效率），这些参数如果电机铭牌上有，则设成与电机铭牌一致。

注：以下为同步电机的参数。

额定电压、额定电流、额定转速同异步电动机。属于同步电机的参数还有 Pole pairs（极对数）、Torque constant（转矩常数）（Nm/A）、EMF constant（反电势常数）（V.S）、Stator resistance（定子阻值）（Ω）、LsS inductance（电抗值）（H），这些参数如果电机铭牌上有，则设成与电机铭牌一致。

③ SETUP MODE/Autotune（自学习）。

为了使变频器更好地驱动电机工作，变频器需学习获得电机的电气性能参数，即变频器的自学习。变频器自学习的目的是使曳引机、编码器和变频器匹配。变频器自学习的方式包括：

- Cur reg autotune（电流标准自学习）；
- Flux reg autotune at standstill（磁场静态自学习（不打开抱闸电机静止））；
- Flux reg autotune shaft rotating（磁场旋转自学习（打开抱闸，电机将旋转））；
- Complete still autotune（完整的静态自学习）；
- Complete rot autotune（完整的旋转自学习）；
- 完整的静态自学习等效于电流标准自学习 ＋ 磁场静态自学习；
- 完整的旋转自学习等效于电流标准自学习 ＋ 磁场旋转自学习。

关于电机自学习的一些注意事项：

在设置或修改驱动器或电机参数后必须进行自学习。

对于异步电动机可以先进行电流自学习，再进行磁场自学习，或直接进行完整的自学习。

最好进行旋转自学习；在不允许电机转动时（如钢丝绳不能取下）应进行静态自学习。

在进行自学习时，应将变频器的 Enable（12 端子）与+24 V（19 端子）短接，并使输出接触器吸合；若进行旋转自学习时，还应取下钢丝绳，并打开抱闸。

在自学习完毕后，应先断开 Enable，再切断接触器和抱闸。

对于同步电机，由于转子是永磁的，不需要进行磁场自学习，只要进行电流自学习即可。

在自学习完成后必须进入 Load setup 菜单将参数载入变频器，否则自学习结果随时可能丢失而导致需重新自学习。

④ 电梯其他参数。

Travel units sel（单位选择）（mm）、Gearbox ratio（异步电动机齿轮箱减速比）Pulley diameter（曳引轮直径）（mm）、Full scale speed（最大转速范围）（r/min）、Cabin weight（空轿厢重量）（kg）、Counter weight（对重重量）（kg）、Load weight（额定载重量）（kg）、Rope weight（钢丝绳重量）（kg）、Std enc type（编码器类型）、Std enc pulses（编码器脉冲数）、Std enc supply（编码器电源电压）（V）、BU resistance（制动电阻阻值）、BU res cont pwt（制动电阻功率）等。

⑤ 变频器运行参数。

在变频器中有些参数可以设置，使电梯的启动、运行和减速阶段舒适平稳。如 Smooth start spd（平滑启动速度）（mm/s）、MR0 acc ini jerk（开始加速时的加加速度）（r/min/s^2）、MR0 acceleration（加速度）（r/min/s）、MR0 acc end jerk（结束加速时的加加速度）（r/min/s^2）、MR0 dec ini jerk（开始减速时的减减速度）（r/min/s^2）、MR0 deceleration（减速度）（r/min/s）、MR0 dec end jerk（结束减速时的减减速度）（r/min/s^2）、MR0 end decel（运行结束时的减速度）（r/min/s）、Cont close delay（接触器闭合延时）（ms）、Brake open delay

（抱闸打开延时）（ms）、Smooth start delay（平滑启动延时）（ms）、Brake close delay（抱闸闭合延时）（ms）、Cont open delay（接触器打开延时）（ms）等。

为了适应电梯运行的不同速度要求，变频器提供了多段速速度控制，最多可达 8 种速度控制，即 Mullti speed 0～7（多段速 0～7），表 4-1-2 所示是多段速选择时序。Mlt spd s0～2 是多段速输入端子。

表 4-1-2　电梯多段速选择时序

Mlt spd s0	Mlt spd s1	Mlt spd s2	Active speed
0	0	0	Multi speed 0
1	0	0	Multi speed 1
0	1	0	Multi speed 2
1	1	0	Multi speed 3
0	0	1	Multi speed 4
1	0	1	Multi speed 5
0	1	1	Multi speed 6
1	1	1	Multi speed 7

为了使变频器驱动电梯运行的速度和输出电流更加准确，变频器参数设置中还有 PID 参数，如 SpdP1 gain%（速度比例增益）、SpdI1 gain%（速度积分增益）等。通过对 PID 参数的调节，还可以改善电梯运行的舒适性。PID 参数的调节需要根据现场情况来设定，在此不再展开。

⑥ 无齿轮曳引机编码器相位调整。

为了使无齿轮曳引电动机有效获得电磁转矩，无齿轮曳引机在运行前必须对编码器相位进行调整，调整方法如下：

进入 REGULATION PARAM/Test generator/Test gen mode 菜单，将参数 Modify Test Gen Mode 设为 4 Magn curr ref。

进入 REGULATION PARAM/Test generator/Test gen cfg 菜单，设置参数 Gen hi ref 5000 cnt 和 Gen low ref 5000 cnt，这两个参数的设定值必须使变频器在 Enable 后的输出电流接近或等于电机的额定电流（可通过 MONITOR 菜单进行监控）。

Enable 变频器，电机将运行并停止在某一个固定的位置。此时可通过机械方式（A）或软件方式（B）来完成相位调整。

● 机械定位。

查看菜单 SERVICE/Brushless 中变量 Sin-Cos Res pos 的值。

松开固定编码器的部件，小心旋转编码器的角度，直到 Sin-Cos Res pos=0

此时固定好编码器，相位调整完成。

Disable 变频器，将菜单 REGULATION PARAM/Test generator 中参数 Test gen mode 重新设为 0 off。

保存参数。

● 软件定位。

反复 Disable、Enable 变频器几次，直到电机不再运动。

直接将菜单 SERVICE/Brushless 中变量 Int calc offset 的值填写到变量 Sin-Cos Res off 中。

Disable 变频器，将菜单 REGULATION PARAM/Test generator 中参数 Test gen mode 重新设为 0 off。

保存参数。

任 务 实 施

某型号交流变压变频调速电梯控制线路说明参阅图 4-1-20～图 4-1-25，器件如表 4-1-3 所示。

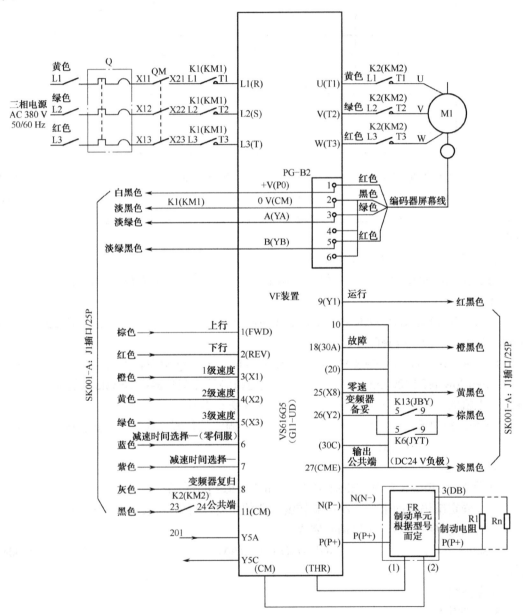

图 4-1-20　电梯变频器驱动系统原理图

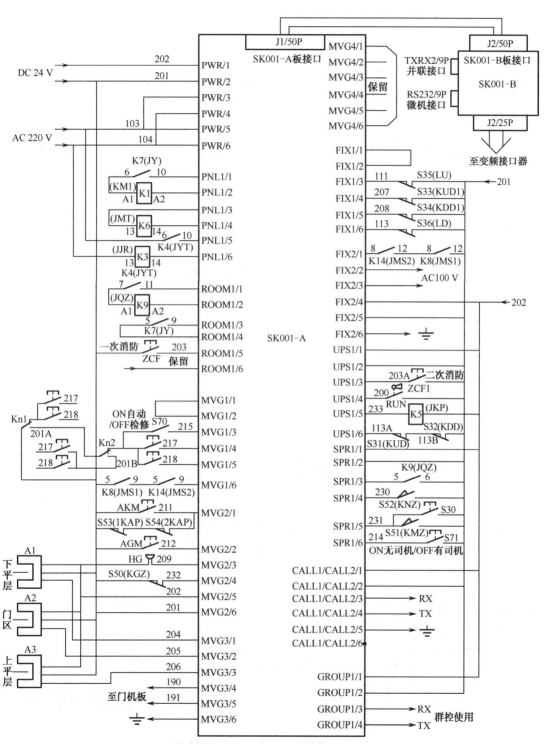

图 4-1-21 电梯微机板输入/输出原理图

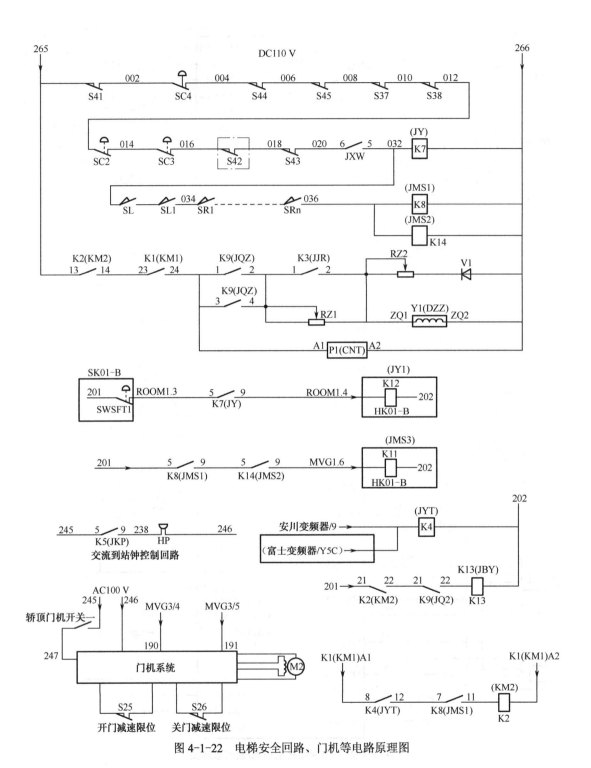

图 4-1-22　电梯安全回路、门机等电路原理图

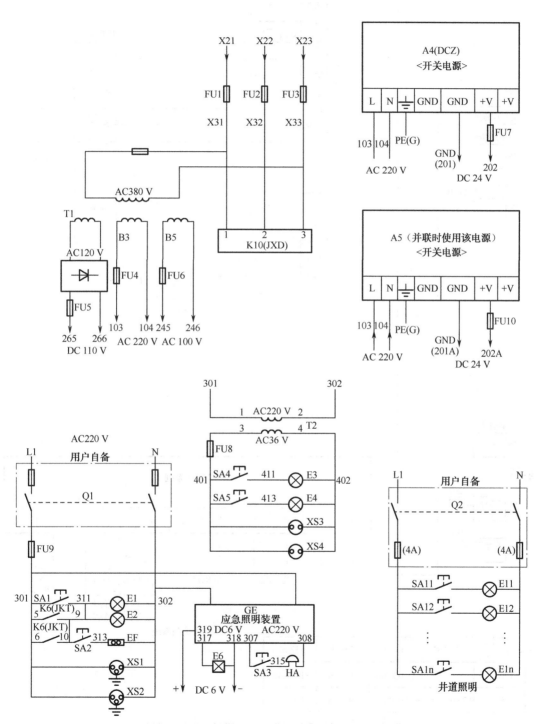

图 4-1-23 电源、轿厢照明、井道照明等原理图

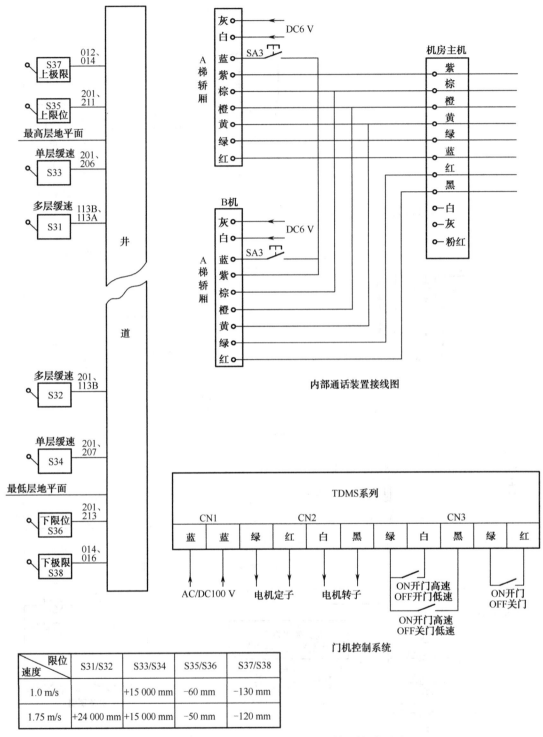

限位 速度	S31/S32	S33/S34	S35/S36	S37/S38
1.0 m/s		+15 000 mm	−60 mm	−130 mm
1.75 m/s	+24 000 mm	+15 000 mm	−50 mm	−120 mm

图 4-1-24 微机系统门机、内部通话装置等原理图

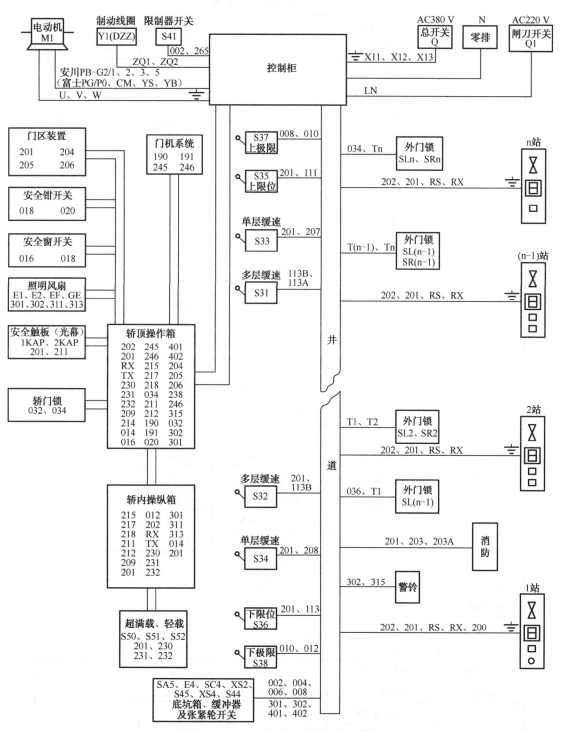

图 4-1-25　微机系统布线示意图

表 4-1-3　微机系统器件表

代　　号	名　　称	型号及规格	置放处所	备　　注
FU1～FU3	熔断器	DZ47-60/10 A	控制柜	AC380 V 工作回路
FU4	熔断器	DZ47-60/3 A	控制柜	AC220 V 工作回路
FU5	熔断器	DZ47-60/6 A	控制柜	AC110 V 工作回路
FU6	熔断器	DZ47-60/3 A	控制柜	AC100 V 工作回路
FU7	熔断器	DZ47-60/6 A	控制柜	AC24 V 工作回路
FU8	熔断器	DZ47-60/3 A	控制柜	AC220 V 照明回路
FU9	熔断器	DZ47-60/3 A	控制柜	AC36 V 照明回路
VF	变频器	VS616-G5/G11-UD	控制柜	日本富士
SK001-A	微机板	KSCO VER1.0981019	控制柜	
SK001-B	驱动板	SKCO VER1.0981125	控制柜	
V1	二极管	6A10	控制柜	
RZ1，RZ2	电阻管	RX20-T-75 W/75 Ω	控制柜	
A4（DCZ）	开关电源	S-100-24	控制柜	
K10（JXW）	相序保护器	XJ3-G	控制柜	
P1（CNT）	计数器	ZQF DC100 V	控制柜	
QM	空气开关	NF100-AS	控制柜	
K1（KM1）	主接触器	PW-SN AC220 V	控制柜	
K2（KM2）	副接触器	PW-3N AC220 V	控制柜	
K3（JJR）	维持电压继电器	COIL AC220 V	控制柜	
K4（JYT）	运行继电器	COIL AC220 V	控制柜	
K5（JKP）	到站钟继电器	COIL DC24 V	控制柜	
K6（JKT）	照明继电器	COIL DC24 V	控制柜	
K7（JY）	电压继电器	COIL DC110 V	控制柜	
K8（JMS1）	门锁继电器	COIL DC110 V	控制柜	
K14（JMS2）	门锁继电器	COIL DC110 V	控制柜	
K13（JBY）	备妥继电器	COIL DC24 V	控制柜	
K9（JQZ）	制动接触器	LC1-D129 AC220 V	控制柜	
R1～R3	制动电阻	RXHC-20 72 Ω/1 kW	控制柜	
BR	制动单元	CDBR-4030/GU11	控制柜	
T1（TDY）	电梯变压器	TDT-2	控制柜	
T2（B1）	检修变压器	BKC-150 VA 220 V/36 V	控制柜	
Kn2	机房检修开关	LAT5	控制柜	
Kn1	轿顶检修开关	LAY5	轿顶操作箱	
SC4	轿顶急停开关	LAY5-11T（红色）	轿顶操作箱	
ADS	慢上指令按钮	LA2	轿顶操作箱	

续表

代 号	名 称	型号及规格	置放处所	备 注
ADX	慢下指令按钮	LA2	轿顶操作箱	
HP	到站钟	3 min AC100 V	轿顶操作箱	
S50（KGZ）	超载开关	LXW5-11M 微动开关	轿底	
S51（KMZ）	满载开关	LXW5-11M 微动开关	轿底	
S52（KNZ）	空载开关	LXW5-11M 微动开关	轿底	
A1	下平层开关	Z3S-GS3Z4DC24 V	轿顶	
A2	门区开关	Z3S-GS3Z4DC24 V	轿顶	
A3	上平层开关	Z3S-GS3Z4DC24 V	轿顶	
S31	上行多层强减开关	LX41（LX1370）	井道	
S32	下行多层强减开关	LX41（LX1370）	井道	
S33	上行单层强减开关	LX41（LX1370）	井道	
S34	下行单层强减开关	LX41（LX1370）	井道	
S35	上行限位开关	LX41（LX1370）	井道	
S36	下行限位开关	LX41（LX1370）	井道	
S37	上行极限开关	LX41（LX1370）	井道	
S38	下行极限开关	LX41（LX1370）	井道	
RUN	锁梯开关	LAW 型电门锁	召唤箱	
S30	直驶开关	AC 250 V 10 A	轿内操作箱	
S70	自动/检修开关	AC 250 V 10 A	轿内操作箱	
S71	有无司机开关	AC 250 V 10 A	轿内操作箱	
LED	层外层楼显示器	OVT 米 8-97-2	召唤箱	
HS（DS）	上方向箭头灯	0.8 in（绿）	召唤箱	
HX（DX）	下方向箭头灯	0.8 in（红）	召唤箱	
XS1	检测电源插座	三眼 250 V 10 A	轿顶	
XS3	检视电源插座	二眼 250 V 10 A	轿顶	
XS2	检测电源插座	三眼 250 V 10 A	底坑	
XS4	检视电源插座	二眼 250 V 10 A	底坑	
E3	轿顶照明灯	36 V 60 W	轿顶	
E4	底坑照明灯	36 V 60 W	底坑	
SA1	轿内照明灯	AC250 V 10 A	轿内操作箱	
SA2	轿内风扇开关	AC250 V 10 A	轿内操作箱	
SA3	警铃按钮	ALA-SW-97-01	轿内操作箱	
SA4	轿顶照明灯	LAY5	轿顶	
SA5	底坑照明灯	LAY5	底坑	
E1 E2	轿内照明灯	AC220 V 40 W	轿厢	

续表

代　号	名　称	型号及规格	置放处所	备　注
S54 S55	安全触板触头	LX-028	轿厢	
EF	风扇	QF-2180 横流式风扇	轿厢	
SL30，SR30	轿门连锁开关	LX29-7/3 行程开关	轿顶	
SL1～SLn	层门连锁开关	2HT18F3 自动门锁	层门门框	快门
SR1～SRn	层门连锁开关	DS161	层门门框	慢门
HA	警铃	3 in AC220 V	基层上坎架	
SA1～SAn	井道照明开关	拉线开关 5 A	井道	
EI1～EIn	井道照明灯	AC220 V 60 W	井道	
SC3	轿顶急停	LAT5-11T（红色）	轿顶操作箱	
SC4	底坑急停	LAT5-11T（红色）	底坑	
SC2	轿内急停	AC250 10 A（红色）	轿顶操作箱	
S41	限速器开关	UKS	机房	
S42	安全窗开关	UKS	轿顶	
S43	安全钳开关	UKS	轿顶	
S44	断绳开关	UKS	底坑	
M1	主电动机	三相 380 V 15 kW	机房	
S25	开门减速开关	LX27-7/3 行程开关	自动门机构	
S26	关门减速开关	LX27-7/3 行程开关	自动门机构	
S47	轿顶门机开关	LXY5	轿顶操作箱	
M2	自动门电动机	110SZ 56/H3	轿顶	
HG	超载铃	701-2 DC24 V	轿内操作箱	
AKM	开关按钮	IN-SW-D-97-01	轿内操作箱	
AGM	关门按钮	IN-SW-D-97-01	轿内操作箱	
AYS	上行启动按钮	TSH	轿内操作箱	
AYX	下行启动按钮	TSH	轿内操作箱	
ZCF	一次消防开关	KN3 A 2×3	消防开关箱	
ZCF1	二次消防开关	KN3 A 2×3	消防开关箱	选用
S45	缓冲器开关	UKS	底坑	
GE	应急照明电源		轿顶	
E6	应急照明灯	DC6 V 5 W	轿顶	

　　本电梯是一种由乘客自己操作的或有时也可由专职司机操作的自动电梯。电梯在底层和顶层分别设有一个向上或向下召唤按钮。而在其他各层站设有向上、向下召唤按钮各一个。本电梯的所有召唤按钮箱上还设有电梯运行位置的数码层楼显示器和电梯运行方向的方向箭头灯。轿厢操作箱上则设有与停站数相等的相应指令按钮。当进入轿厢的乘客按下指令按钮时，指令信号被登记；当等待在层外的乘客按下召唤按钮时召唤信号被登记。电

梯在向上行程中按登记的指令信号和向上召唤信号逐一给予停靠，直至有这些信号登记的最高层站或有向下召唤登记的最高层站为止。然后又反向向下按指令及向下召唤信号逐一停靠，每次停靠时电梯均自动进行减速、平层、开门。而当乘客进出轿厢完毕后，电梯又自行关门启动，直至完成最后一个工作命令为止。如再有信号出现，则电梯根据命令位置自动定向，自动启动运行。若无工作命令，轿厢则停留在最后停靠的层楼。

1. 有/无司机状态和自动检修状态的选择

电梯的轿内操作箱上 S71 开关的闭合与否，决定本电梯处于无司机或有司机运行状态，当 S71 开关接通时电梯即处于无司机运行状态；断开时即处于有司机运行状态。当本电梯需处于检修运行状态时，则只要断开轿厢内操作箱上的 S70 开关即可。闭合 S70 开关，即使本电梯处于正常运行状态。但这里要注意的是：当轿厢顶上检修开关 Kn1 处于断开状态时，机房内控制屏上的检修开关 Kn2 不起作用，也就是在电梯处于检修运行时，首先要保证在井道内、轿顶上检修人员的人身安全。

2. 自动开关门

本电梯的门机系统为 TDMS 系列，采用直流他励电动机（11SZ56/H3，110 V）作为驱动自动门机构的原动力，并利用对其电枢进行串并联电阻的方法对电机进行调速，控制和调节开关门的速度，其功能均由本电梯系统的电脑板 SK001-A 中预先设定的程序自动实现。

当电梯准确停靠层楼平面，门完全开启后，电脑板中设定的自动关门延时时间到达一定时间（一般为 5～6 s），使门机的电子调速板工作，并执行关门程序，也可以通过撤按轿厢操作箱上的关门按钮 AGM 或立即按其上的指令按钮，使电梯立即关门或很快关门。当电梯将达目的层楼，并进入慢速平层时，门区开关动作为自动开门作好准备。

3. 电梯运行方向的产生、保持和有司机时的换向

（1）电梯行驶方向的产生：该电梯的位置信号是由安装于曳引电动机轴端的编码器和门区开关的配合而自动测量并记录各个层楼间的高度及电梯运行的总高度，并送入电脑板上的 Fnl.5。并以检修速度由下至上，再由上至下全程运行一个周期而得到的，这样电梯的位置信号与内外指令、召唤信号的位置可以进行比较，在位置信号上方的定上行方向，而在其下方的定下行方向。

（2）电梯运行方向的保持和有司机时的换向：按集选控制系统的要求，只要在电梯轿厢的上方有任何内指令信号或外召唤信号存在，电梯将始终保持上行方向。但电梯处于有司机工作状态时，司机会因个别特殊乘客的要求而需改变原定运行方向时，则司机可以通过按轿内操作箱上 AYS（或 AYX）按钮而换向，但必须记住，只有电梯停在层楼平面处、电梯尚未启动运行时才行，若电梯已在运行，则绝不允许换向。这是任何电梯控制系统最基本的安全要求。

4. 电梯的启动、加速和满速运行及减速停车运行

在无司机工作状态下的启动。设电梯停在底层，轿厢内乘客欲去 5 层即按轿厢内操作箱上 5 层指令按钮或 5 层门外召唤按向上按钮，经过电脑板（SK001-A）处理后自动定出上行方向，并由轿厢内操作箱上的按钮指示灯亮或 5 层门外召唤按钮箱上的按钮指示灯亮表示

指令被系统接受。与此同时，若无意外情况发生，则 5 s 左右电梯自动关门启动运行。

（1）加速和满速运行：本电梯的驱动调速系统选用日本安川公司的矢量型（VS616G5）或日本富士电气的 G11-UD 变频器。该变频器性能优良，具有 S 形曲线，有多种速度可任意设置。

（2）制动减速和停车：当电梯由底层向上运行，并将到达 5 层前，自动发出制动减速信号，这个减速点的确定是由装于曳引电动机轴端编码器和电脑板（SK001-A）上的高速计数器经运算后确定的。其发出信号的迟与早与电梯的额定速度有关，在安装调试完毕后，这个距离和时间是不会变的。由电脑板（SK001-A）储存和记忆，并进行监控和保持。特别是在上、下两端站情况下除了电脑板中的保护环节外，还有机械位置（距离）加以保护。当发出减速信号后，由电脑板指令变频器的多段速度变化为低速度，并经其自身系统进行制动减速，当速度下降至 0.3 m/s 时，电梯也已进入平层区，为以后的停车开门作好准备。

当电梯确已进入准确平层位置（误差±4 mm）变频器输出"零速"转矩，然后制动器（抱闸）线圈断电制动。

本电梯系统的速度调节范围很大，可适用于 1.0～1.75 m/s，所以当电梯仅运行一个层距（一般为 3.0 m 左右）时梯速是不能达到 1.75 m/s 的。因而在实际运行中为了保证运行一个层距和两个层距均有较高的运行效率，本电梯系统也设有单层和运行两个层距以上的多层运行控制。因本电梯是全电脑控制的系统，能自动根据内/外指令信号与电梯位置信号比较，即可判定出某一次运行是单层或多层，从而经电脑输出接口，令变频器的 S 形曲线选择单段速或是多段速运行状态。

5. 电梯的安全保护和其他灯光信号指示

（1）电梯的安全保护环节：由于本电梯系统是变压变频（VVVF）全电脑控制的乘客电梯，因此不仅具备了常规电梯必须有的安全保护环节，例如内外门锁保护（SL1～SLn，SR1～SRn，SR30 和 S1230）、限速器开关（S41）、安全开关（S43）、限速器绳松弛开关（S44）、缓冲器开关（S45）、主曳引电动机的过载及短路保护、供电系统的缺相保护等，还具备了驱动调速装置（变频器）的多种保护。

（2）灯光信号指示：由于新世纪的到来，本电梯采用的灯光信号指示均采用发光二极管及其所组成的数码显示系统，这些器件除了节电之外，还具备寿命长、可靠性高等特点。

任 务 总 结

本任务的主要内容及要求如下。

1）电梯的分类与结构

该部分内容重点掌握电梯的结构及各部件的功能与作用。

2）电梯的电力拖动

该部分主要内容是电梯电机的变频器驱动，这是电梯学习内容中的一个重要部分，必须熟悉电梯用变频器的一般原理与接口，熟悉变频器驱动电动机时事先必须设置的一些参数以及设置方法。

3）电梯的微机控制

该部分内容是电梯学习的一个重点，要熟悉电梯微机控制中软件发挥的重要作用及功能，熟悉电梯微机控制时的电气控制原理。

效 果 测 评

请完成下述任务:

① 请写出电梯的组成部分及各部分中部件的功能与作用。

② 请分析图 4-1-20～图 4-1-25 所示电梯电气原理图。

③ 请写出电梯用变频器的接口及其功能（查阅资料，选择一种电梯专用变频器）。

④ 请写出电梯用变频器的参数类型（查阅资料，选择一种电梯专用变频器）。

任务4.2　空调系统控制

任 务 描 述

空气调节是一门维持室内良好热环境的技术。良好的热环境是指能满足实际需要的室内空气温度、相对湿度、流动速度、洁净度等。空气调节（简称空调）系统的任务就是根据使用对象的具体要求，使上述参数部分或全部达到规定的指标。本任务的学习目标为:

（1）掌握空调系统常用的调节装置;

（2）熟悉空调系统的电气控制实例;

（3）了解制冷系统的电气控制。

任 务 信 息

4.2.1　空调设备的分类

按空气处理设备的设置情况进行分类。

1. 集中式系统

将空气处理设备（过滤、冷却、加热、加湿设备和风机等）集中设置在空调机房内，将空气处理后，由风管送入各房间的系统。这种空调系统应设置集中控制室。图 4-2-1 所示为其中的一种类型，广泛应用于需要空调的车间、科研所、影剧院、火车站、百货大楼等不需要单独调节的公共建筑中。

2. 分散式系统（也称局部系统）

将整体组装的空调器（带冷冻机的空调机组、热泵机组等）直接放在空调房间内或放在空调房间附近，每个机组只供一个或几个房间，广泛应用于医院、宾馆等需要局部调节空气的房间及民用住宅。

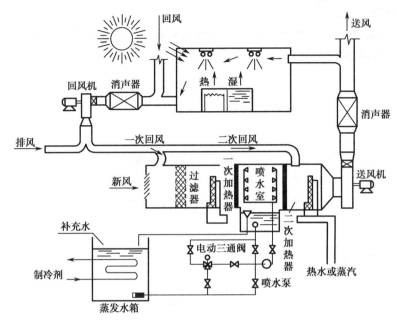

图 4-2-1　集中式空调系统

3. 半集中式系统

集中处理部分或全部风量，然后送往各房间（或各区），在各房间（或各区）再进行处理的系统。它广泛应用于医院、宾馆等大范围需要空调，但又需要局部调节的建筑中。在高层建筑工程中，常将集中式系统和半集中式系统统称为中央空调系统。根据建筑物的用途、规模和使用特点，中央空调可以是单一的集中式系统或单一的风机盘管加新风系统；或既有集中式系统，又有风机盘管加新风系统。

4.2.2　空调系统常用的调节装置

空调系统的运行需要进行自动控制和调节时，一般由自动调节装置实现。自动调节装置由敏感元件、调节器、执行调节机构等组成。但各种器件种类很多，本任务仅介绍与电气控制实例有联系的几种。

1. 敏感元件

用来检测被调节参数大小并输出信号的部件称为敏感元件，也称检测元件、传感器或一次仪表。敏感元件装在被调房间内，它可以把感受到的房间温度（或相对湿度）信号经导线输送给调节器，由调节器与给定信号比较发出是否调节的指令，该指令由执行调节机构执行，达到房间温度、湿度能够进行自动调节的目的。

1）电接点水银温度计（干球温度计）

电接点水银温度计有两种类型：固定接点式，其接点温度值是固定的，结构简单；可调接点式，其接点位置可通过给定机构在表的量限内调整。

可调接点式水银温度计外形如图 4-2-2 所示，它的刻度分上下两段，上段用作调整给定值，由扁形螺母指示；下段为水银柱的实际读数。当温包受热时，水银柱上升，与钨丝

接触后，即电接点接通。

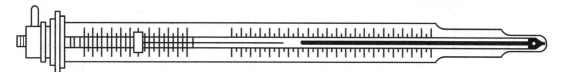

图 4-2-2　电接点水银温度计

2）湿球温度计

将电接点水银温度计的温包包上细纱布，纱布的末端浸在水里，由于毛细管的作用，纱布将水吸上来，使温包周围经常处于湿润状态，此种温度计称为湿球温度计。

当使用干、湿球温度计同时去检测空调房间空气状态时，在两温度计的指示值稳定以后，同时读出干球温度计和湿球温度计的读数。由于湿球上水分蒸发吸收热量，湿球表面空气层的温度下降，因此湿球温度一般总是低于干球温度。干球温度与湿球温度之差叫做干、湿球温度差，它的大小与被测空气的相对湿度有关，空气越干燥，其温度差就越大。若处于饱和空气中，则干、湿球温度差等于零。所以，在某一温度下，干、湿球温度差也就对应了被检测房间的相对湿度。

3）热敏电阻

半导体热敏电阻是由某些金属（如镁、镍、铜、钴等）氧化物的混合物烧结而成的。它具有很高的负电阻温度系数，即当温度升高时，其阻值急剧减小。其优点是温度系数比铂、铜等电阻大 10～15 倍。一个热敏电阻元件的阻值也较大，达数千欧，故可产生较大的信号。热敏电阻具有体积小、热惯性小、坚固等优点。目前 RC-4 型热敏电阻较稳定，广泛应用于室温的测定。

4）湿敏电阻

氯化锂湿敏电阻是目前应用较多的一种高灵敏的感湿元件，具有很强的吸湿性能，而且吸湿后的导电性与空气湿度之间存在着一定的函数关系。

2. 执行调节机构

凡是接收调节器输出信号而动作，再控制风门或阀门的部件称为执行机构，如接触器、电动阀门的电动机等部件。而管道上的阀门、风道上的风门等称为调节机构。执行机构与调节机构组装在一起，成为一个设备，这种设备可称为执行调节机构，如电磁阀、电动阀等。

1）电动执行机构

电动执行机构是接收调节器送来的信号，去改变调节机构的位置。电动执行机构不但可实现远距离操纵，还可以利用反馈电位器实现比例调节和位置（开度）指示。

电动执行机构的型号虽有数种，但其结构大同小异。现仅以 SM 型为例做介绍，它是由电容式单相异步电动机、减速器、终端开关和反馈电位器组成的。电路如图 4-2-3 所示，图中，1、2、3 端点接反馈电位器，将 1、2、3 端点再接到调节器的输入端，可以实现按比例规律调节。如采用双位调节时，则可不用此电位器。4、5、6 端点与调节器的输出触头相接，当 4、5 两端点间加 220 V 交流电时，电动机正转，当 5、6 两端点加 220 V 交流电时，电动机反转。电动机转动后，由减速器减速并带动调节机构（如电动风门、电动调节阀等），另外还能带动反馈电位器中间臂移动，将调节机构移动的角度用阻值反馈回去。同时，在减速器的输出轴上装有两个凸轮用来操纵终端开关（位置可调），限制输出轴转动的角度。即在达到要求的转角时，凸轮拨动终端开关，使电动机自动停下来，这样既可保护电动机，又可以在风门转动的范围内任意确定风门的终端位置。

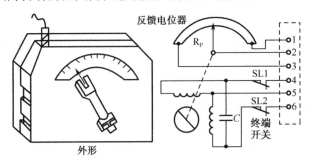

图 4-2-3　电动执行机构

2）电动调节阀

电动调节阀分为电动两通阀和电动三通阀两种，电动三通阀结构见图 4-2-4。它与电动执行机构不同点是本身具有阀门部分，相同点是都有电容式单相异步电动机、减速器和终端开关等。

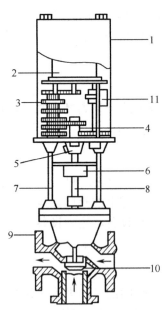

1—机壳；2—电动机；3—传动机构；4—主轴螺母；5—主轴；6—弹簧联轴节；

7—支柱；8—阀主体；9—阀体；10—阀芯；11—终端开关

图 4-2-4　电动三通阀

当接通电源后，电动机通过减速机构、传动机构将电动机的转动变成阀芯的直线运动，随着电动机转向的改变，使阀门向开启或关闭方向运动。当阀芯处于全开或全闭位置

时，通过终端开关自动切断执行电动机的电源，同时接通指示灯以显示阀门的终端位置。若和上述电动执行机构组合，可以实现按比例规律调节。

电动调节阀也有只能实现全开和全关两种状态的电动两通阀或电动三通阀。

3）电磁阀

电磁阀分为两通阀、三通阀和四通阀，两通电磁阀应用最广泛，两通电磁阀的结构见图 4-2-5，其工作原理是利用电磁线圈通电产生的电磁吸力将阀芯提起，而当电磁线圈断电时，阀芯在其本身的自重作用下自行关闭。因此，两通电磁阀只能垂直安装。电磁阀与多数电动调节阀不同点是，它的阀门只有全开和全关两种状态，没有中间状态，只能实现按双位调节规律调节。一般应用在制冷系统和蒸汽加湿系统。

3. 调节器

接收敏感元件的输出信号并与给定值比较，然后将测出的偏差变为输出信号，指挥执行调节机构，对调节对象起调节作用，并保持调节参数不变或在给定范围内变化的装置称为调节器，也称二次仪表或调节仪表。

1）SY 型调节器

SY 型调节器由两组电子电路和继电器组成，由同一电源变压器供电，其电路见图 4-2-6。图中上部为第一组，电接点水银温度计接在 1、2 两点上。当被测温度等于或超过给定温度时，敏感元件的电接点水银温度计接通 1、2 两点，小型灵敏继电器 KE1 释放（不吸合）；而当温度低于给定值时，1、2 两点处于断开状态，继电器 KE1 吸合，利用继电器 KE1 的触头去控制执行调节机构（电动阀或电磁阀），就可实现温度的自动调节。

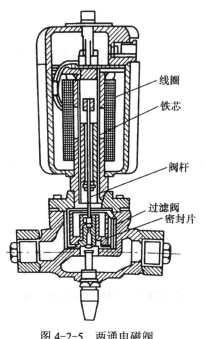

图 4-2-5　两通电磁阀

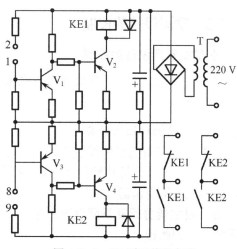

图 4-2-6　SY 型调节器电路

图中下部为第二组，8、9 两点接电接点湿球温度计，其工作原理同上。两组配合，可在恒温恒湿机组中实现恒温恒湿的控制。

2）RS 型室温调节器

RS 型室温调节器可用于控制风机盘管等空调末端装置，按双位调节规律控制恒温。调节器电路如图 4-2-7 所示。敏感元件是热敏电阻 R_t。由晶体三极管 V_1 构成测量放大电路，V_2、V_3 组成典型的双稳态触发电路，通过继电器 KE 的触头转换而实现输出。实际上就是一个将电阻阻值变化转换成触头输出的调节器。

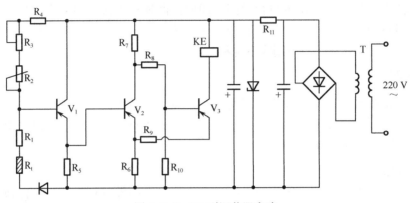

图 4-2-7　RS 型调节器电路

3）P 系列调节器

P 系列调节器是专为空调系统设计的比例调节器。它与电动调节阀配套使用，在取得位置反馈时，可构成连续比例调节，也可不采用位置反馈而直接控制接触器或电磁阀等，实现三位式输出。

该系列调节器有若干种型号，适合用于不同要求的场合。如 P-4A 是温度调节器，P-4B 是温差调节器，可作为相对湿度调节；P-5A 是带温度补偿的调节器。P 系列各型调节器电路比较复杂，这里不进行分析。

4.2.3　空调设备的控制

1. 分散式空调设备的控制

分散式空调系统是将空气处理设备全部分散在空调房间内，因此分散式空调系统又称局部空调系统。

1）分散式空调机组的种类

我国生产的空调机组种类较多，有按冷凝器的冷却方式分、按外形结构分、按电源相数分、按用途不同来分等几种分类方式。按用途不同来分有以下几种。

（1）冷风专用空调器

作为一般空调房间夏季降温减湿用，其电气设备主要有风机和制冷压缩机。电动机电源有单相和三相两种。

（2）热泵冷风型空调器

其特点是压缩机排风管上装有四通电磁阀，它可以改变制冷剂流出与吸入的管路连接状态，以实现夏季降温和冬季供暖。其电气设备主要有风机、压缩机和电磁阀，电动机电

源有单相和三相。

（3）恒温恒湿机组

这种机组能自动调节空气的温度和相对湿度，以满足房间在不同季节的恒温恒湿要求，其电气设备除了风机和压缩机之外，还设置有电加热器、电加湿器和自动控制设备等。

2）系统组成及主要设备

空调机组控制系统如图 4-2-8 所示，按其功能，主要设备由制冷、空气处理和电气控制三部分组成。

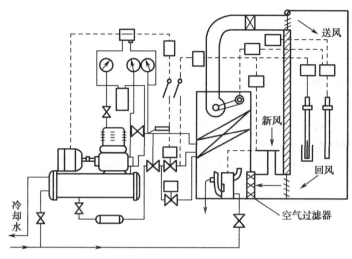

图 4-2-8　空调机组控制系统

（1）制冷部分

制冷部分是机组的冷源，主要由压缩机、冷凝器、膨胀阀和蒸发器等组成。该系统应用的蒸发器是风冷式表面冷却器，为了调节系统所需的冷负荷，将蒸发器制冷剂管路分成两条，利用两个电磁阀分别控制两条管路的通和断，使蒸发器的蒸发面积全部或部分用上，以调节系统所需的冷负荷量。分油器、滤污器为辅助设备。

（2）空气处理部分

空气处理部分主要由新风采集口、回风口、空气过滤器、电加热器、电加湿器和通风机等设备组成。空气处理设备的主要任务是，将新风和回风经过空气过滤器过滤，处理成所需要的温度和相对湿度，以满足房间空调要求。

电加热器按其构造不同可分为管式电加热器和裸线式电加热器。管式电加热器具有加热均匀、热量稳定、耐用和安全等优点，但其加热惯性大，结构复杂。裸线式电加热器具有热惰性小、加热迅速、结构简单等优点，但其安全性差。

电加湿器是用电能直接加热水以产生蒸汽。用短管将蒸汽喷入空气中或将电加湿装置直接装在风道内，使蒸汽直接混入流过的空气。

（3）电气控制部分

电气控制部分的主要作用是实现恒温恒湿的自动调节，主要有电接点式干、湿球水银温度计及 SY 调节器、接触器、继电器等。

2. 半集中式空调设备的控制

半集中式系统是将各种非独立式的空调机分散设置，而将生产冷、热水的冷水机组或热水器和输送冷热水的水泵等设备集中设置在中央机房内。风机盘管加独立新风系统是典型的半集中式系统，这种系统的风机盘管分散设置在各个空调房间内，而新风机可集中设置，也可分区设置，但都是要通过新风管道向各个房间输送经新风机作了预处理的新风。因此，独立新风系统又兼有集中式系统的特点。

1）风机盘管和新风系统的组成

空气处理设备采用风机盘管和新风机，它们都是非独立式空调器，主要由风机、盘管式换热器和接水盘等组成。新风机还设有粗效过滤器。

风机盘管分散设置在各个空调房间中，小房间设一台，大房间可设多台。它有明装和暗装两种。明装的多为立式，暗装的多为卧式，便于和建筑结构配合。暗装的风机盘管通常吊装在房间顶棚上方。

新风机相对集中设置，新风机是一种较大型的风机加盘管机组，专门用于处理和向各房间输送新风。新风是经管道送到各房间去的，因此要求新风机的风机有较高的压头。新风机有落地式和吊装式两种，宜设置在专用的新风机房内，也有吊装在走廊尽头顶棚的上方等。

2）冷、热媒供给方式

（1）双管制和四管制系统

风机盘管空调系统所用的冷媒、热媒是集中供应的。供水系统分为双管制系统和四管制系统。双管制系统由一根供水管和一根回水管组成，这种系统冬季供热水、夏季供冷水都在同一管路中进行。优点是系统简单，投资省；四管制系统是冷、热水各用一根供水管和回水管，其机组一般有冷、热两组盘管。四管制系统初次投资较高，仅在舒适性要求很高的建筑物中采用。

（2）定水量和变水量系统

定水量系统各空调末端装置（盘管）采用受感温器控制的电动三通阀调节，当室温没有达到设定值时，三通阀旁通孔关闭，直通孔开启，冷（热）水全部流经换热器盘管；当室温达到或低（高）于设定值时，三通阀直通孔关闭，旁通孔开启，冷（热）水全部流经旁通管直接流回回水管。因此，对总的系统来说水流量是不变的。在负荷减少时，供、回水的温差会减少。变水量系统各空调末端装置（盘管）采用受感温器控制的电动两通阀调节，当室温没有达到设定值时，两通阀开启，冷（热）水全部流经换热器盘管；当室温达到或低（高）于设定值时，两通阀关闭，换热器盘管中无冷（热）水流动。变水量系统宜设两台以上的冷水机组，目前采用变水量调节方式的较多。

3）风机盘管空调系统室温调节方式

为了适应空调房间负荷的瞬变，风机盘管空调系统常用两种调节方式，即水量调节和风量调节。水量调节是当室内冷负荷减小时，通过直通两通阀或三通调节阀减少进入盘管的水量，盘管中冷水平均温度上升，冷水在盘管内吸收的热量减少。风量调节是调节风机转速以改变通过盘管的风量（分为高、中、低三速）。当室内冷负荷减少时，降低风机转

速，空气向盘管的放热量减少，盘管内冷（热）水的平均温度下降。当工作人员离开房间时，还可将风机关掉，以节省冷、热量及电耗。

3. 集中式空调设备的控制

集中式空调系统的电气控制分为系列化设备和非系列化设备两种，这里仅以某单位的非系列化的集中式空调的电气控制作为实例，了解其运行工况及分析方法。

1）集中式空调系统电气控制特点

该系统能自动地调节温湿度和自动地进行季节工况的自动转换，做到全年自动化。开机时，只需按一下风机启动按钮，整个空调系统就能自动投入正常运行（包括各设备之间的程序控制、调节和季节的转换）；停机时，只要按一下空调风机停止按钮，就可以按一定程序停机。

2）空调系统自控原理

空调系统自控原理见图 4-2-9。系统在室内放有两个敏感元件，其一是温度敏感元件RT（室内型镍电阻）；其二是相对湿度敏感元件 RH 和 RT 组成的温差发送器。

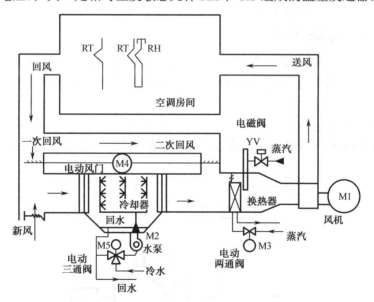

图 4-2-9　集中式空调系统自控原理示意图

为了实现温度自动控制，温度敏感元件 RT 接至 P-4A 型调节器上，此调节器根据实际温度与给定值的偏差，对执行机构按比例规律进行控制。在夏季通过控制一、二次回风风门来维持恒温（当一次风门关小时，二次风门开大，既防止风门振动，又加快调节速度），在冬季通过控制二次加热器（表面式蒸汽加热器）的电动两通阀开度实现恒温。

温度控制的季节转换。夏转冬：当按室温信号将二次风门开足时，还不能使空气温度达到给定值，则利用风门电动执行机构的终端开关的极限位置动作送出一个信号，使中间继电器动作，以实现工况转换。冬转夏：由冬季转入夏季是利用加热器的电动两通阀关足时的终端开关的极限位置动作送出一个信号，经延时后自动转换。

相对湿度控制是通过 RH 和 RT 组成的温差发送器，反映房间内相对湿度的变化，将此信号送至冬、夏公用的 P-4B 型温差调节器。此调节器根据实际情况按比例规律控制执行调节机构。夏季是利用控制喷淋水的（或者控制表面式冷却器的冷冻水）温度实现降温的，若相对湿度较高，需冷却减湿，通过调节电动三通阀而改变冷冻水与循环水的比例，使空气在进行冷却减湿的过程中满足相对湿度的要求（温度用二次风门再调节）。冬季是利用表面式蒸汽加热器加热升温的，相对湿度较低，需采用喷蒸汽加湿。系统按双位规律控制，通过高温电磁阀控制蒸汽加湿器达到湿度控制。

湿度控制的季节转换。夏转冬：当相对湿度较低时，利用电动三通阀的冷水端全关足时送出一电信号，经延时后使转换继电器动作，以使系统转入到冬季工况。冬转夏：当相对湿度较高时，利用 P-4B 型调节器的上限电接点送出一电信号，经延时后进行转换。

4.2.4 制冷设备的控制

空调工程中常用两种冷源，一种为天然冷源，另一种为人工冷源。人工制冷的方法很多，目前广泛使用的是利用液体在低压下汽化时需吸收热量这一特性来制冷的。属于这种类型的制冷装置有压缩式制冷、溴化锂吸收式制冷和蒸气喷射制冷等。这里主要介绍压缩式制冷的基本原理和制冷系统主要设备。

1. 压缩式制冷的基本原理

凡是液体汽化都要从周围介质（如水、空气）中吸收热量，从而达到制冷效果。在制冷装置中用来实现制冷的工作物质称为制冷剂（致冷剂或工质）。常用的制冷剂有氨和氟利昂等。

图 4-2-10 所示的是由制冷压缩机、冷凝器、膨胀阀（节流阀或毛细管）和蒸发器 4 个主件以及管路等构成的最简单的蒸气压缩式制冷装置，装置内充有一定质量的制冷剂。

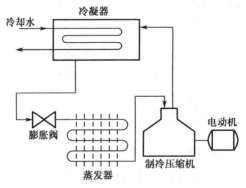

图 4-2-10 压缩式制冷循环图

当压缩机在电动机驱动下运行时，就能从蒸发器中将温度较低的低压制冷剂气体吸入气缸内，经过压缩后成为压力、温度较高的气体被排入冷凝器；在冷凝器内，高压高温的制冷剂气体与常温条件的水（或空气）进行热交换，把热量传给冷却水（或空气），而使本身由气体凝结为液体；当冷凝后的液态制冷剂流经膨胀阀时，由于该阀的孔径极小，使液态制冷剂在阀中由高压节流至低压进入蒸发器；在蒸发器内，低压低温的制冷剂液体的状态是很不稳定的，立即进行汽化（蒸发）并吸收蒸发器水箱中水的热量，从而使喷水室回水重新得到冷却又成为冷水（冷冻水），蒸发器所产生的制冷剂气体又被压缩机吸走。这样制冷剂在系统中要经过压缩、冷凝、节流和蒸发等过程才完成一个制冷循环。

由上述制冷剂的流动过程可知，只要制冷装置正常运行，在蒸发器周围就能获得连续和稳定的冷量，而这些冷量的取得必须以消耗能量（如电动机耗电）作为补偿。

2. 制冷系统主要设备

制冷压缩机是蒸气压缩式制冷系统的心脏。制冷系统除具有压缩机、冷凝器、膨胀阀和蒸发器 4 个主要部件以外，为保证系统的正常运行，还需配备一些辅助设备，包括油分离器（分离压缩后的制冷剂蒸气所夹带的润滑油）、储液器（存放冷凝后的制冷剂液体，并调节和稳定液体的循环量）、过滤器和自动控制器件等。此外，氨制冷系统还配有集油器和紧急泄氨器等；氟利昂制冷系统还配有热交换器和干燥器等。

任 务 实 施

1. 分散式空调设备控制电路分析

下面以 KD10 型空调机组为例，介绍其控制方法。该空调机组电气控制电路见图 4-2-11。它分为主电路、控制电路和信号灯与电磁阀控制电路三部分。

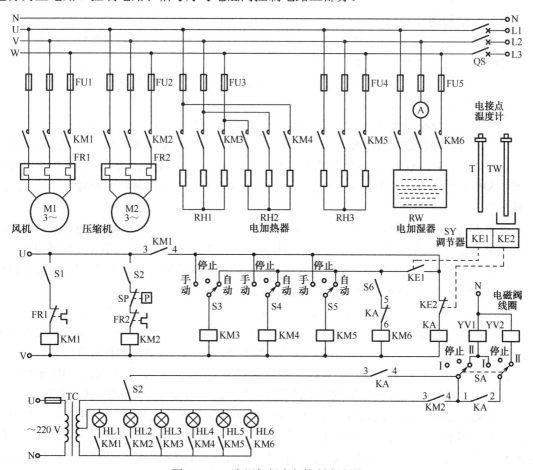

图 4-2-11　空调机组电气控制电路图

当空调机组需要投入运行时，合上电源总开关 QS，所有接触器的上接线端子、控制电路 U、V 两相电源和控制变压器 TC 均有电。合上开关 S1，接触器 KM1 得电吸合，其主触头闭合，使风机电动机 M1 启动运行；辅助触头 KM1 闭合，指示灯 HL1 亮；KM1 3、4 闭合，为温湿度自动调节作好准备，此触头称为连锁保护触头，即风机未启动前，电加热器、电加湿器等都不能投入运行，起到安全保护作用，避免发生事故。

机组的冷源是由制冷压缩机供给。压缩机电动机 M2 的启动由开关 S2 控制，其制冷量是利用控制电磁阀 YV1、YV2 来调节蒸发器的蒸发面积实现，由转换开关 SA 控制是否全部投入。YV1 控制 2/3 的蒸发器蒸发面积，YV2 控制 1/3 的蒸发器蒸发面积。

机组的热源由电加热器供给。电加热器分成三组，分别由开关 S3、S4、S5 控制。S3、S4、S5 都有手动、停止、自动三个位置，当扳到自动位置时，可以实现自动调节。

（1）夏季运行的温湿度调节：夏季运行时需降温和减湿，压缩机需投入运行，设开关 SA 在 Ⅱ 挡，电磁阀 YV1、YV2 全部受控。电加热器可有一组投入运行，实现精加热，设 S3、S4 扳至中间停止挡，S5 扳至自动挡。合上开关 S2，接触器 KM2 得电吸合，其主触头闭合，制冷压缩机电动机 M2 启动运行，其辅助触头 KM2 闭合，指示灯 HL2 亮；KM2-3、4 闭合，电磁阀 YV1 通电打开，蒸发器有 2/3 面积投入运行（另 1/3 面积受电磁阀 YV2 和继电器 KA 的控制）。由于刚开机时，室内的温度较高，敏感元件干球温度计 T 和湿球温度计 TW 接点都是接通的（T 的整定值比 TW 整定值稍高），与其相接的调节器 SY 中的继电器 KE1 和 KE2 均不吸合，KE2 的常闭触头使继电器 KA 得电吸合，其触头 KA-1、2 闭合，使电磁阀 YV2 得电打开，蒸发器全部面积投入运行，空调机组向室内送入冷风，实现对新空气进行降温和冷却减湿。

当室内温度或相对湿度下降，低到 T 和 TW 的整定值以下时，其电接点断开使调节器中的继电器 KE1 或 KE2 得电吸合，利用其触头动作可进行自动调节。例如，室温下降到 T 的整定值以下，T 接点断开，SY 调节器中的继电器 KE1 得电吸合，其常开触头闭合，使接触器 KM5 得电吸合，其主触头使电加热器 RH3 通电，对风道中被降温和减湿后的冷风进行精加热，其温度相对提高。

如室内温度一定，而相对湿度低于 T 和 TW 整定的温度差时，TW 上的水分蒸发快而带走热量，使 TW 接点断开，调节器 SY 中的继电器 KE2 得电吸合，其常闭触头 KE2 断开，使继电器 KA 失电，其常开触头 KA-1、2 断开，电磁阀 YV2 失电而关闭。蒸发器只有 2/3 面积投入运行，制冷量减少而使相对湿度升高。

从上述分析可知，当房间内干、湿球温度一定时，其相对湿度也就确定了。这里，每个干、湿球温度差就对应一个湿度差，若干球湿度保持不变，则湿球温度的变化就表示了房间内相对湿度的变化，只要能控制住湿球温度不变就能维持房间内的相对湿度恒定。

如果选择开关 SA 扳到"I"位置时，只有电磁阀 YV1 受调节，而电磁阀 YV2 不投入运行。此种状态可在春夏交界和夏秋交界制冷量需要较少的季节使用，其原理与上述相同。

为了防止制冷系统压缩机吸气压力过高运行不安全和压力过低运行不经济，可利用高低压力继电器触头 SP 来控制压缩机的运行和停止。当发生高压超压或低压过低时，高低压力继电器触头 SP 断开，接触器 KM2 失电释放，压缩机电动机停止运转。此时，通过继电器触头 KA-3、4 使电磁阀继续受控。当蒸发器吸气压力恢复正常时，高低压力继电器触头 SP 恢复闭合，压缩机电动机自动启动运行。

（2）冬季运行的温湿度调节：冬季运行主要是升温和加湿，制冷系统不工作，需将 S2 断开。加热器有 3 组，根据加热量的不同，可分别选择在手动、停止或自动位置。设 S3 和 S4 扳在手动位置，接触器 KM3、KM4 均得电，RH1、RH2 投入运行而不受控。将 S5 扳至自动位置，RH3 受温度调节环节控制。室温较低时，干球温度计 T 接点断开，SY 调节器中的继电器 KE1 吸合，其常开触头闭合，使接触器 KM5 得电吸合，其主触头闭合，RH3 投入运行，使送风温度升高；室温较高时，T 接点闭合，SY 调节器中的继电器 KE1 释放而使 KM5 断电，RH3 不投入运行。

室内相对湿度调节是将开关 S6 合上，利用湿球温度计 TW 接点的通断而进行控制。例如，当室内相对湿度较低时，TW 的温包上水分蒸发快而带走热量（室温在整定值时），TW 接点断开，SY 调节器中的继电器 KE2 吸合，其常闭触头 KE2 断开，使继电器 KA 失电释放，其触头 KA-5、6 恢复闭合，使 KM6 得电吸合，其主触头闭合，电加湿器 RW 投入运行，产生蒸汽对送风进行加湿。当相对湿度较高时，TW 和 T 的温差小，TW 接点闭合，KE2 释放，继电器 KA 得电，其触头 KA-5、6 断开，使 KM6 失电而停止加湿。

该系统的恒温恒湿调节仅是位式调节，只能在制冷压缩机和电加热器的额定负荷以下才能保证温度的调节。另外，系统中还有过载和短路等保护。

目前，柜式空调器已经应用可编程控制器进行控制，编程时必须了解空气调节的运行工况，才能编出合理的程序，其运行工况与上述分析方法相同。

2. 风机盘管空调系统电气控制

1）风机盘管空调电气控制

风机盘管空调的电气控制一般比较简单，只有风量调节系统，其控制电路与电风扇控制方式基本相同。此处仅以北京空调器厂生产的 FP-5 型机组为例，介绍电气控制的基本内容。电路图如图 4-2-12 所示。

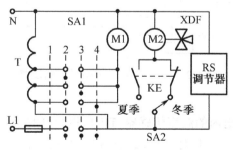

图 4-2-12 风机盘管电路图

（1）风量调节

风机电动机 M1 为单相电容式异步电动机，采用自耦变压器调压调速。风机电动机的速度选择由转换开关 SA1 实现。SA1 有四挡，1 挡为停，2 挡为低速，3 挡为中速，4 挡为高速。

（2）水量调节

供水调节由电动三通阀实现，M2 为电动三通阀电动机，型号为 XDF。由电动三通阀结合单相 AC 220 V 磁滞电动机可实现水路系统向机组供水或停止供水。

该系统应用的调节器是 RS 型，KE 为 RS 型调节器中的灵敏继电器触头。由前面分析可知，当室内温度高于给定值时，热敏电阻阻值减小，继电器 KE 吸合，其触头动作；当室内温度低于给定值时，继电器 KE 释放，其触头复位。

为了适应季节变化，设置了季节转换开关 SA2，随季节的改变，在机组改变冷、热水的同时，必须相应地改变季节转换开关的位置，否则系统将失控。

夏季运行时，SA2 扳至夏季位置，水系统供冷水。当室内温度超过整定值时，RS 调节器中的继电器 KE 吸合，其常开触头闭合，三通阀电动机 M2 通电转动，向机组供冷水；当室内温度下降低于给定值时，KE 释放，M2 失电，三通阀停止向机组供冷水。

冬季运行时，SA2 扳至冬季位置，水系统供热水。当室内温度低于给定值时，KE 不得电，其常闭触头使三通阀电动机 M2 通电转动，向机组供热水；当室温上升超过给定值时，KE 吸合，其常闭触头断开而使 M2 失电，停止向机组供给热水。

2）冷水盘管新风机控制

冷水盘管新风机控制仅用于夏季空调时处理新风，其控制示意图如图 4-2-13，图中 TE-1 为温度传感器，TC-1 为温度控制器，TV-1 为两通电动调节阀，PSD-1 为压差开关，DA-1 为风闸操纵杆。

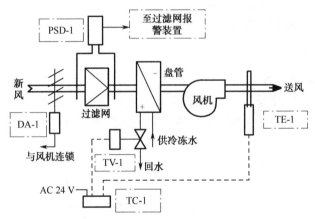

图 4-2-13　冷水盘管新风机控制示意图

（1）送风温度控制

装设在新风机送风管道内的温度传感器 TE-1 将检测的温度转化为电信号，并经连接导线传送至温控器 TC-1。TC-1 是一种比例加积分的温控器，它将其设定点温度与 TE-1 检测的温度相比较，并根据比较的结果输出相应的电压信号，送至按比例调节的电动两通阀，控制阀门开度，按需要改变盘管冷水流量，从而使新风送风温度保持在所需的范围内。但要注意，电动调节阀应与送风机启动器连锁，当切断送风机电路时，电动阀应同时关闭。

（2）风量调节

新风进风管道设有风闸，通过风闸操纵杆可手动改变风闸开度，以按需要调节新风量。若新风量不需要调节，只需要控制新风进风管道的通与闭，则可在新风入口处设置双位控制的风闸 DA-1，并令其与送风机连锁，当进风机启动时，风闸全开。

（3）空气过滤网透气度检测

空气过滤网透气度是用压差开关 PSD-1 检测的，当过滤网积尘过多，其两侧压差超过压差开关设定值时，其内部触头接通报警装置（指示灯或蜂鸣器）电路报警，提示需更换或清洗过滤网。

3）冷、热水两用盘管新风机控制

冷、热水两用盘管新风机的控制用于全年处理新风，其盘管夏季通冷水，冬季通热水。图 4-2-14 所示是它的控制示意图。其中，TS-1 为带手动复位开关的降温断路温控器，TS-2 为能实现冬夏季节转换的箍形安装的温控器，其余与图 4-2-13 基本相同。

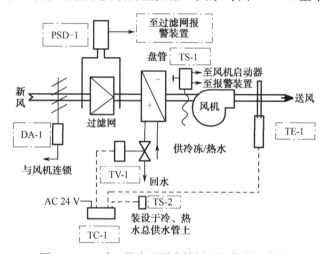

图 4-2-14　冷、热水两用盘管新风机控制示意图

（1）冬夏季节转换控制

在新风送风温控器 TC-1 的某两个指定的接线柱上，外接一个单刀双掷型温控器 TS-2，其温度传感器装设于冷、热水总供水管上，即可对系统进行冬/夏的季节转换。冬夏的季节转换也可以用手动控制，只需将 TS-2 温控器换接为一个单刀开关，夏季令其断开，冬季令其闭合即可。

（2）降温断路控制

图 4-2-14 中，顺气流方向，装设在盘管之后的控制器 TS-1 是一种带有手动复位开关的降温断路温控器，在新风送风温度低于某一限定值时，其内的触头断开，切断风机电路使风机停止运转，并使相应的报警装置发出报警信号，同时与风机连锁的风闸和电动调节阀也关闭。降温断路温控器在系统重新工作前，应把手动复位杆先压下再松开，使已断开的触头复位而闭合。这种温控器设有直读式温度盘，温度设定点可通过调整螺钉进行调整，调整范围为 2～7 ℃。温控器的感温包置于盘管表面。

3. 集中式空调系统的电气控制

1）风机、水泵电机的控制

空调系统的电气控制电路图如图 4-2-15 所示。运行前，进行必要的检查后，合上电源开关 QS，并将其他选择开关置于自动位置。

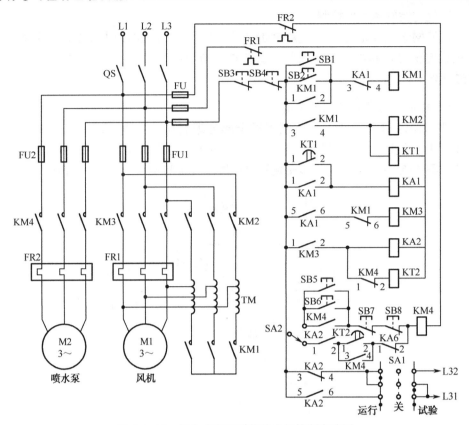

图 4-2-15 集中式空调系统的电气控制电路图

（1）风机的启动

风机电动机 M1 是利用自耦变压器降压启动的。按下风机启动按钮 SB1 或 SB2，接触器 KM1 得电吸合，其主触头闭台，将自耦变压器三相绕组的零点接到一起，同时辅助触头 KM1 1、2 闭合，自锁；KM1 5、6 断开，互锁。KM1 3、4 闭合又使接触器 KM2 得电吸合，其主触头闭合，使自耦合变压器接通电源，风机电动机 M1 接自耦变压器降压启动。同时，时间继电器 KT1 也得电吸合，其触头 KT1 1、2 延时闭合，使中间继电器 KA1 得电吸合。中间继电器触头 KA1 1、2 闭合，自锁；KA1 3、4 断开，使 KM1 失电，KM2、KT1 也失电，风机电动机 M1 切除自耦变压器。KM1 5、6 闭合又使接触器 KM3 得电吸合，其主触头闭合，风机电动机 M1 全压运行。同时接触器的辅助触头 KM3 1、2 闭合，使中间继电器 KA2 得电吸合。中间继电器触头 KA2 1、2 闭合，为水泵电动机 M2 自动启动做准备；KA2 3、4 断开；L32 无电，KA2 5、6 闭合，SA1 在运行位置时，L31 有电，为自动调节电路送电。

（2）水泵的启动

喷水泵电动机 M2 是直接启动的。当 KA2 得电时，KT2 也得电吸合，其触头 KT2 1、2 延时闭合，接触器 KM4 经 KA2 1、2、KT2 1、2、KA6 1、2 触头得电吸合，其主触头闭合使水泵电动机 M2 直接启动，对冷冻水进行加压。同时辅助触头 KM4 1、2 断开，使 KT2 失电；KM4 3、4 闭合，自锁；KM4 5、6 为按钮启动用自锁触头。

转换开关 SA1 转到试验位置时，若不启动风机与水泵，也可通过中间继电器 KA2 3、4

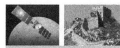
为自动调节电路送电，在既节省能量又减少噪声的情况下，对自动调节电路进行调试。在正常运行时，SA1 应转到运行位置。

空调系统需要停止运行时，可通过停止按钮 SB3 或 SB4 使风机及系统停止运行，并通过 KA2 3、4 触头为 L32 送电，整个空调系统处于自动回零状态。

2）温度自动调节及季节自动转换

温度自动调节及季节自动转换电路见图 4-2-16。敏感元件 RT 接在 P-4A 调节器端子板 XT1、XT2、XT3 上，P-4A 调节器上另外 3 个端子 XT4、XT5、XT6 接二次风门电动执行机构电机 M4 的位置反馈电位器 R_{M4} 和电动两通阀 M3 的位置反馈电位器 R_{M3} 上。KE1、KE2 触头为 P-4A 调节器中继电器的对应触头。

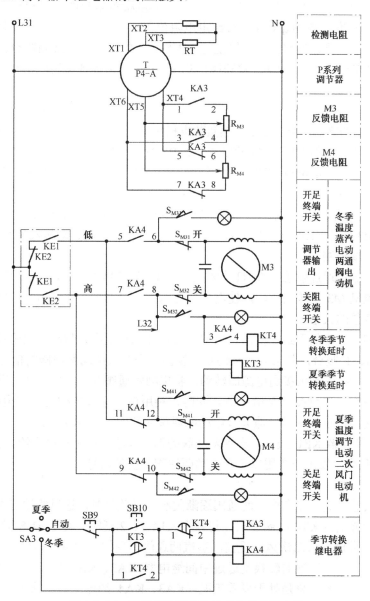

图 4-2-16　温度自动调节及季节自动转换电路

（1）夏季温度调节

将转换开关 SA3 置于自动位置。若正处于夏季，二次风门一般不处于开足状态。时间继电器 KT3 线圈不会得电，中间继电器 KA3、KA4 线圈也不会得电。这时，一、二次风门的执行机构电机 M4 通过 KA4 9、10 和 KA4 11、12 常闭触头处于受控状态。通过敏感元件 RT 检测室温，传递给 P-4A 调节器自动调节一、二次风门的开度。

例如，当实际温度低于给定值而有负偏差时，经 RT 检测并与给定电阻值比较，使调节器中的继电器 KE1 吸合，其常开触头闭合，发出一个用以开大二次风门和关小一次风门的信号。M4 经 KE1 常开触头和 KA4 11、12 触头接通电源而转动，将二次风门开大，一次风门关小。利用二次回风量的增加来提高被冷却后的新风温度，使室温上升到接近于给定值。同时，利用电动执行机构的反馈电阻 R_{M4} 与温度检测电阻的变化相比较，成比例地调节一、二次风门开度。当 R_{M4}、RT 与给定电阻值平衡时，P-4A 中的继电器 KE1 失电，一、二次风门调节停止。如室温高于给定值，P-4A 中的继电器 KE2 将吸合，发出一个用以关小二次风门的信号，M4 经 KE2 常开触头和 KA4 9、10 得到反相序电源，使二次风门成比例地关小。

（2）夏季转冬季工况

随着室外气温的降低，空调系统的热负荷也相应地增加，当二次风门开足时仍不能满足要求时，通过二次风门开足时压下 M4 的终端开关 SM41，使时间继电器 KT3 线圈通电吸合，其触头 KT3 1、2 延时（4 min）闭合，使中间继电器 KA3、KA4 得电吸合，其触头 KA4 9、10，KA4 11、12 断开，使一、二次风门不受控；KA3 5、6，KA3 7、8 断开，切除 R_{M4}；KA3 1、2，KA3 3、4 闭合，将 R_{M3} 接入 P-4A 回路；KA4 5、6，KA4 7、8 闭合，使蒸汽加热器电动两通阀电机 M3 受控；KA4 1、2 闭合，自锁。系统由夏季工况自动转入冬季工况。

（3）冬季温度控制

冬季温度控制仍通过敏感元件 RT 的检测，P-4A 调节器中的 KE1 或 KE2 触头的通断，使电动两通阀电机 M3 正转或反转，使电动两通阀开大或关小，并利用反馈电位器 R_{M3} 按比例规律调整蒸汽量的大小。

例如，当实际温度低于给定值而有负偏差时，经 RT 检测并与给定电阻值比较，使调节器中的继电器 KE1 吸合，其常开触头闭合，发出一个开大电动两通阀的信号。M3 经 KE1 常开触头和 KA4 5、6 触头接通电源而转动，将电动两通阀开大，使表面式蒸汽加热器的蒸汽量加大，使室温上升到接近于给定值。同时，利用电动执行机构的反馈电阻 R_{M3} 与温度检测电阻的变化相比较，成比例地调节电动两通阀的开度。当 R_{M3}、RT 与给定电阻值平衡时，P-4A 中的继电器 KE1 失电，电动两通阀的调节停止。如室温高于给定值，P-4A 中的继电器 KE2 将吸合，发出一个用以关小电动两通阀开度的信号。

（4）冬季转夏季工况

随着室外气温升高，蒸汽电动两通阀逐渐关小。当关足时，通过终端开关 SM32 送出一个信号，使时间继电器 KT4 线圈通电，其触头 KT4 1、2 延时（约 1～1.5 h）断开，KA3、KA4 线圈失电，此时一、二次风门受控，蒸汽两通阀不受控，由冬季转到夏季工况。

从上述分析可知，工况的转换是通过中间继电器 KA3、KA4 实现的。当系统开机时，不管实际季节如何，系统总是处于夏季工况（KA3、KA4 经延时后才通电）。如当时正是冬季，可通过 SB10 按钮强迫转入冬季工况。

3）湿度控制环节及季节的自动转换

相对湿度检测的敏感元件是由 RT 和 RH 组成的温差发送器，该温差发送器接在 P-4B 调节器 XT1、XT2、XT3 端子上，通过 P-4B 调节器中的继电器 KE3、KE4 触头（为了与 P-4A 调节器区别，将 P 系列调节器中的继电器 KE1、KE2 编为 KE3、KE4）的通断，在夏季通过控制冷冻水温度的电动三通阀电机 M5，并引入位置反馈 R_{M5} 电位器，构成比例调节；在冬季则通过控制喷蒸汽用的电磁阀或电动两通阀实现。湿度自动调节及季节转换电路见图 4-2-17。

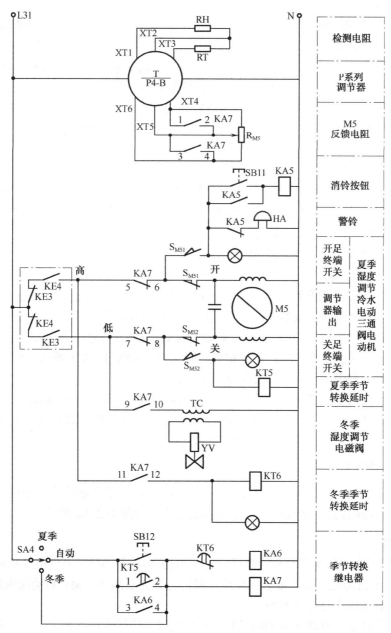

图 4-2-17 湿度自动调节及季节转换电路

（1）夏季相对湿度的控制

夏季相对湿度控制是通过电动三通阀来改变冷水与循环水的比例实现增冷减湿的。如室内相对湿度较高时，由敏感元件发送一个温差信号，通过 P-4B 调节器放大，使继电器 KE4 吸合，使控制三通阀的电机 M5 得电，将电动三通阀的冷水端开大，循环水关小。表面式冷却器中的冷冻水温度降低，进行冷却减湿，接入反馈电阻 R_{M5}，实现比例调节。室内相对湿度较低时，通过敏感元件检测和 P-4B 中继电器 KE3 吸合，将电动三通阀的冷水端关小，循环水开大，冷冻水温度相对提高，相对湿度也提高。

（2）夏季转冬季工况

室外气温变冷时，相对湿度也较低，则自动调节系统就会使表面式冷却器的电动三通阀中的冷水端关足。利用电动三通阀关足时 M5 终端开关 S_{M52} 的动作，使时间继电器 KT5 得电吸合，其触头 KT5 1、2 延时（4 min）闭合，中间继电器 KA6、KA7 线圈得电，其触头 KA6 1、2 断开，KM4 失电，水泵电机 M2 停止运行；KA6 3、4 闭合，自锁；KA6 5、6 断开，向制冷装置发出不需冷源的信号，KA7 1、2，KA7 3、4 闭合，切除 R_{M5}；KA7 5、6，KA7 7、8 断开，使电动三通阀电机 M5 不受控；KA7 9、10 闭合，喷蒸汽加湿用的电磁阀受控；KA7 11、12 闭合，时间继电器 KT6 受控，进入冬季工况。

（3）冬季相对湿度控制

在冬季，加湿与不加湿的工作是由调节器 P-4B 中的继电器 KE3 触头实现的。当室内相对湿度较低时，调节器 KE3 线圈得电，其常开触头闭合，降压变压器 TC 通电（220/36 V），使高温电磁阀 YV 通电，打开阀门喷射蒸汽进行加湿。此为双位调节，湿度上升后，调节器 KE3 失电，其触头恢复，停止加湿。

（4）冬季转夏季工况

随着室外空气温度的升高，新风与一次回风混合的空气相对湿度也较高，不加湿也出现高湿信号，调节器中的继电器 KE4 线圈得电吸合，使时间继电器 KT6 线圈得电，其触头 KT6 1、2 经延时（1.5 h）断开，使中间继电器 KA6、KA7 失电，证明长期存在高湿信号，应使自动调节系统转到夏季工况。如果在延时时间内，KT6 1、2 未断开，而 KE4 触头又恢复了，说明高湿信号消除，则不能转入夏季工况。

通过上述分析可知，相对湿度控制工况的转换是通过中间继电器 KA6、KA7 实现的。当系统开机时，不论是什么季节，系统将工作在夏季工况，经延时后才转到冬季工况。按下 SB12 按钮，可强迫系统快速转入冬季工况。

4. 螺杆式冷水机组的电气控制

目前，冷水机组已广泛应用直接数字控制（DDC），为了了解冷水机组的运行工况，下面介绍 RCU 日立螺杆式冷水机组主电路和控制电路，如图 4-2-18 所示。

1）主电路

RCU 螺杆式冷水机组有两台压缩机，电动机为 M1 和 M2，每台电动机的额定功率为 29 kW，采用 Y-△降压启动，要求两台电动机启动有先后顺序，M1 启动结束后，M2 才能启动，以减轻启动电流对电网的冲击。

每台电动机分别由自动开关 QF1 和 QF2 实现过载和过电流保护。还装有防止相序接错而造成反转的相序保护电器 F1 和 F2，F1 或 F2 通电时，相序接对，F1 或 F2 的常开触头才能闭合，控制电路才能工作。同时也兼有缺相保护，缺相时，其常开触头也不能闭合。

2）冷水机组的控制电路分析

（1）冷水机组的非电量保护

由高压压力继电器 SP_{H1} 和 SP_{H2} 实现压缩机排气压力过高保护。由低压压力继电器 SP_{L1} 和 SP_{L2} 实现压缩机吸气压力过低保护。润滑油低温保护：当润滑油温度低于 110 ℃时，油的黏度太大，会使压缩机难以启动，当油温加热高于 110 ℃时，温度继电器 ST_{O1} 或 ST_{O2} 的触头闭合，压缩机电动机才能启动。每台电动机定子内设置有温度继电器 ST_{R1} 和 ST_{R2}，当电动机绕组温度高于 115 ℃以上时，其常闭触头断开，使对应的电动机停止运行。冷水低温保护：在冷水管道上设置有温度传感器 ST，其触头有常开和常闭两对触头。当冷水温度下降到 2.5 ℃时，温度传感器 ST 触头动作，断开接触器 KM1 和 KM2，防止水温太低而结冰；当冷水温度回升到 5.5 ℃时，其触头才能恢复。冷水流量保护：在冷水管道上还设置有靶式流量计 SR，当冷水管道里有水流动时，SR 的常开触头才能闭合，冷水机组才能开始启动。水循环系统的连锁保护：与冷水机组配套工作的还应该有冷却水塔（冷却风机）、冷却水泵和冷水泵。其开机的顺序为：冷却风机开、冷却水泵开、冷水泵开，延时一分钟后，再启动冷水机组。而停止的顺序为：冷水机组停，延时一分钟后，冷水泵停、冷却风机停，然后为冷却水泵停。

由于冷却风机、冷却水泵、冷水泵等的电动机控制电路比较简单，此处不分析。如果电动机容量较大时，应增加降压启动环节。图中的继电器 KA5、KA6、KA7 分别为各台电动机启动信号用继电器，只有三个继电器都工作，冷水机组才能开始启动。

冷水机组温度控制调节器 KE 的功能是，当冷水机组需要工作时，按下 SB1 使 KA2 和 KA3 线圈通电，KA2 使 KE 整流变压器接通工作电源，其输入信号为安装在冷水回水管道上的热敏电阻传感器，调节器 KE 接有温度给定电位器，其输出有 4 对触头，可以设置 4 组温度，分别对应 4 对触头 KE-1、KE-2、KE-3 和 KE-4，其中 KE-1 和 KE-2 用的是常闭触头，KE-3 和 KE-4 用的是常开触头。

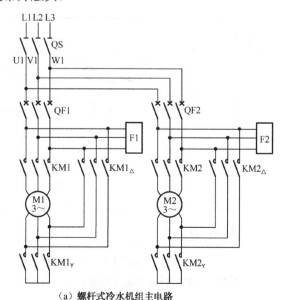

（a）螺杆式冷水机组主电路

图 4-2-18　螺杆式冷水机组主电路器和控制电路

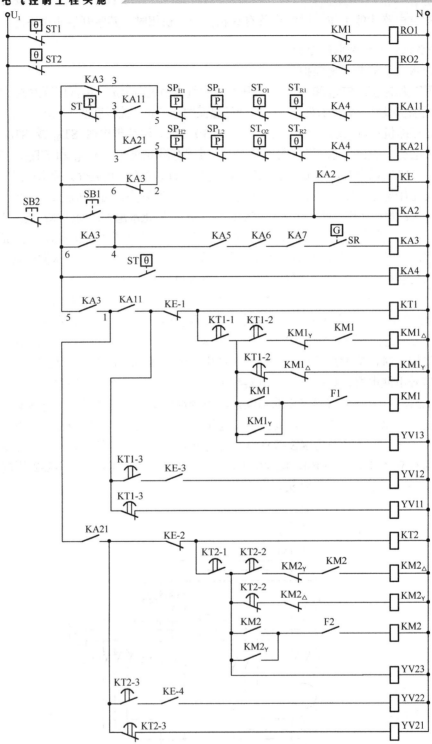

（b）螺杆式冷水机组控制电路

图 4-2-18　螺杆式冷水机组主电路器和控制电路（续）

冷水回水温度一般为12℃以上，当回水温度下降了4℃（为8℃）时，KE-4动作；当回水温度又下降了1℃（为7℃）时，KE-3动作；当回水温度再下降了1℃（为6℃）时，KE-2动作；当回水温度下降到5℃（共下降了7℃）时，KE-1动作。用温度控制方式对冷水机组实现能量调节。温度控制调节器KE可以看成由4组RS调节器组合而成。

电子时间继电器KT1和KT2分别有三组延时输出，分别对应有三组触头，如KT1有KT1-1、KT1-2和KT1-3，其中KT1-1只用了一对常开触头。时间继电器的延时主要是用于冷水机组电动机的启动顺序控制、启动过程中的Y-△转换的控制、启动过程中的吸气能量控制等。KT1-1的延时可调节为60 s，KT1-2延时为65 s，KT1-3延时为90 s。而KT2-1延时可调节为120 s，KT2-2延时为125 s，KT2-3延时为150 s。

（2）冷水机组电动机的启动

冷水机组需要工作时，合上电源开关QS、QF1和QF2，系统已经启动了冷却风机、冷却水泵、冷水泵等的电动机，对应的KA5、KA6、KA7常开触头闭合，各保护环节正常时，事故保护继电器KA11和KA21通电吸合，并且自锁，按下SB1，使KA2、KA3线圈通电而吸合，KA2触头闭合使温度控制调节器KE接通工作电源，此时冷水温度较高，KE的状态不变；而KA3的6、4触头闭合，自锁；KA3的5、1触头闭合，KT1、KT2接通工作电源，开始延时，KT1延时60 s时，KT1-1的常开触头闭合，使KM1γ线圈通电，其主触头闭合，使M1定子绕组接成星形接法；其辅助常闭触头断开，互锁；常开触头闭合（相序正确，F1常开触头闭合），接触器KM1线圈通电，其主触头闭合，使M1定子绕组接电源，星形接法启动。同时，KM1的辅助触头闭合，自锁及准备接通KM1△。

当KT1延时65 s时，KT1-2的常闭触头断开，使KM1γ线圈断电，其触头恢复；KT1-2的常开触头闭合，使KM1△线圈通电，其主触头闭合，使M1定子绕组接成三角形，启动加速及运行。KM1△的辅助触头断开而互锁。

在M1启动前，KT1-3的常闭触头接通了启动电磁阀YV11线圈，其电磁阀推动能量控制滑块打开了螺杆式压缩机的吸气回流通道，使M1传动的压缩机能够轻载启动。

当KT1延时90 s时，KT1-3的常闭触头断开，YV11线圈断电，电磁阀关闭了吸气回流通道，使M1开始带负载运行，进行吸气、压缩、排气，开始制冷。而KT1-3的常开触头闭合，因为冷水回水温度较高，KF-3没有动作，电磁阀YV12没有得电。电磁阀YV13是安装在制冷剂通道的阀门，其作用是在电动机启动前才打开，制冷剂流动，可以使压缩机启动时的吸气压力不会过高而难于启动，电磁阀YV23的作用也是相同的。

当KT2延时120 s时，KT2-1的常开触头闭合，使KM2γ线圈通电，其主触头闭合，使M2定子绕组接成星形接法，也准备降压启动，分析方法与M1启动过程相同，也是空载启动。当KT2延时125 s时，M2启动结束；当KT2延时150 s时，电磁阀YV21断电，M2也满负载运行。

（3）能量调节

当系统所需冷负荷减少时，其冷水的回水温度变低，低到8℃时，经温度传感器检测，送到KE调节器，与给定温度电阻比较，使KE-4触头动作，其常开触头闭合，使能量控制电磁阀YV22线圈通电，M2传动的压缩机能量调节卸载滑阀动作，使压缩机的吸气回流口打开一半（50%），此时M2只有50%的负载，两台电动机的总负载为75%，制冷量下降，回水温度将上升。

回水温度上升到 12 ℃时，KE-4 触头又断开，电磁阀 YV22 线圈断电，能量调节的卸载滑阀恢复，使压缩机的吸气回流口关闭，两台电动机的总负载可达 100%。一般不会满负荷运行。

当系统所需冷负荷又减少时，其冷水的回水温度降低到 7 ℃时，KE-3 常开触头闭合，能量控制电磁阀 YV12 线圈通电，M1 传动的压缩机能量调节卸载滑阀动作，使压缩机的吸气回流口打开一半（50%），M1 也只在 50%的负载运行，两台电动机的总负载也为 50%。

当系统回水温度降低到 6 ℃时，KE-2 的常闭触头断开，KM2、KM2△、KT2 的线圈都断电，使电动机 M2 断电停止，总负载能力为 25%。如果回水温度又回升到 10 ℃时，又可能重新启动电动机 M2。

当系统回水温度降低到 5 ℃时，KE-1 的常闭触头断开，KM1、KM1△、KT1 的线圈都断电，使电动机 M1 也断电停止。由分析可知，此压缩机的能量控制可在 100%、75%、50%、25%和零的档次调节。

图中的油加热器 RO1 和 RO2 在合电源时就开始对润滑油加热，油温超过 110 ℃时，电动机才能启动，启动后，利用 KM1、KM2 的常闭触头使其断电。如果长时间没有启动，当油温加热高于 140 ℃时，利用其内部设置 ST1 或 ST2 的常闭触头动作使其断电。

任 务 总 结

本任务主要介绍了空调系统的分类、空调系统的设备组成、空调电气系统常用器件，通过分散式和集中式空调系统的电气控制实例的介绍，对夏季和冬季空调系统温湿度调节的控制电路进行了详细分析。

空调系统的节能控制主要是制冷机组的能量调节和水循环系统的流量控制，最优化的节能控制就是电动机的速度调节，因此调频变压调速是空调系统控制的发展方向。

效 果 测 评

根据本任务内容，完成以下任务：
① 空调系统的分类和常用调节装置；
② 分析空调系统电气控制设计的基本要求；
③ 空调系统的组成及特点；
④ 空调系统的应用实例电路图的分析。

任务 4.3 给水排水控制

任 务 描 述

在建筑物内，给水与排水系统是保证建筑功能最基本的系统之一，完成建筑物给水排水主要由水泵完成。在现代建筑里，对水泵控制的基本要求是自动控制、正确动作。对一个水泵控制电路图进行分析，必须先了解水泵的作用和运行方式。另外，为了实现自动控制的目的，还需采集液位、压力等信号，为此，应熟悉这些常见的物理量信号控制器件。

对水泵控制电路图进行正确分析是水泵运行、管理、检修、维护必不可少的技能，也为水泵控制电路的设计和创新改进打下良好的基础。本任务的学习目标为：

（1）熟知常用水位控制器的原理；

（2）掌握典型生活水泵控制电路图的分析方法；

（3）掌握典型消防水泵控制电路图的分析方法；

（4）掌握排水泵控制电路的分析方法。

任 务 信 息

4.3.1 常用的水位控制器

为了实现对水泵的自动控制以及监测水池、水箱内的液位高度，经常用到水位控制器。水位控制器也称为液位信号器、水位开关，它是随液面高度变化而改变其触头通断状态的开关，按其结构和原理分，常见的有干簧管水位控制器、浮球磁性开关、电极式水位控制器、压力式水位控制器和超声波液位控制器等。

1. 干簧管水位控制器

干簧管水位控制器由中空的导杆、嵌有永磁环的浮标和接线盒等组成。导杆和浮标由非导磁材料制作，如不锈钢、塑料等。在导杆内部的不同高度上装有若干个干簧管，干簧管接点通过引线经导杆内孔连接至接线盒内端子上。干簧管水位控制器原理如图 4-3-1 所示，磁性浮标套在导杆上，跟随液面上升或下降，当其移动到水位上限或下限位置时，对应位置的干簧管 SL1、SL2 受磁力作用而动作，发出接点开（关）转换信号。导杆上还设有上下限位环，用以限制浮标上下浮动范围，从而获得不同的液位控制高度。

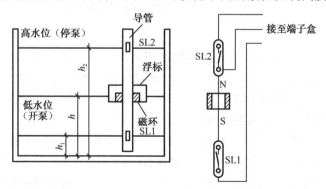

图 4-3-1 干簧管水位控制器原理图

2. 浮球磁性开关

图 4-3-2 为浮球磁性开关结构示意图，主要由浮球、外接电缆和密封在浮球内的开关装置组成，浮球用工程塑料或不锈钢等非导磁性材料制成。开关装置由干簧管、磁环和动锤构成，磁环的安装位置偏离干簧管中心，其厚度小于一根簧片的长度，所以磁环产生的磁场几乎全部从单根簧片上通过，磁力线被短路，两根簧片之间无吸力，干簧触头处于断开状态。当重锤靠近磁环时，可视为磁环厚度增加，两簧片被磁化为相反的极性而相互吸引，使其触头闭合。

浮球磁性开关安装示意图如图 4-3-3 所示。当液位在下限时，浮球正置，动锤依靠自重位于浮球下部，因此干簧管触头处于断开状态。

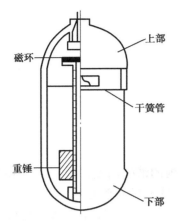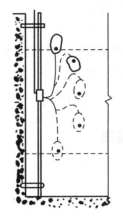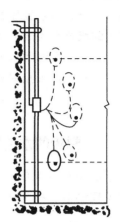

图 4-3-2　浮球磁性开关结构示意图　　　　图 4-3-3　浮球磁性开关安装示意图

在液位上升过程中，由于动锤在下部，浮球重心在下基本保持正置状态不变，当液位接近上限时由于浮球被支点和导线拉住，开始逐渐倾斜，当越过水平测量位置时，浮球内动锤因自重下滑，浮球重心在上部而迅速翻转成倒置，同时，干簧管触头吸合，发出液位上限信号。

在液位下降过程中，浮球重心在上部，基本保持倒置状态不变。当液位接近下限时，由于浮球被支点和导线拉住，开始逐渐向正置方向倾斜，当越过水平测量位置时，浮球内动锤因自重又迅速向上部滑动，使浮球翻转成正置，同时干簧管触头断开。

调节支点的位置和导线的长度就可以调节液位的控制范围。

3. 电极式水位控制器

电极式水位控制器由液位检测电极和控制器两部分组成，属于电阻式测量仪表，利用水的导电性，当水接触电极时产生电阻突变来测量水位。图 4-3-4 为一种三电极式水位控制器原理图。当水位低于 DJ2 以下时，DJ2 和 DJ3 之间不导电，三极管 V2 截止，V1 饱和导通，灵敏继电器 KE 吸合，其触头使线柱 2 至 3 发出低水位信号。当水位上升使 DJ2 和 DJ3 导通时，因线柱 5 至 7 不通，V2 继续截止，V1 继续导通；当水位上升到使 DJ1、DJ2 和 DJ3 均导通时，线柱 5 至 7 接通，V2 饱和导通，V1 截止，KE 释放，发出高水位信号。

电极式水位控制器分一体型和分体型两种安装形式。一体型是将控制器的电路板装入液位检测电极的接线盒内，组成一体结构；分体型是控制器与检测电极分开安装，有控制箱内轨道安装和控制盘面板安装两种形式。

4. 压力式水位控制器

水箱、水池的液位也可以通过电接点压力表来检测， 水位高时压力也高，水位低时压力也低。电接点压力表示意图如 4-3-5 所示，既可作为压力控制又可作为就地检测之用。它由弹簧管、传动放大机构、刻度盘指针和电触头装置等构成。当被测介质进入弹簧管时，弹簧产生位移，经传动机构放大后，使指针绕固定轴发生转动，转动的角度与弹簧管中压力成正比，并在刻度上指示出来，同时带动电触头指针动作。在低水位时，指针与下限整定值触头接通，发出低水位信号；在高水位时，指针与上限整定值触头接通，发生高水位信号；在水位处于高低水位整定值之间时，指针与上下限触头均不接通。如将电接点压力表安装在供水管网中，可以通过反映的管网供水压力而发出开泵和停泵信号。

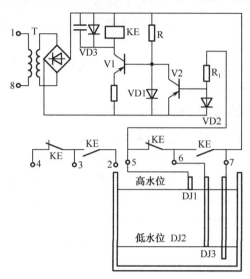

图 4-3-4　三电极水位控制器原理图

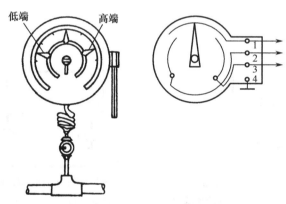

图 4-3-5　电接点压力表示意图

5. 超声波液位控制器

在水位控制的实际应用中，有时不仅要求控制器件就地发信，还要求水位能远距离地实时显示和控制。例如，在消防控制中心，希望实时显示消防水箱、水池的液位。这类应用，常通过非接触式的水位控制器来实现，超声波液位控制器就是典型的一种。超声波液位控制器发射高频超声波脉冲并接收液面反射回来的超声波，根据超声波在空气中的传播时间来计算出探测器与被测物之间的距离。

4.3.2　水泵的控制要求和运行方式

当市政直接供水压力不能满足使用要求时，需在生活给水系统中设置加压水泵。在工业与民用建筑中的加压给水系统，有设高位水箱的方式、气压给水方式和变频调速恒压给水等方式。

1. 高位水箱方式水泵的运行与控制

图 4-3-6 所示为设高位水箱的生活给水系统示意图，给水系统依靠高位水箱内水的重力作用保证供水压力在正常范围内，在水池和高位水箱中均安装有液位控制器。两台水泵为一用一备或自动轮换运行。当高位水箱中液位降低至设定水位时，液位控制器发出启泵信号至水泵控制柜，水泵启动向水箱补水，当水箱中液位升高至设定水位时，液位控制器发停泵信号至水泵控制柜，水泵停止运行。水池内安装液位控制器则用于监测其液位，当液位过低时停泵以避免水泵空转。

2. 气压给水方式水泵的运行与控制

气压给水设备是局部升压设备，如图 4-3-7 所示，由水泵将水压入密闭的钢质气压罐内，靠气压罐内被压缩的空气产生的压力来保证正常供水压力。随着水量的消耗，罐内压力逐渐降低，当压力下降到设定的最小工作压力时，电接点压力表发向控制箱发出启泵信号，水泵启动向管网和气压罐内补水。当罐内压力上升到设定的最大工作压力时，电接点压力表将发出停泵信号，水泵停止工作，如此往复循环。作为水源的水池内安装液位控制器，用于监测其液位，当液位过低时停泵以避免水泵空转。

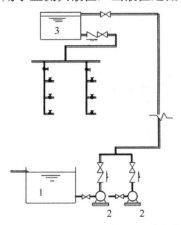

1—水池；2—水泵；3—高位水箱

图 4-3-6 设高位水箱的生活给水系统

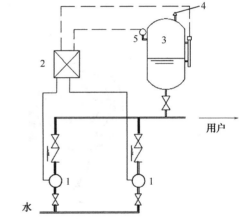

1—水泵；2—控制箱；3—气压罐；4—呼吸阀；5—电接点压力表

图 4-3-7 气压给水的生活给水系统

气压罐内的空气与水直接接触，在运行过程中，空气由于损失和溶解于水而减少，当罐内空气不足时，经呼吸阀自动吸入补充空气。

3. 变频调速恒压给水系统水泵的运行与控制

变频调速恒压给水设备由水泵机组、管路系统、膨胀罐（根据需要设置）、压力变送器、控制柜等组成，其系统原理如图 4-3-8 所示。

控制柜内设置可编程控制器（PLC）、变频器及控制电路，与管路系统上设置的压力变送器组成了闭环给水控制系统。系统正常工作时，给水管路上的压力变送器对给水压力进行实时采样，并将压力信号反馈至 PLC。PLC 将管网压力与设定的目标压力值进行比较和运算，给出频率调节信号和水泵启、停信号送至变频器，变频器据此调节水泵电机电源的频率，调整水泵的转速，自动控制水泵的供水量，使给水量与不断变化的用水量相互匹配，从而实现变量恒压给水的目的。同样，水池内需安装液位控制器，当液位过低时停泵。

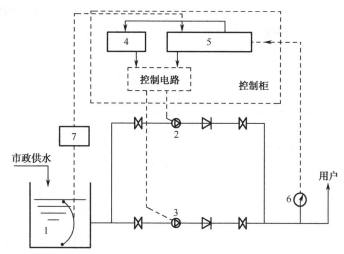

1—水源；2—主用泵；3—备用泵；4—变频器；5—PLC；6—压力变送器；7—液位信号器

图 4-3-8　变频调速恒压给水系统示意图

任 务 实 施

1. 生活水泵控制电路图分析

1）生活水泵的运行与控制方式

不同的建筑对供水的要求不同，系统中水泵的数量和运行方式也不同，有单台、一用一备、多用一备等方式。为了避免多台水泵中的某一台长期不动作而锈蚀卡死，多台泵时可采用自动轮换的控制方式。根据电源和供电线路情况，水泵的启动方式可为全压启动或降压启动。水泵不同的运行方式和启动方式，有不同的控制电路。下面介绍一些典型的生活水泵控制电路图。

2）两台生活水泵一用一备全压启动控制电路

两台生活水泵一用一备全压启动电路图如图 4-3-9 和图 4-3-10 所示。图中，Xn：m 为接线端子编号，如 X1：3 表示 1#端子排的 3 号端子，后文中均相同，不再赘述。

（1）手动控制

选择开关 SAC 置于"手动"位置，其 1-2、3-4 触头与控制电源接通，其余各对触头均悬空断开。以控制 1#泵为例，按下启动按钮 SF1，QAC1 线圈得电，其常开辅助触头闭合形成自保持，QAC1 主触头闭合，1#泵启动，运行指示灯 PGG1 亮。同时，KA1 得电，其触头动作，停泵指示灯 PGR1 灭。若按下

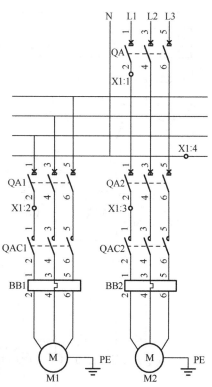

图 4-3-9　两台生活水泵一用一备全压启动主电路图

SF1 而 QAC1 未动作，则启泵失败，QAC1 各触头保持原态，PGR1 和 PGY1 保持点亮，指示故障。在 1#泵运行过程中按下停泵按钮 SS1，QAC1 线圈失电，其主触头释放，泵停止，同时，KA1 各触头复位，停泵指示灯亮。

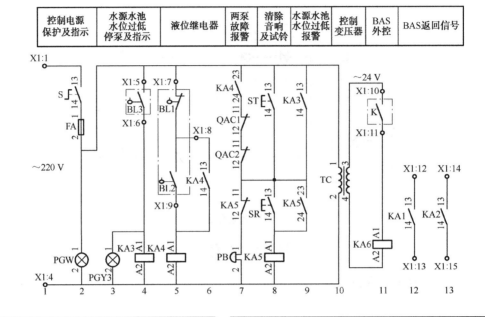

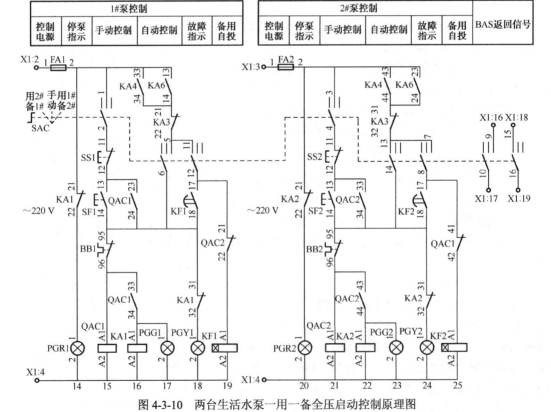

图 4-3-10　两台生活水泵一用一备全压启动控制原理图

（2）自动控制

以 2#泵主用 1#泵备用为例，SAC 置于"用 2# 备 1#"位置，其 11-12、13-14 触头与电路接通，其余各对触头均悬空断开。

当高位水箱内液位下降到设定低水位时，液位控制器的常开触头 BL2 闭合，中间继电器 KA4 得电并自保持。在 2#泵控制回路中，触头 KA4 闭合使主接触器 QAC2 通电，QAC2 主触头闭合，2#泵启动，运行指示灯 PGG2 亮。同时，KA2 得电，其触头动作，停泵指示灯 PGR2 灭。在 1#泵控制回路中，QAC2 的常闭辅助触头也同时断开，因此时间继电器 KF1 不能得电，1#泵将不会随后启动。

当高位水箱内液位上升到设定高水位时，液位控制器的常闭触头 BL1 断开，KA4 线圈失电释放，其在 2#泵控制回路中的常开触头复位断开使主接触器 QAC2 失电，2#泵停止运行。同时，KA2 失电其常闭触头复位，停泵指示灯 PGR2 亮。

若高位水箱内液位控制器的常开触头 BL2 闭合经中间继电器 KA4 发出启泵指令而 QAC2 拒绝动作，KA2 将保持原态，使 PGY2 点亮指示故障。另一方面，在 1#泵控制回路中的 QAC2 常闭辅助触头将保持闭合，时间继电器 KF1 得电，经短暂延时，其常开触头闭合，使 1#泵作为备用泵投入运行。

（3）BAS 控制

在设有建筑物设备监控系统（BAS）时，生活水泵宜纳入 BAS 的监控范围。BAS 的直接数字控制器（DDC）提供控制触头 K，由于 DDC 的触头容量小、耐压等级不高，需经 24V 中间继电器 KA6 发出启、停泵指令。KA6 与 KA4 的常开触头在水泵控制回路中相互并联，起着相同的作用。泵的状态通过 KA1、KA2 的常开触头经 DDC 返回至 BAS 控制室，选择开关的位置则以其自身触头 9-10、15-16 作为返回信号。

（4）水池过低液位控制

上述控制过程均未考虑出现水池过低液位的情况，当作为水源的水池液位过低时，水泵已不能从中吸水，为了避免空转，应停泵并报警。图 4-3-10 中，水池液位控制器 BL3 在过低水位时将闭合，PGY3 亮给出灯光指示，同时，KA3 得电其常开触头闭合，使电铃 PB 通电击响，发出声音报警，告知水池液位已过低。

（5）水泵的故障保护与报警

在两台水泵的启动回路中，主接触器前分别串接热继电器 BB1 和 BB2 的常闭触头，热继电器通常采用缺相保护型。水泵运行中，若出现缺相、过负荷等故障时，热继电器动作，直接断开主接触器线圈，使水泵停止运行以免损坏，此过程也称为热继电器动作于跳闸。若两台泵均出现故障，则 QAC1、QAC2 均不动作，它们在第 7 回路的常闭辅助触头同时保持闭合，电铃 PB 接通电源发出故障报警声响。

（6）解除音响及试铃

检修人员在电铃报警后到达现场，可按下音响解除按钮 SR，中间继电器 KA5 得电并通过常开触头闭锁，其在故障报警回路中的常闭触头动作，电铃电源被断开而停响。

水泵控制柜初次投用或检修后，按下试铃按钮 ST 接通电铃电源，电铃应响起，松开按钮后它将自动复位断开电铃电源，电铃应停响，以此检验音响报警回路是否完好。

3）生活水泵变频调速恒压供水控制电路

变频调速恒压供水系统中水泵的数量可有单台及多台，这里以两台泵为例说明其电路原理。图 4-3-11 为两台生活水泵一用一备变频调速恒压供水主电路图，图中 VVVF 为变频器，与其连接的水泵 M1 为主用变速泵，M2 为备用定速泵。

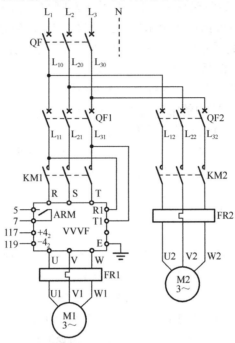

图 4-3-11　变频调速恒压供水生活水泵主电路图

控制电路原理图如图 4-3-12 所示，其中 KGS 为可编程控制器，管网压力变送器信号经 121、123 端子接入。选择开关 SA 有三个工作位置，置于"零位"时，水泵被禁止操作；置于"手动"时，允许在控制柜面板上通过启、停按钮操作水泵；置于"自动"时，水泵根据压力变送器反馈的信号，自动恒压供水，此时，选择开关触头③-④、⑤-⑥闭合，其余断开。下面分析其自动状态下的工作原理。

（1）用水量较小时的控制过程

① 正常工作状态。合上电源开关 QF1、QF2，KGS 和时间继电器 KT1 通电，经延时后，KT1 的延时动合触头闭合，接触器 KM1 线圈得电，其主触头闭合，变速泵 M1 启动，在 KGS 和 VVVF 的控制下作恒压供水运行。

② 变速泵故障状态。工作过程中，若变速泵 M1 出现故障，VVVF 的报警触头 ARM 动作闭合，使中间继电器 KA2 线圈通电并自保持，KA2 常开触头闭合，警铃 HA 发声报警，同时，时间继电器 KT3 通电，经延时 KT3 延时动合触头闭合，使接触器 KM2 得电，于是定速泵 M2 全压启动，代替故障泵 M1 投入工作。

（2）水量大时的控制过程

在运行过程中若用水量增大，变速泵 M1 随之增速，但若变速泵达到了转速上限却仍然无法满足用水量要求时，控制器 KGS 使 2 号泵控制回路中的 211、217 触头闭合，时间继电器 KT2 得电，经延时后，其触头闭合使时间继电器 KT4 得电，KT4 触头闭合使 KM2 线圈得电，于是定速泵 M2 启动投入工作，以提高总供水量。

当用水量减小到一定值时，KGS 的 211、217 触头将复位释放，KT2、KT4 失电，KT4 触头经延时后断开，KM2 失电，定速泵停止，变速泵 M1 继续恒压供水。

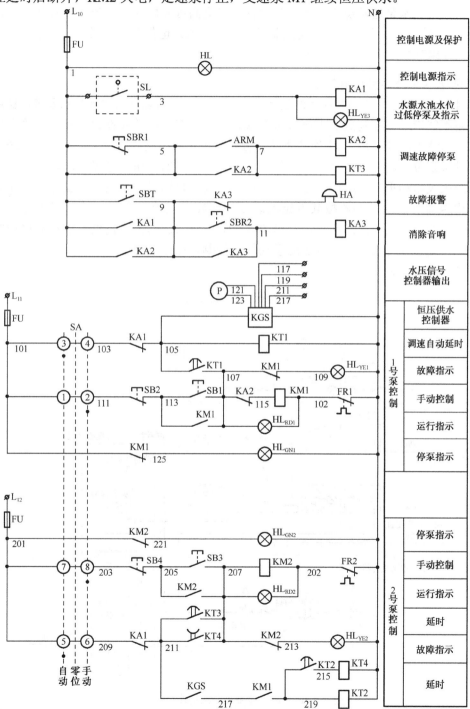

图 4-3-12 两台生活水泵一用一备变频调速恒压供水控制电路原理

2. 消防供水设备的控制

建筑物内消防供水系统设置的常见加压水泵有消火栓泵、自动喷淋泵和消防稳压泵等，每一系统的水泵通常设置两台，互为备用以提高可靠性（大型建筑也有多用一备的配置形式）。这些消防水泵都有严格的控制可靠性的要求，也都受消防联动控制系统的控制，只是自动控制时的启动信号不同而已。

1）消火栓泵的典型控制电路

图 4-3-13 为消火栓泵控制系统连接示意图。根据我国现行国家规范的要求，民用建筑以及水箱不能满足最不利点消火栓水压要求时，每个消火栓处应设置直接启动消火栓泵的按钮（下称消火栓按钮）。消火栓按钮的动合触头平时由面板玻璃片压住而闭合，玻璃片被击破时触头复位，向控制柜发出启泵信号。消火栓按钮的动作信号以及水池、水箱的液位信号均经火灾自动报警系统的信号输入模块送至火灾自动报警与联动控制器，作显示和报警，并由报警与联动控制器按其设定的联动程序发出联动指令，经控制模块发出启泵信号。另一方面，当采用总线联动控制模块时，需从消防联动控制盘增设手动直接控制线路至控制柜，使水泵可由联动控制盘的手动按钮控制，保证了当总线报警及联动系统故障时水泵还能被应急启动。

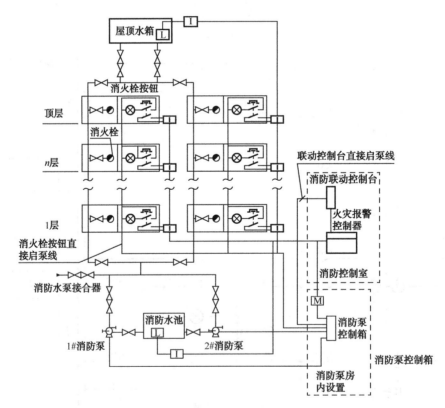

图 4-3-13　消火栓泵控制系统连接示意图

两台消火栓泵一用一备全压启动控制电路图如图 4-3-14 和图 4-3-15 所示。在主回路图中，ATSE 为双电源转换开关。控制原理图中，SE1～SEn 为消火栓按钮的动合触头，PGL1～PGLn 为消火栓按钮上的启泵指示灯。无源常开触头 K 为消防联动控制信号，由联动控制模块提供。SF 为位于消防联动控制盘上的具有自锁功能的手动控制按钮。TC 为～220/24 V 控制变压器，其作用为向消火栓按钮指示灯提供安全电压，保障消火栓使用人员的安全，并实现消防控制模块与强电系统的隔离。

（1）就地手动控制

选择开关 SAC 置于"手动"位置，其 1-2、3-4 触头与控制电源接通，其余各对触头均悬空断开。以控制 1#泵为例，按下启动按钮 SF1，QAC1 线圈得电，其常开辅助触头闭合形成自保持，QAC1 主触头闭合，1#泵启动，运行指示灯 PGG1 亮。同时，KA1 得电，其触头动作，停泵指示灯 PGR1 灭。若按下 SF1 而 QAC1 未动作，则启泵失败，QAC1 各触头保持原态，PGR1 和 PGY1 保持点亮，指示故障。在 1#泵运行过程中按下停泵按钮 SS1，QAC1 线圈失电，其主触头释放，泵停止，同时，KA1 各触头复位，停泵指示灯亮。

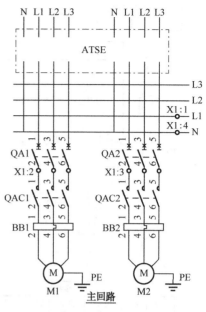

图 4-3-14　两台消火栓泵一用一备全压启动主回路图

（2）消火栓按钮控制启泵

以 1#泵主用 2#泵备用为例，SAC 置于"用 1#备 2#"位置，其 5-6、7-8 触头与电路接通，其余各对触头均悬空断开。平时，消火栓按钮的动合触头由面板玻璃片压住而全部闭合，中间继电器 KA4-1 和 KA4-2 持续通电，其常闭触头保持在断开位置。当发生火灾时，消火栓按钮的玻璃片被击破，其触头复位使 KA4-1 和 KA4-2 失电，于是，KA4-1 和 KA4-2 的常闭触头复位，第 9 回路中的时间继电器 KF3 得电，延时时间到，第 12 回路中 KF3 的常开触头闭合使 KA5 得电且闭锁，在第 22 回路中，KA5 常开触头闭合使 QAC1 得电，于是 1#泵启动。

当主泵故障时，必须备用自投。以 1#泵主用 2#泵备用为例，若 1#泵控制回路故障导致启动失败或是运行过程中热继电器 BB1 动作跳闸，则 QAC1 失电，其各触头复位，在第 32 回路中，时间继电器 KF2 得电，延时时间到，第 30 回路中 KF2 的常开触头闭合使 QAC2 得电，于是 2#泵作为备用泵投入运行。需要注意的是，KF2 是绕过了热继电器 BB2 而直接接至 QAC2 线圈的，因此，2#泵在运行过程中若出现过负荷故障，BB2 动作将只作用于报警回路而不会使水泵跳闸。

（3）消防联动控制启泵

当采用消防联动控制启泵时，联动控制模块动作，其触头 K 闭合使中间继电器 KA7 得电，控制过程与消火栓按钮启泵过程相同。

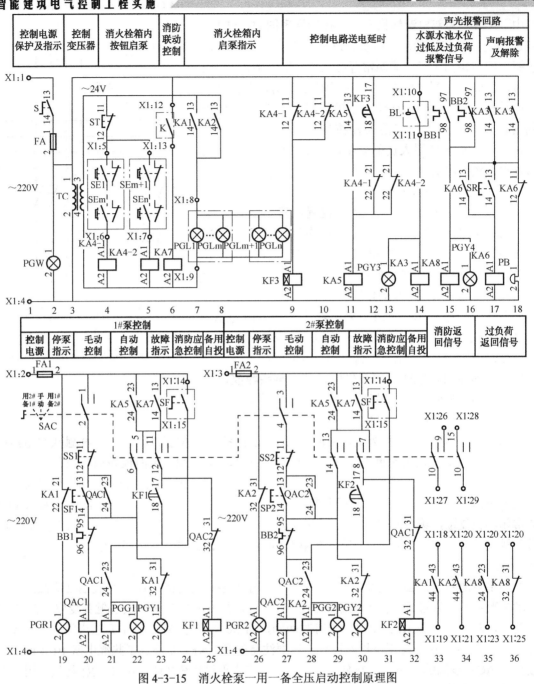

图 4-3-15 消火栓泵一用一备全压启动控制原理图

（4）消防应急控制启泵

按下消防联动控制盘上的应急启泵按钮 SF，接触器 QAC1 或 QAC2 直接得电而启动消火栓泵。在 SF 与接触器之间，不允许接入任何中间元件。可见，消防应急控制与选择开关的位置、水泵是否处于过负荷状态、消火栓按钮以及消防联动控制信号无关，因而具有最优先的启动控制权。

本控制电路的信号指示及故障声光报警回路，请读者自行分析。

2）自动喷淋泵的典型控制电路

根据系统构成及使用环境和技术要求不同，自动喷淋灭火系统有湿式喷水灭火系统、干式喷水灭火系统、预作用喷水灭火系统、泡沫雨淋系统等多种形式，其中湿式喷水灭火系统简称湿式系统，是当前应用最广泛的一种闭式自动喷淋灭火系统。这里就以湿式系统为例说明自动喷淋泵的控制与运行要求。

湿式喷水灭火系统采用湿式报警阀，报警阀的前后管道内均充满压力水，系统由喷头、管道、水流指示器、信号阀、水源、高位水箱、湿式报警阀组、喷淋泵及其控制柜等组成，如图 4-3-16 所示。发生火灾时，喷头在高温烟气作用下开启并喷水，相应管路上的水流指示器动作，湿式报警阀上腔压力下降，高位水箱提供的压力水使报警阀开启并通过报警阀进入喷淋管道和延迟器，延迟器内腔充满水后，水力警铃被击响，同时，报警阀组上压力开关动作，向喷淋泵控制箱发出启泵信号。水流指示器的动作信号、信号阀的状态信号以及水池、水箱的液位信号均经火灾自动报警系统的信号输入模块送至火灾报警控制器与消防联动控制台，作显示和报警。喷淋泵的启动信号亦可由火灾自动报警系统给出，比如，发生火灾时某区域的探测器报警而同一区域的水流指示器又动作时，火灾报警与联动控制器将按设定的联动程序自动向喷淋泵控制模块发出启泵指令。当采用总线联动控制模块时，与消火栓泵的控制相同，尚需从消防联动控制盘增设手动直接控制线路至控制柜，使喷淋泵可由联动控制盘的手动按钮直接控制。

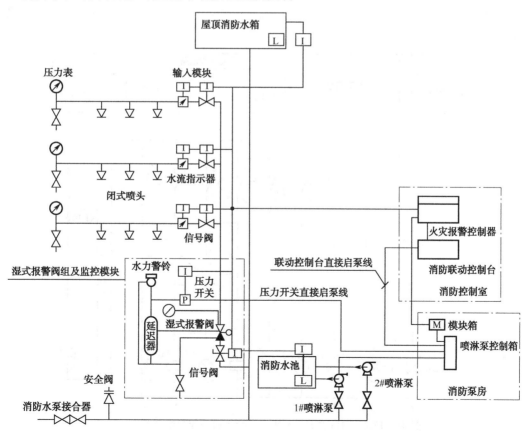

图 4-3-16　自动喷淋泵控制系统连接示意图

两台喷淋泵一用一备全压启动控制主回路如图 4-3-14 所示，控制原理如图 4-3-17.1 和图 4-3-17.2 所示。控制原理图中，BP 为湿式报警阀压力开关动合触头，无源常开触头 K 为消防联动控制信号，由联动控制模块提供。SF 为位于消防联动控制盘上的具有自锁功能的手动控制按钮。TC 为～220/24 V 控制变压器，实现消防控制模块与强电系统的隔离。与前述消火栓泵一用一备全压启动控制电路相比，不难发现两者的手动控制原理以及声光报警回路原理完全相同，在此不再作分析。下面以 1#泵主用 2#泵备用为例，介绍其自动启动控制原理。

SAC 置于"用 1#备 2#"位置，其 5-6、7-8 触头与电路接通，其余各对触头均悬空断开。当压力开关 BP 动作，其在第 3 回路中的动合触头闭合，时间继电器 KF3 线圈得电，延时时间到，第 5 回路中 KF3 的常开触头闭合使 KA4 得电且闭锁，在第 16 回路中，KA4 常开触头闭合使 QAC1 得电，于是 1#泵启动，QAC1 的常开辅助触头闭合，运行指示灯 PGG1 亮。同时，KA1 得电，其在第 17 回路的常闭触头动作断开，停泵指示灯 PGR1 灭。

若 1#泵控制回路故障导致启动失败或是运行过程中热继电器 BB1 动作跳闸，则 QAC1 失电，其各触头复位，在第 26 回路中，时间继电器 KF2 得电，延时时间到，第 24 回路中 KF2 的常开触头闭合使 QAC2 得电，于是 2#泵作为备用泵投入运行。因 KF2 绕过热继电器 BB2 直接接至 QAC2 线圈，2#泵在运行过程中若出现过负荷故障，BB2 动作将只作用于报警回路而不会使水泵跳闸。

喷淋泵另可由消防联动控制自动启泵，也可由消防应急控制手动启泵，读者可参照消火栓泵的控制原理自行分析。

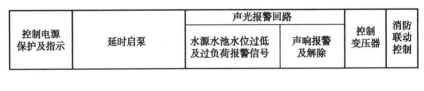

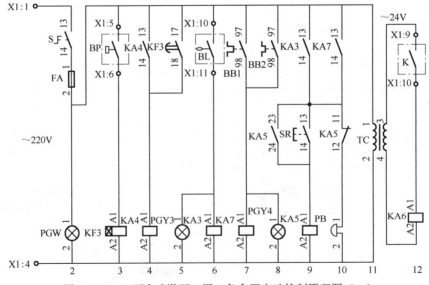

图 4-3-17.1　两台喷淋泵一用一备全压启动控制原理图（一）

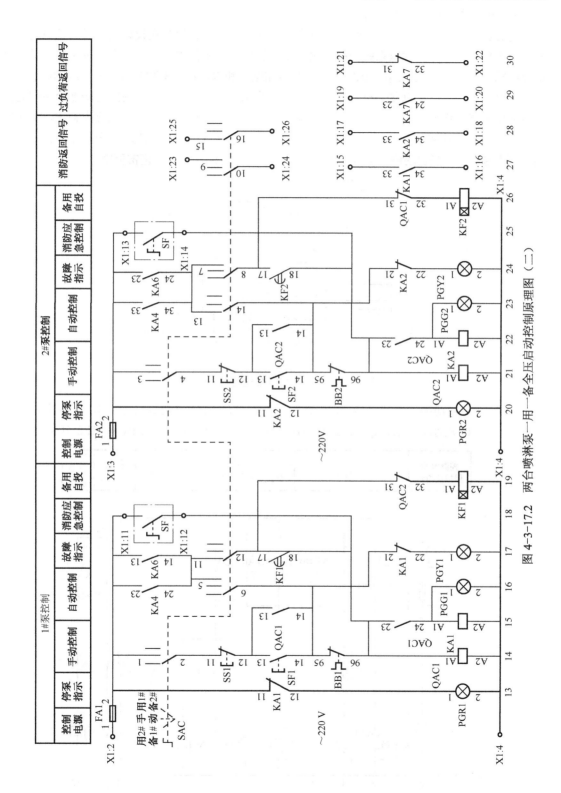

图 4-3-17.2　两台喷淋泵一用一备全压启动控制原理图（二）

3）消防稳压泵的典型控制电路

消防稳压泵指的是能使消防给水系统在准工作状态时压力保持在设计工作压力范围内的一种专用水泵。消防给水稳压系统由稳压罐、稳压管路、双限值电接点压力表、稳压泵及其控制柜等组成，如图4-3-18所示。稳压罐中装有压缩空气和水，系统平时的压力由稳压罐提供，保证消火栓或喷头随时可以取得符合压力要求的消防用水。当消防给水管网压力降低至下限时，电接点压力表动作向稳压泵控制柜发出启泵信号，稳压泵自动开启，向稳压罐内补水，罐内空气被再次压缩，管网压力提升，直至达到压力上限，电接点压力表再次动作向稳压泵控制柜发出停泵信号，稳压泵自动停止运行。如此循环以保持系统的压力处于正常范围内。

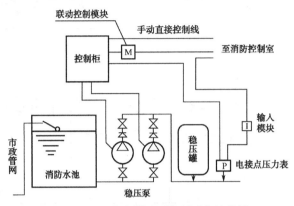

图 4-3-18　消防稳压泵控制系统连接图

消防稳压泵功率不大，一般采用全压启动方式。两台消防稳压泵一用一备控制主回路如图4-3-14所示，控制原理如图4-3-19.1和图4-3-19.2所示，BP1和BP2分别为电接

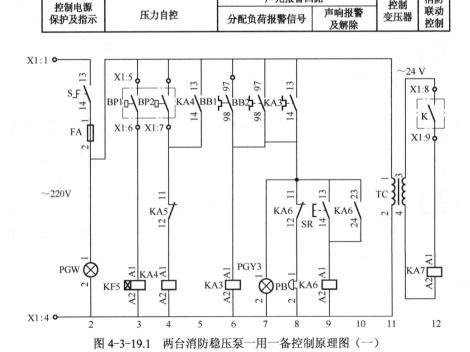

图 4-3-19.1　两台消防稳压泵一用一备控制原理图（一）

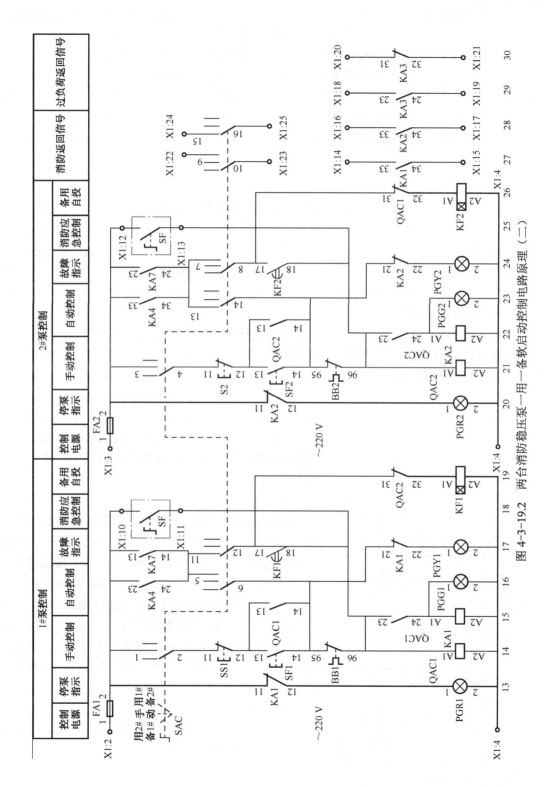

图 4-3-19.2　两台消防稳压泵一用一备软启动控制电路原理（二）

点压力表的上限和下限动作常开触头，其余外部控制触头功能同消火栓泵控制原理中所述。本控制电路的手动控制原理、消防联动及应急控制原理、备用泵自投原理及声光报警信号回路原理均与消火栓泵控制电路相同，不再赘述，下面仅就其自动运行原理作一简单叙述。

在 SAC 置于"一用一备"状态下，当管网压力降低至下限时，电接点压力表常开触头 BP2 动作，中间继电器 KA4 得电并闭锁，KA4 常开触头闭合，主用泵接触器得电，主用泵投入运行。待压力上升至上限时，电接点压力表常开触头 BP1 动作，中间继电器 KA5 得电，KA5 常闭触头打开，KA4 失电，KA4 常开触头复位，使运行中的水泵接触器断电，水泵停止。

4）排水设备的控制

建筑物内使用的排水泵最常见的为各类集水井中安装的潜水排污泵（下称潜污泵），用以手动或自动地排除积水。当设有水池时，可在其内安装液下排水泵，当需要对水池进行清洁或检修时，排空水池。这些排水泵的功率不大，一般采用全压启动方式。水池排水泵可采用手动控制方式，而潜污泵应同时具有手动和自动控制功能，为此，集水井中需安装液位信号器，目前广泛使用的是浮球式水位控制器。在设有 BA 系统的建筑中，潜污泵宜纳入 BA 系统的监控范围内。

在大多数的建筑物内，潜污泵是较为重要的排水设备，通常在集水井内设置一用一备的两台泵以提高可靠性。为了避免两台泵中的其中一台长期不动作而锈蚀卡死，两台潜污泵通常采用自动轮换的控制方式。

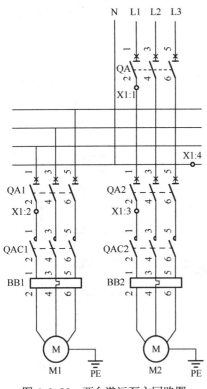

图 4-3-20　两台潜污泵主回路图

两台潜污泵主回路如图 4-3-20 所示，其自动轮换控制电路原理如图 4-3-21 所示，BL1～BL3 为集水井内液位信号器的触头。控制回路设置选择开关，有三个控制位置，手动、零位和自动，当置于零位时，水泵被禁止操作。

（1）手动控制

选择开关 SAC 置于"手动"位置，其 1-2、5-6 触头与控制电源接通，其余各对触头均悬空断开。以控制 1#泵为例，按下启动按钮 SF1，QAC1 线圈得电并闭锁，其主触头闭合，1#泵启动，QAC1 常开辅助触头闭合，运行指示灯 PGG1 亮。同时，KA1 得电，其常闭辅助触头打开，停泵指示灯 PGR1 灭。在 1#泵运行过程中按下停泵按钮 SS1，QAC1 线圈失电，其主触头释放，泵停止，同时，KA1 各触头复位，停泵指示灯亮。

（2）自动控制

选择开关 SAC 置于"自动"位置，其 3-4、7-8 触头与控制电源接通。

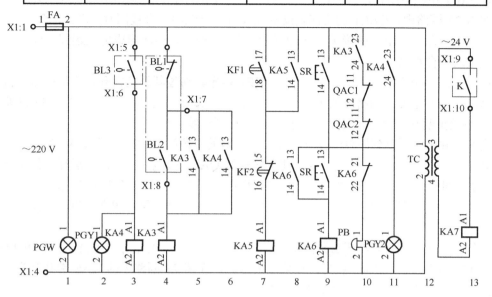

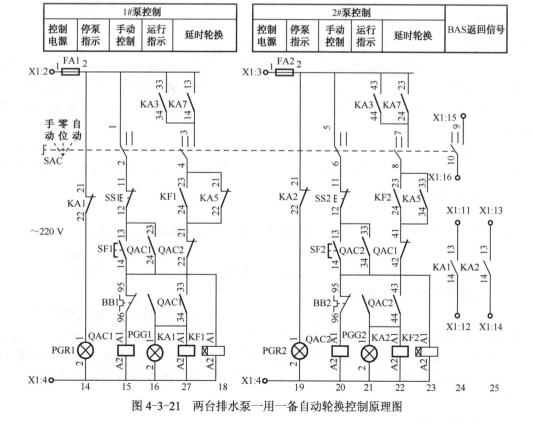

图 4-3-21　两台排水泵一用一备自动轮换控制原理图

智能建筑电气控制工程实施

当集水井水位初次升高至启泵液位时，液位控制器的常开触头 BL2 闭合，第 4 回路上的中间继电器 KA3 得电并自保持。KA3 在第 16 回路上的常开触头闭合使主接触器 QAC1 通电，QAC1 主触头闭合，1#泵启动，运行指示灯 PGG1 亮，停泵指示灯 PGR1 灭。

在第 22 回路中，QAC1 的常闭辅助触头断开，2#泵将不会被同时启动。同理，在 1#泵的延时轮换控制回路中，串接了 QAC2 的常闭辅助触头，由此形成电气连锁，保证同一时刻只能投入一台水泵。

在 1#泵投入运行的同时，时间继电器 KF1 得电，通过其瞬动常开触头形成自保持，经短暂延时后，其在第 7 回路中的延时动合触头闭合，KA5 得电并自保持，在第 18 回路中的 KA5 常闭触头断开，但此时 KF1 自保持闭合，1#泵继续运行。

当集水井水位回落到停泵液位时，液位控制器的常闭触头 BL1 断开，KA3 线圈失电释放，其在第 16 回路上的常开触头复位使主接触器 QAC1 失电，1#泵停止运行，停泵指示灯 PGR1 亮。同时，KF1 也失电复位，但第 7 回路上 KA5 因自保持而继续通电，于是，第 18 回路上的 KA5 常闭触头断开，第 23 回路中的 KA5 常开触头保持闭合，为再次投入时优先启动 2#泵做好了准备。

当集水井水位再次升高至启泵液位时，中间继电器 KA4 得电并自保持。由于第 18 回路中的 KA5 常闭触头处在断开状态，1#泵不被启动，而第 23 回路中的 KA5 常开触头处在闭合状态，2#泵被启动，指示灯 PGG2 亮、PGR1 灭。

在 2#泵投入运行的同时，时间继电器 KF2 得电，通过其瞬动常开触头形成自保持，经短暂延时后，其在第 7 回路中的延时动断触头断开，KA5 失电释放，在第 25 回路中的 KA5 常开触头复原，但此时 KF2 自保持闭合，2#泵继续运行。

当集水井水位再次回落到停泵液位时，液位控制器的常闭触头 BL1 断开，KA3 线圈失电释放，QAC2 失电，2#泵停止运行，停泵指示灯 PGR2 亮。同时，KF2 失电复位。至此，各控制元件均复位，恢复至初次投入前的状态，为新一轮的投入作好了准备。如此自动轮换。

若启动过程中 QAC2 因故未能动作，或者 2#泵运行过程中故障跳闸，则 QAC2 在第 17 回路中的常闭辅助触头复位闭合，时间继电器 KF1 得电，其瞬动常开触头闭合，QAC1 得电，于是 1#泵作为备用泵投入运行。

（3）BAS 控制

BAS 的直接数字控制器（DDC）的外控触头 K 经 24V 中间继电器 KA7 发出启、停泵指令。KA7 动作后，后续动作过程与 KA3 动作相同。泵的状态通过 KA1、KA2 的常开触头经 DDC 返回至 BAS 控制室，选择开关的位置则以其自身触头 9-10 作为返回信号。

（4）水泵的故障保护与报警

在两台水泵的启动回路中，主接触器前分别串接热继电器 BB1 和 BB2 的常闭触头，热继电器通常采用缺相保护型。水泵运行中，若出现缺相、过负荷等故障时，热继电器动作，水泵停止运行。若两台泵均出现故障，则 QAC1、QAC2 均不动作，它们在第 10 回路的常闭辅助触头同时保持闭合，于是报警灯 PGY2 亮，电铃 PB 接通电源发出故障报警声响。

（5）溢流水位报警

在实际使用中，可能出现水量过大而水泵不能及时排除积水的情况，此时集水井内水位将越过启泵液位而继续升高至溢流水位，在第 3 回路上，液位信号器的常开触头 BL3 闭合，中间继电器 KA4 得电，同时溢流水位报警灯 PGY1 亮。同时，KA4 在第 11 回路的常开触头闭合，报警灯 PGY2 亮，电铃 PB 发报警声响。

（6）解除音响及试铃

检修人员在电铃报警后到达现场，可按下音响解除按钮 SR，中间继电器 KA6 得电并通过常开触头闭锁，其在故障报警回路中的常闭触头动作，电铃电源被断开而停响。

水泵控制柜初次投用或检修后，按下试铃按钮 ST 接通电铃电源，电铃应响起，松开按钮后它将自动复位断开电铃电源，电铃应停响，以此检验音响报警回路是否完好。

任 务 总 结

通过给排水设备控制的学习应能掌握该项目所涉及的常用水位控制器的原理，典型生活水泵和消防水泵控制电路图的分析方法。

通过该任务的学习、分析和总结，逐步建立起分析水泵控制电路的能力，为今后分析更加复杂的水泵控制电路及设计水泵控制电路图打下基础。

效 果 测 评

请分析单台排水泵手动控制电路和自动控制电路。

（1）单台排水泵手动控制电路如图 4-3-22 所示。

（2）单台排水泵水位自动控制电路如图 4-3-23 所示。

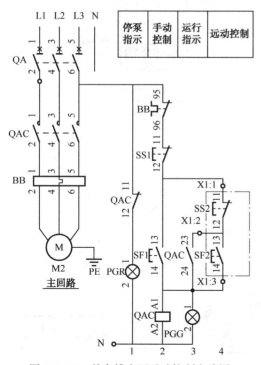
图 4-3-22 单台排水泵手动控制电路图

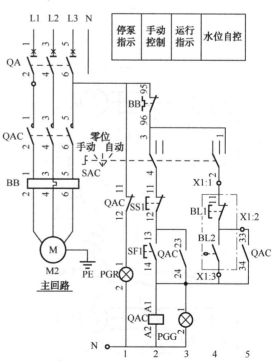
图 4-3-23 单台排水泵水位自动控制电路图

任务4.4　锅炉房设备控制

任 务 描 述

锅炉是工业生产或生活采暖的供热源，锅炉的生产任务是根据负荷设备的要求，生产具有一定参数（压力和温度）的蒸汽或热水。为了满足负荷设备的要求，并保证锅炉的安全和经济运行，中小型锅炉常采用仪表进行配合控制。本任务的学习目标为：

（1）熟悉锅炉运行的主要设备；

（2）掌握锅炉设备控制的主电路；

（3）掌握锅炉设备控制的控制电路。

任 务 信 息

为了解锅炉系统控制原理，以某型 10 t/h 锅炉为例，对控制电路进行阅读分析。图 4-4-1 是锅炉电气控制主电路图，图 4-4-2 是该型锅炉仪表控制框图。

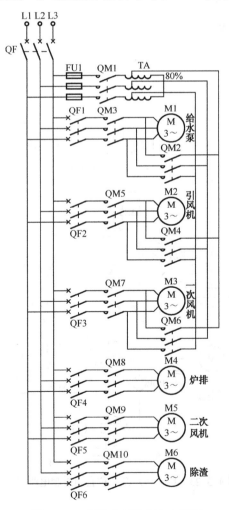

图 4-4-1　锅炉电气控制主电路图

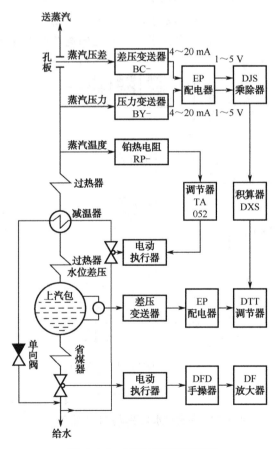

图 4-4-2　锅炉仪表控制框图

4.4.1 锅炉动力系统控制

动力控制系统中，给水泵电动机 M1 功率为 45 kW，引风机电动机 M2 功率为 45 kW，一次风机电动机 M3 功率为 30 kW，功率均较大，需设置降压启动设备。因 3 台电动机不需要同时启动，所以只用 1 台自耦变压器 TA 作为降压启动设备。为了避免 3 台或 2 台电动机同时启动，系统设置了启动互锁环节。

锅炉点火时，一次风机、炉排电机、二次风机必须在引风机启动数秒后才能启动；停炉时，一次风机、炉排电机、二次风机停止数秒后，引风机才能停止。控制电路应用了按顺序规律实现控制的环节，并在锅炉汽包水位不低于极限低水位时才能实现顺序控制。

4.4.2 锅炉自动调节系统分析

锅炉汽包水位调节是双冲量给水调节，系统以汽包水位信号作为主调节信号，以蒸汽流量信号作为前馈信号，通过调节仪表自动调节给水管路中电动阀门的开度，实现汽包水位的连续调节。

过热蒸汽的温度调节是通过调节仪表自动调节减温水电动阀门的开度，调节减温水流量来控制过热器出口的蒸汽温度。

任 务 实 施

1. 锅炉系统控制电路

图 4-4-3 是该型锅炉的动力设备电气控制电路图，当锅炉需要运行时，首先要进行运行前的检查，一切正常后，将各电源自动开关 QF、QF1～QF6 合上，为主电路和控制电路通电做准备。

1）给水泵的控制

需要给锅炉汽包上水时，按 SB3 或 SB4 按钮，接触器 QM2 通电吸合，其主触头闭合，使给水泵电动机 M1 接通降压启动电路，为启动做准备；QM2 的辅助触头 1、2 断开，切断 QM6 通路，实现对一次风机不许同时启动的互锁；QM2 的 3、4 触头闭合，使接触器 QM1 通电吸合，其主触头闭合，给水泵电动机 M1 接通自耦变压器及电源，实现降压启动。

同时，时间继电器 KT1 线圈也通电吸合，KT1 的 1、2 瞬时断开，切断 QM4 通路，实现对引风机电动机不许同时启动的互锁；KT1 的 3、4 瞬时闭合，实现启动时自锁；当 KT1 的 5、6 延时断开时，使 QM2 断电，QM1 也断电，其触头均复位，电动机 M1 及自耦变压器均切除电源；KT1 的 7、8 延时闭合使接触器 QM3 通电吸合，其主触头闭合，使电动机 M1 接上全压电源稳定运行；QM3 的 1、2 断开，KT1 断电，触头复位；QM3 的 3、4 闭合，实现运行时自锁。当水位达到高水位时，通过水位控制器中高水位触头 SL3 使报警电路中的 KA3 通电，KA3 的 11、12 触头断开，实现高水位停泵。KA3 的控制在报警电路中分析。锅炉运行中的水位调节靠双冲量给水调节系统调节电动阀实现连续调节。

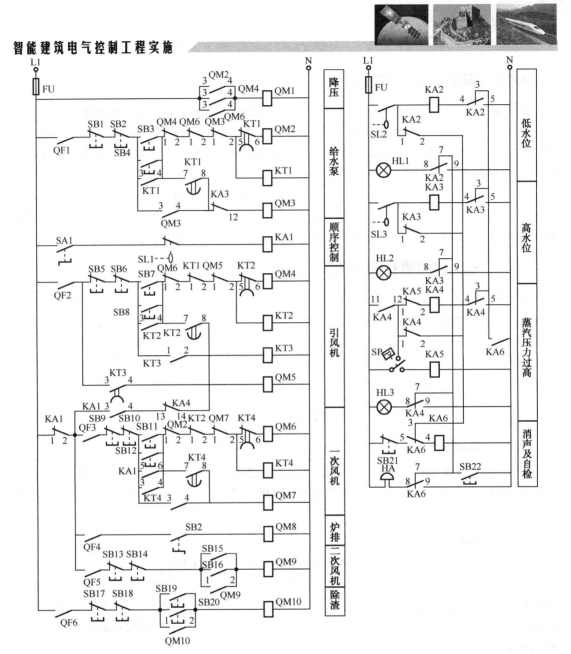

图 4-4-3　锅炉电气控制电路图

2）引风机的控制

锅炉运行时，需先启动引风机，按 SB7 或 SB8，接触器 QM4 通电吸合，其主触头闭合，使引风机电动机 M2 接通降压启动电路，为启动做准备；QM4 的 1、2 断开，切断 QM2 通路，实现对水泵电动机不许同时启动的互锁；QM4 的 3、4 闭合，使接触器 QM1 通电吸合，其主触头闭合，引风机电动机 M2 接通自耦变压器及电源实现降压启动。

同时，时间继电器 KT2 也通电吸合，KT2 的 1、2 瞬时断开，切断 QM6 通路，实现对一次风机不许同时启动的互锁；KT2 的 3、4 瞬时闭合，实现自锁；当 KT2 的 5、6 延时断开时，接触器 QM4 断电，QM1 也断电，其触头均复位，电动机 M2 切除自耦变压器及电源，KT2 的 7、8 延时闭合使时间继电器 KT3 通电吸合，其触头 KT3 的 1、2 瞬时闭合自

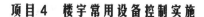

锁，KT3 的 3、4 瞬时闭合，接触器 QM5 通电吸合，其主触头闭合使电动机 M2 接全电压电源运行；辅助触头 QM5 的 1、2 断开，使 KT2 断电复位。

3）一次风机的控制

系统按顺序规律控制时，需合上转换开关 SA1，只要汽包水位高于极限低水位时，水位控制器中的极限低水位触头 SL1 闭合，电流继电器 KA1 通电吸合，KA1 的 1、2 断开，使一次风机电动机、炉排电动机、二次风机电动机必须按引风机电动机先运行的顺序实现控制，KA1 的 3、4 闭合，为顺序启动做准备，KA1 的 5、6 闭合，使引风机电动机启动结束后能自行启动。

电流继电器 KA4 的触头 13、14 为锅炉出现压力过高时，自动停止一次风机电动机、炉排电动机和二次风机电动机的连锁触头，锅炉压力正常时或低时不动作，其原理在声光报警电路中分析。

当引风机电动机 M2 启动结束时，时间继电器 KT3 通电吸合后，KT3 的 1、2 闭合，只要 KA4 的 13、14 是闭合的，KA1 的 3、4 闭合，KA1 的 5、6 闭合，接触器 QM6 将自动通电吸合，其主触头闭合，使一次风机电动机 M3 接通降压启动电路，为启动做准备；QM6 的辅助触头 1、2 断开，实现对引风机电动机不许同时启动的互锁；QM6 的 3、4 闭合，接触器 QM1 通电吸合；其主触头闭合使 M3 接通自耦变压器及电源，一次风机电动机 M3 实现降压启动。

同时，时间继电器 KT4 也通电吸合，KT4 的 1、2 瞬时断开，实现对水泵电动机不许同时启动的互锁；KT4 的 3、4 瞬时闭合自锁；当 KT4 的 5、6 延时断开时，接触器 QM6 断电，QM1 也断电，其触头恢复，电动机 M3 切除自耦变压器及电源；KT4 的 7、8 延时闭合，接触器 QM7 通电吸合，其主触头闭合，电动机 M3 接全电压运行；QM7 的辅助触头 1、2 断开、KT4 断电，触头复位；QM7 的 3、4 闭合，实现自锁。

4）其他电机的控制

引风机启动结束后，就可启动炉排电动机 M4 和二次风机电动机 M5，炉排电动机功率为 1.1 kW、二次风机电动机功率为 7.5 kW，均可直接启动。除渣电动机功率为 1.1 kW，不受顺序规律控制，可直接启动。

5）锅炉停止运行的控制

锅炉停炉有三种情况：暂时停炉、正常停炉和事故停炉。暂时停炉为负荷短时间停止用汽时，炉排用压火的方式停止运行，同时停止送风机和引风机等，重新运行时可免去升火的准备工作。正常停炉为负荷停止用汽及检修时有计划地停炉，需熄火和放水。事故停炉为锅炉运行中发生故障，如不立即停炉就有扩大事故的可能，需停止供煤、送风，减少引风等而进行检修。

正常停炉和暂时停炉的控制：按下 SB5 或 SB6 按钮，时间继电器 KT3 断电，KT3 的 1、2 瞬时复位，使接触器 QM7、QM8 和 QM9 线圈断电，其触头均复位，一次风机电动机 M3、炉排电动机 M4、二次风机电动机 M5 都断电停止运行；KT3 的 3、4 延时复位，接触器 QM5 断电，其主触头复位，引风机电动机 M2 断电停止。从而实现了停炉时，应使一次风机、炉排电机、二次风机先停数秒后，再停引风机的顺序控制要求。

6）光报警及保护

系统设有汽包水位的低水位报警和高水位报警及保护，蒸汽压力超高压报警及保护等环节，见声光报警电路，其中 KA2～KA6 均为小型电流继电器。

水位报警。汽包水位的检测应用水位控制器，该水位控制器可安装 3 个干簧管，有"极限低水位"触头 SL1、"低水位"触头 SL2、"高水位"触头 SL3，当汽包水位正常时，水位在"低水位"与"高水位"之间，SL1 为常闭触头，SL2、SL3 为常开触头。

当汽包水位在"低水位"时，低水位触头 SL2 闭合，继电器 KA6 通电吸合；KA6 的 4、5 闭合并自锁；KA6 的 8、9 闭合，蜂鸣器 HA 响，声报警；KA6 的 1、2 闭合使 KA2 通电吸合，KA2 的 4、5 闭合自锁；KA2 的 8、9 闭合，指示灯 HL1 亮，光报警；KA2 的 1、2 断开，为消声做准备。当值班人员听到声响后，观察指示灯，知道发生低水位时，可按 SB21 按钮，使 KA6 断电，其触头复位，HA 断电不再响，实现消声。然后去排除故障，水位上升后 SL2 复位，KA2 断电，HL1 也断电熄灭。

如汽包水位下降到"极限低水位"时，触头 SL1 断开，控制电路中按顺序控制的继电器 KA1 断电，一次风机电动机 M3、二次风机电动机 M5 均断电停止运行。

当汽包水位达到"高水位"时，触头 SL3 闭合，KA6 通电吸合，KA6 的 4、5 闭合自锁，KA6 的 8、9 闭合，HA 响，声报警；KA6 的 1、2 闭合使 KA3 通电吸合，KA3 的 4、5 闭合自锁；KA3 的 8、9 闭合使指示灯 HL2 亮，光报警；KA3 的 1、2 断开，准备消声；KA3 的 11、12 断开（在水泵控制电路上）使正在工作的接触器 KM3 断电，其触头复位，给水泵电动机 M1 断电停止运行。消声方法与前相同。

超高压报警及保护。当蒸汽压力超过设计整定值时，其蒸汽压力表中的压力开关 SP 高压端接通，使继电器 KA6 通电吸合，KA6 的 4、5 闭合自锁；KA6 的 8、9 闭合，HA 响，声报警；KA6 的 1、2 闭合使 KA4 通电吸合；KA4 的 11、12、KA4 的 4、5 均闭合自锁；KA4 的 8、9 闭合使 HL3 亮，光报警；KA4 的 13、14（控制电路）断开，使一次风机电动机 M3、二次风机电动机 M5 和炉排电动机 M4 均断电而停止运行。

当值班人员知道并处理后，蒸汽压力下降到蒸汽压力表中的压力开关 SP 低压端接通时，继电器 KA5 通电吸合，KA5 的 1、2 断开，使 KA4 断电，KA4 触头复位，一次风机电动机 M3 和炉排电动机 M4 将自行启动，二次风机电动机 M5 需人工操作重新启动。

按钮 SB22 为自检按钮，自检的目的是检查声光器件是否正常。自检时，HA 及各光器件均应有反应。

其他保护。各台电动机的电源开关和总开关都用自动开关，自动开关一般设有过载保护和过电流保护自动跳闸功能，总开关还可增设失压保护功能。

锅炉要正常运行，锅炉房还需要其他设备，如水处理设备、运渣设备、运煤设备、煤粉粉碎设备等，各设备如使用电动机，其控制电路一般较简单。

任务总结

本任务主要掌握锅炉房设备的电气控制，包括主电路和控制电路。重点掌握给水泵的控制、引风机的控制、一次风机的控制和报警及保护电路。

效 果 测 评

针对锅炉设备电气控制电路完成以下任务：

（1）分析锅炉设备电气控制系统中电动机的降压启动原理；

（2）分析炉排电动机、二次风机电动机和除渣电动机的控制电路。

项目 5
电气控制工程设计与实施

项目描述

电气控制设计包括电气原理图与工艺设计两个方面。电气原理图设计是为满足生产机械及其工艺要求而进行的电气控制系统设计，电气工艺设计是为满足电气控制系统装置本身的制造、使用、运行以及维修的需要而进行的生产工艺设计，包括机箱（柜）体设计、布线工艺设计、保护环节设计、维修工艺设计等。

电气控制系统的安装、调试与检修是电气控制系统实施和正常运行的重要保证，在安装、调试与检修过程中应讲究方法，注重安全和可靠性等问题。

项目分析

根据工程实践，对本项目配置了 3 个学习任务，分别是：

任务 5.1　继电器-接触器控制系统电路设计；

任务 5.2　继电器-接触器控制系统电路安装；

任务 5.3　继电器-接触器系统调试与检修。

任务 5.1　继电器-接触器控制系统电路设计

任 务 描 述

智能建筑中电气控制设备越来越多，各类控制线路得到了广泛应用。作为电气工程技术人员，需要掌握一定的电气控制线路设计知识，懂得电气设计基本原则、基本内容和基本方法。本任务的学习目标：

（1）理解电气控制线路设计的原则；

（2）掌握电气控制线路设计的方法；

（3）熟悉拖动方案和控制方案的确定原则。

任 务 信 息

5.1.1　电气控制设计主要内容

电气控制设计包括电气原理图设计与工艺设计两个方面。

电气原理图设计的质量决定着电气设备的实用性、先进性和自动化程度的高低，是电气控制系统设计的核心。电气工艺设计决定着电气控制设备的制造、使用、维修等的可行性，直接影响电气原理图设计的性能目标及经济技术指标的实现。

电气设计的基本任务是根据控制要求设计和编制出设备制造和使用维修过程中所必须的图纸、资料，包括总图、系统图、电气原理图、总装配图、部件装配图、电器元器件布置图、电气安装接线图、电气箱（柜）制造工艺图、控制面板及电器元件安装底板、非标准件加工图等，编制外购器件目录、单台材料消耗清单、设备使用维修说明书等资料。

电气控制系统的设计中，设计规则和方法是有一定规律可循的，这些原则、方法和规律是人们通过长期的实践而总结和发展的。作为电气工程技术人员，必须掌握这些基本原则、规则和方法，并通过工作实践取得较丰富的实践经验后才能做出满意的工程设计。同时，任何电气控制系统功能的实现主要依靠电气控制系统的正常运行，相反，电气控制系统的非正常运行将会造成事故甚至重大的经济损失。任何一项工程设计的成功与否必须经过安装和运行才能证明，而设计者也只能从安装和运行的结果来验证设计工作，一旦发生严重错误，必将付出代价。因此，保证电气控制系统的正常运行的首要条件取决于严谨而正确的设计，总体设计方案和主要设备的选择应正确、可靠、安全及稳定，无安全隐患。

完整的设计程序一般包括初步设计、技术设计和施工图设计三个阶段。初步设计完成后经过技术审查、标准化审查、技术经济指标分析等工作后，才能进入技术设计和施工图设计阶段。但对于比较简单的设计，可以直接开展技术设计工作。

5.1.2　电气控制系统的设计原则及注意问题

（1）最大限度满足电气设备对电控系统的要求。

首先对设备工作情况作全面了解，深入现场调研，收集资料，结合技术人员及现场操作人员经验，作为设计基础。

（2）在满足电控系统要求的前提下，力求使控制线路简单、经济。

① 尽量选用标准电器元件，减少电器元件数量，选用同型号电器元件以减少备用品数量。

② 尽量选用标准的、常用的或经过实践考验的典型环节或基本电控线路。

③ 尽量减少不必要的触头，以简化线路。在满足工艺要求前提下，元件越少，触头数量越少，线路越简单，可提高工作可靠性，降低故障率。

④ 尽量缩短连接导线的数量和长度。设计时，应根据实际情况，合理考虑并安排电气设备和元件的位置及实际连线，使连接导线数量最少，长度最短。

⑤ 线路工作时，除必要的电器元件必须通电外，其余尽量不通电以节约电能。

（3）保证电控线路工作可靠，最主要的是选择可靠的电器元件。

（4）线路应能适应所在电网的情况，并据此决定电动机启动方式是直接启动还是间接启动。

（5）应充分考虑继电器触头的接通和分断能力。若要增加接通能力，可用多触头并联；若要增加分断能力，可用多触头串联。

（6）保证电控线路工作的安全性。

应有完善的保护环节，保证设备安全运行。常用有短路、过流、过载、失压、弱磁、超速、极限保护等。

① 短路保护。

强大的短路电流容易引起各种电气设备和元件的绝缘损坏及机械损坏。因此，短路时应迅速可靠地切断电源。

② 过电流保护。

不正确的启动和过大的负载会引起电动机很大的过电流，频繁的过电流会造成电动机过热，影响电动机寿命。

过大的冲击负载引起电动机过大的冲击电流，损坏电动机换向器；过大的电动机转矩使生产机械的机械传动部分受到损坏。

③ 过载保护。

电动机长期过载运行，其绕组温升将超过允许值，损坏电动机。

④ 失压保护。

防止电压恢复时电动机自行启动的保护称为失压保护。

⑤ 弱磁保护。

直流并励电动机、复励电动机在励磁减弱或消失时，会引起电动机"飞车"，必须加弱磁保护。采用弱磁继电器，吸合电流一般为额定励磁电流的 0.8 倍。

⑥ 极限保护。

对直线运动的电气设备常设极限保护，如上下极限、前后极限等，常用行程开关的常闭触头来实现.

⑦ 断相保护。

异步电动机在正常运行中，由于电网故障或一相熔断器熔断引起对称三相电源缺少一相，电动机将在缺相电源中低速运转或堵转，定子电流很大，是造成电动机绝缘及绕组烧损的常见故障之一。

⑧ 其他保护。

根据实际情况设置，如温度、水位、欠压等保护环节。

（7）应使操作、维护、检修方便。

具体安装与配线时，电器元件应留备用触头，必要时留备用元件；为检修方便，应设置电气隔离，避免带电检修；为调试方便，控制应简单，能迅速实现从一种方式到另一种方式的转换。

5.1.3　电气控制线路设计的基本程序

1. 拟定设计任务书

设计任务书是整个系统设计的依据。拟定时，应聚集电气、机械工艺、机械结构三方面设计人员，根据机械设备总体技术要求共同商讨。

任务书应简要说明所设计设备的型号、用途、工艺过程、技术性能、传动要求、工作条件、使用环境等。还应说明：控制精度，生产效率要求；有关电力拖动的基本特性，如电动机的数量、用途、负载特性、调速范围以及对反向、启动和制动的要求等；用户供电系统的电源种类，电压等级、频率及容量等要求；有关电气控制的特性，如自动控制的电气保护、连锁条件、动作程序等；其他要求，如主要电气设备的布置草图、照明、信号指示、报警方式等；目标成本及经费限额；验收标准及方式。

2. 电力拖动方案选择

根据生产工艺要求，生产机械结构，运动部件数量、运动要求、负载特性、调速要求以及投资额等条件，确定电动机的类型、数量、拖动方式，拟定电动机的启动、运行、调速、转向、制动等控制要求。作为电气原理图设计及电器元件选择的依据。

根据拖动方案，选择电动机的类型、数量、结构形式以及容量、额定电压、额定转速等。电动机选择基本原则如下。

（1）电动机机械特性应满足生产机械要求，与负载特性相适应，保证运行稳定性，有一定调速范围与良好的启动、制动性能。

（2）结构形式应满足设计提出的安装要求，适应周围环境。

（3）根据负载和工作方式，正确选择电动机容量：对于恒定负载长期工作制的电动机，应保证电动机额定功率等于或大于负载所需功率；对于变动负载长期工作制电动机，应保证负载变到最大时，电动机仍能给出所需功率，而电动机温升不超过允许值；对于短时工作制电动机，应按照电动机过载能力来选择；对于重复短时工作制电动机，原则上可按电动机在一个工作循环内的平均功耗来选择；电动机电压应根据使用地点的电源电压来决定；在无特殊要求的场合，一般采用交流电动机。

3. 电气控制方案的确定

电气控制方案制定原则如下。

（1）自动化程度与实际情况相适应。

（2）控制方式应与设备的通用及专用化相适应。对工作程序固定的专用设备，可采用继电器-接触器控制系统；对要求较复杂的控制对象或要求经常变换工序和加工对象的设备，可采用可编程控制器控制系统。

（3）控制方式随控制过程的复杂程度而变化。根据控制要求及控制过程的复杂程度，可采用分散控制或集中控制方案，但各单机的控制方式和基本控制环节应尽量一致，以简化设计和制造过程。

（4）控制系统的工作方式，应在经济、安全的前提下最大限度地满足工艺要求。控制方案选择还应考虑采用自动、半自动循环，工序变更、连锁、安全保护、故障诊断、信号指示、照明等。

4. 设计电气原理图

设计电气原理图并合理选择元器件，编制元器件目录清单。

5. 施工图设计

设计制造、安装、调试所必需的各种施工图纸，并以此为依据编制各种材料定额清单。

6. 编写说明书

常用电气控制线路设计方法有经验设计法和逻辑设计法。

5.1.4 电气控制线路经验设计法

1. 经验设计法的基本步骤

经验设计法又称为一般设计法、分析设计法。根据生产机械工艺要求和生产过程，选择适当的基本环节（单元电路）或典型电路综合而成。要求设计人员必须熟悉和掌握大量的基本环节和典型电路，具有丰富的实际设计经验。适用于不太复杂的（继电接触式）电气控制线路设计。

（1）主电路设计：主要考虑电动机的启动、点动、正反转、制动和调速。

（2）控制电路设计：包括基本控制线路和特殊部分的设计，以及选择控制参量和确定控制原则。

（3）连接各单元环节：构成满足整机生产工艺要求的控制电路。

（4）连锁保护环节设计：主要考虑如何完善整个控制线路的设计，包含各种连锁环节以及短路、过载、过流、失压等保护。

（5）线路的综合审查：反复审查所设计的线路是否满足设计原则和生产工艺要求。在条件允许的情况下进行模拟实验，逐步完善设计，直至满足要求。

2. 基本方法

（1）根据生产机械工艺要求和工作过程，适当选用已有典型基本环节，将它们有机地组合起来，加以适当补充和修改，综合成所需线路。

（2）若无合适的典型环节，则根据机械工艺要求和生产过程自行设计，边分析边画图，将输入主令信号适当转换，得到执行元件所需的工作信号。随时增减电器元件和触头，满足给定的工作条件。

5.1.5 电气控制线路逻辑设计法

逻辑分析设计方法又称逻辑设计法。逻辑设计法是根据生产工艺的要求，利用逻辑代数来分析、化简、设计线路的方法。这种设计方法能够确定实现一个开关量自动控制线路的逻辑功能所必需的、最少的中间记忆元件（中间继电器）的数目，然后有选择地设置中间记忆元件，以达到使逻辑电路最简单的目的。逻辑设计法比较科学，设计的线路比较简化、合理。但是当设计的控制线路比较复杂时，这种方法显得十分烦琐，工作量也大，而且容易出错。所以它一般适用于简单的系统设计。但是将一个较大的、功能较为复杂的控制系统分为若干个互相联系的控制单元，用逻辑设计的方法先完成每个单元控制线路的设计，然后再用经验设计法把这些单元组合起来，各取所长，也是一种简捷的设计方法。可以获得理想经济的方案，所用元件数量少，各元件能充分发挥作用，当给定条件变化时，容易找出电路相应变化的内在规律，在设计复杂控制线路时更能显示出它的优点。

逻辑设计方法是利用逻辑代数这一数学工具来实现电路设计的，即根据生产工艺要求，将执行元件需要的工作信号以及主令电器的接通断开看成逻辑变量，并根据控制要求将它们之间的控制关系用逻辑函数关系式来表达，然后再运用逻辑函数基本公式和运算规律进行简化，使之成为需要的最简"与"、"或"关系式，根据最简式画出相应的电路结构图，最后进一步地检查和完善，即能获得需要的控制线路。

任何控制线路、控制对象与控制条件之间都可以用逻辑函数式来表示，所以逻辑设计法不仅可以进行线路设计，而且也可以进行线路简化和分析。利用逻辑分析法读图的优点是各控制元件的关系能一目了然，不会读错和遗漏。

1. 继电器-接触器控制线路的逻辑函数

在继电器逻辑控制系统中，其控制线路中的开关量符合逻辑规律，可用逻辑函数关系式来表示。在逻辑函数中，我们将执行元件作为输出变量，将检测信号、中间单元触头及输出变量的反馈触头等作为逻辑输入变量。再根据各触头之间连接关系和状态，就可列出逻辑函数关系式。

两种电动机启、停、自锁电路结构如图 5-1-1 所示。

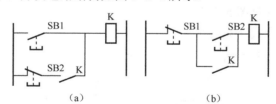

图 5-1-1　两种电动机启、停、自锁电路结构

按规定，常开触头以正逻辑表示，而常闭触头以反逻辑（逻辑"非"）表示。图中，SB1 为启动信号（开起），SB2 为停止信号（关断），接触器的常开触头 K 为自锁（保持）信号。按图 5-1-1（a）可列出逻辑函数式为

$$f_{k(a)} = SB1 + \overline{SB2} \cdot K$$

其一般形式

$$f_{k(a)} = X_1 + X_0 \cdot K$$

式中　X_1——开起信号；
　　　X_0——关断信号；

K——自锁信号。

按图 5-1-1（b），可列出逻辑函数为

$$f_{k(b)} = \overline{SB1}(SB2 + K)$$

其一般形式

$$f_{k(b)} = X0(X1 + K)$$

X1 应选取在输出变量开启边界线上发生状态转变的输入变量，若这个输入变量的元件状态是由"0"转换到"1"，则选取原变量（常开触头）形式；若是由"1"转换到"0"，则选取反变量（常闭触头）形式。

X0 应选取在输出变量关闭边界线上发生状态转变的输入变量，若这个输入变量的元件状态是由"1"转换到"0"，则选取原变量（常闭触头）形式；若是由"0"转换到"1"，则选取其反变量（常开触头）形式。

2. 逻辑设计法进行线路设计的基本步骤

根据生产工艺列出工作流程图→列出元件动作状态表→写出执行元件的逻辑表达式→根据逻辑表达式绘制控制线路图→完善并校验线路。

逻辑设计法掌握起来较难，适用于复杂控制线路的设计，对于一般的控制线路，经验设计法更为方便迅捷。

任 务 实 施

1. 电气控制系统的设计原则及注意问题

1）减少触头数量

在满足工艺要求前提下，元件越少，触头数量越少，线路越简单，可提高工作可靠性，降低故障率。常用减少触头数目的方法如下。

（1）合并同类触头（见图 5-1-2）。

（2）利用转换触头方式（见图 5-1-3）。

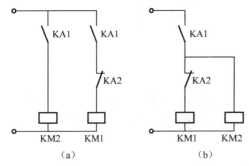
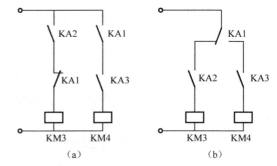

图 5-1-2　合并同类触头　　　　图 5-1-3　具有转换触头的中间继电器的应用

（3）利用二极管的单向导电性减少触头数目（见图 5-1-4）。

（4）利用逻辑代数的方法减少触头数目（见图 5-1-5）。

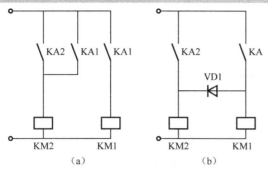

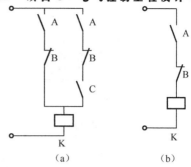

图 5-1-4　利用二极管简化控制电路　　　图 5-1-5　利用逻辑代数减少触头

2）尽量缩短连接导线的数量和长度

缩短连接导线的数量和长度，对降低制造成本和降低故障率有重要作用。

图 5-1-6 中，图（a）接线不合理，从电气柜到操作台需 4 根导线。图（b）接线合理，从电气柜到操作台只需 3 根导线。

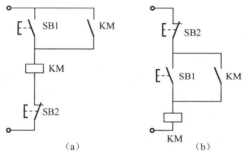

图 5-1-6　线路的合理连接

注意：同一电器的不同触头在线路中应尽可能具有公共连接线，以减少导线段数和缩短导线长度，如图 5-1-7 所示。

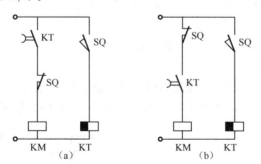

图 5-1-7　节省连接导线的方法

3）减少通电电器元件

如图 5-1-8（a）所示，电路降压启动，经过时间继电器 KT 延时后，电路进入全压运行，但 KM1 和 KM2 都一直带电工作；改成如图 5-1-8（b）线路后，电路降压启动后，当电路进入全压运行时，只有 KM2 带电工作，KM1 停止工作，从而减少了能耗和故障隐患点。

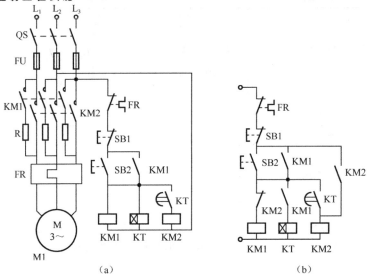

图 5-1-8　减少通电电器的线路

4）正确连接电器元件

（1）正确连接电器元件的触头。

同一电器元件的常开和常闭触头靠得很近，如果分别接在电源不同相上，当触头断开产生电弧时，可能会在两触头间形成飞弧从而造成电源短路。

图 5-1-9（a）中 SQ 的接法错误，应改成图 5-1-9（b）形式。因为 SQ 的图（b）接法它的常开和常闭触头是等电位的不致产生电弧，而图（a）接法常开和常闭触头是不等电位的而致产生电弧。

（2）正确连接电器线圈。

在交流线路中，即使外加电压是两个线圈额定电压之和，也不允许两个电器元件的线圈串联，如图 5-1-10（a）所示。若需两个电器同时工作，其线圈应并联连接，如图 5-1-10（b）所示。

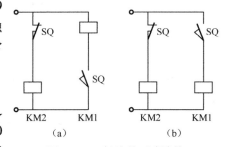

图 5-1-9　触头的正确连接

两电感量相差悬殊的直流电压线圈不能直接并联，如图 5-1-11（a）所示。解决办法：在 KA 线圈电路中单独串接 KM 的常开触头，如图 5-1-11（b）所示。

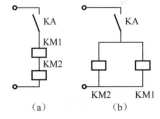

图 5-1-10　线圈的正确连接

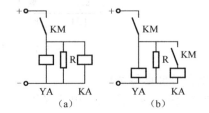

图 5-1-11　电磁铁与继电器线圈的连接

（3）避免出现寄生电路。

线路工作时发生意外接通的电路称为寄生电路。寄生电路破坏电器元件和控制线路的

工作顺序或造成误动作，如图 5-1-12（a）所示。解决办法：将指示灯与其相应的接触器线圈并联，如图 5-1-12（b）所示。

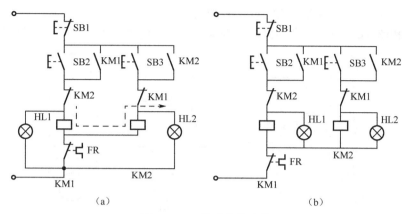

（a）　　　　　　　　　　　　　　　（b）

图 5-1-12　防止寄生电路

（4）应尽量避免许多电器依次动作才能接通另一电器的现象。

（5）在可逆线路中，正反向接触器间要有电气连锁和机械连锁。

5）保证电控线路工作的安全性

（1）短路保护。

采用熔断器作短路保护的电路见图 5-1-13，也可用断路器（自动开关，兼有过载保护功能）。

（2）过电流保护。

采用过电流继电器的保护电路见图 5-1-14（a），继电器动作值一般整定为电动机启动电流的 1.2 倍。

用于笼型异步电动机直接启动的过流保护见图 5-1-14（b）。笼型异步电动机三相电流平衡，可以用单相过电流整定保护代替，若是大电流可通过电流互感器 TA 变流后与 KA 串接，考虑到 TA 不能短路，所以增加了 KT 时间继电器的控制。

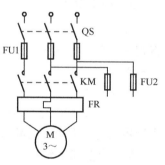

图 5-1-13　熔断器短路保护

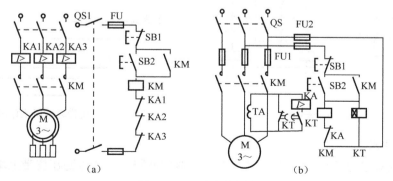

（a）　　　　　　　　　　　　　　（b）

图 5-1-14　过电流保护

（3）过载保护。

多采用具有反时限特性的热继电器进行保护，同时装有熔断器或过流继电器配合使用，如图 5-1-15 所示。

图（a）适于三相均衡过载的保护；图（b）适于任一相断线或三相均衡过载的保护；图（c）为三相保护，能可靠地保护电动机的各种过载。

图（b）和图（c）中，如电动机定子绕组为三角形连接，应采用差动式热继电器。

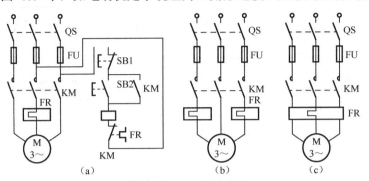

图 5-1-15　过载保护

（4）失压保护。

通过并联在启动按钮上接触器的常开触头（见图 5-1-16（a））或通过并联在主令控制器的零位常开触头上的零压继电器的常开触头（见图 5-1-16（b））来实现失压保护。

2. 经验设计法

以皮带运输机为例，一种连续平移运输机械，常用于粮库、矿山等的生产流水线上，将粮食、矿石等从一个地方运到另一个地方。一般由多条皮带机组成，可以改变运输的方向和斜度。

属长期工作制，不需调速，无特殊要求，也不需反转。拖动电机多采用笼型异步电动机。若考虑事故情况下可能有重载启动，要求启动转矩大，可由双笼型异步电动机或绕线型异步电动机拖动，也可二者配合使用。

以三条皮带运输机为例，见图 5-1-17。

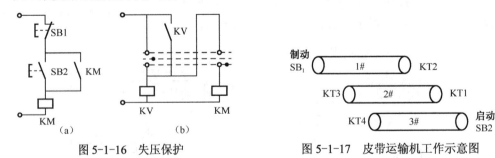

图 5-1-16　失压保护　　　　图 5-1-17　皮带运输机工作示意图

1）工艺要求

（1）启动顺序为 3#、2#、1#，并要有一定时间间隔，以免货物在皮带上堆积，造成后面皮带重载启动。

（2）停车顺序为 1#、2#、3#，保证停车后皮带上不残存货物。

（3）不论 2#或 3#哪一个出故障，1#必须停车，以免继续进料，造成货物堆积。

（4）必要的保护。

2）主电路设计

三条皮带分别由三台电动机拖动，均采用笼型异步电动机。由于电网容量足够大，且三台电动机不同时启动，故采用直接启动。由于不经常启动、制动，对于制动时间和停车准确度也无特殊要求，制动时采用自由停车。

三台电动机都用熔断器作短路保护，用热继电器作过载保护。由此，设计出主电路如图 5-1-18 所示。

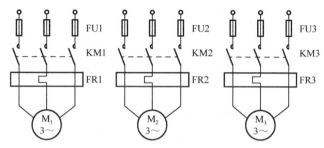

图 5-1-18 皮带运输机主电路图

3）基本控制电路设计

三台电动机由三个接触器控制启、停。启动顺序为 3#、2#、1#，可用 3#接触器的常开（动合）触头控制 2#接触器线圈，用 2#接触器常开触头控制 1#接触器线圈。制动顺序为1#、2#、3#，用 1#接触器常开触头与控制 2#接触器的常闭（动断）按钮并联，用 2#接触器常开触头与控制 3#接触器的常闭按钮并联。基本控制线路如图 5-1-19 所示。

可见，只有 KM3 动作后，按下 SB3，KM2 线圈才能通电动作，然后按下 SB1，KM1线圈通电动作，实现了电动机的顺序启动。

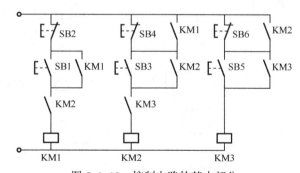

图 5-1-19 控制电路的基本部分

同理，只有 KM1 断电释放，按下 SB4，KM2 线圈才能断电，然后按下 SB6，KM3 线圈断电，实现电动机的顺序停车。

4）控制线路特殊部分设计

为实现自动控制，皮带运输机启动和停车可用行程参量或时间参量控制。由于皮带是回转运动，检测行程比较困难，而用时间参量比较方便。所以，以时间为变化参量，利用时间继电器作输出器件的控制信号。以通电延时的常开触头作启动信号，以断电延时的常开触头作停车信号。为使三条皮带自动按顺序工作，采用中间继电器KA，线路如图 5-1-20 所示。

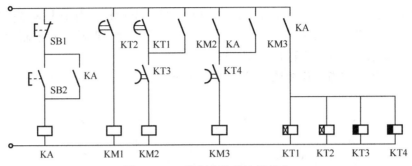

图 5-1-20 控制电路的连锁部分

5）设计连锁保护环节

分析：按下 SB1 发出停车指令时，KT1、KT2、KA 同时断电，KA 常开触头瞬时断开，KM2、KM3 若不加自锁，则 KT3、KT4 的延时将不起作用，KM2、KM3 线圈将瞬时断电，电动机不能按顺序停车，所以需加自锁环节。三个热继电器的保护触头均串联在 KA 线圈电路中，无论哪一号皮带机过载，都能按 1#、2#、3#顺序停车。线路失压保护由 KA 实现。

6）线路综合审查

完整的电路图如图 5-1-21 所示，线路工作过程如下。

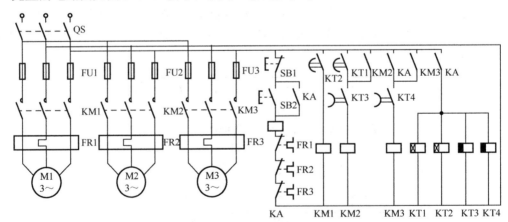

图 5-1-21 完整的电路图

按下启动按钮 SB2，KA 通电吸合并自锁，KA 常开触头闭合，接通 KT1～KT4，其中 KT1、KT2 为通电延时型，KT3、KT4 为断电延时型，KT3、KT4 的常开触头立即闭合，为 KM2 和 KM3 的线圈通电准备条件。KA 另一个常开触头闭合，与 KT4 一起接通 KM3，电动机 M3 首先启动，经一段时间，达到 KT1 的整定时间，则 KT1 的常开触头闭合，使 KM2 通电吸合，电动机 M2 启动，再经一段时间，达到 KT2 的整定时间，则 KT2 的常开触头闭合，使 KM1 通电吸合，电动机 M1 启动。

按下停止按钮 SB1，KA 断电释放，4 个时间继电器同时断电，KT1、KT2 常开触头立

即断开，KM1 失电，电动机 M1 停车。由于 KM2 自锁，所以只有达到 KT3 的整定时间，KT3 才断开，使 KM2 断电，电动机 M2 停车，最后达到 KT4 的整定时间，KT4 的常开触头断开，使 KM3 线圈断电，电动机 M3 停车。

任 务 总 结

本任务较为全面地介绍了电气控制系统的设计原则及基本程序、电气控制线路的设计方法等。不仅要掌握以上的内容，还需要在工程设计中熟练应用这些原则和方法。只有多实践，才能在设计工作中得心应手。当然，设计的成败还需实践的检验。

效 果 测 评

某生产设备使用一台电动机，其额定功率为 5 kW、额定电压为 380 V、额定电流为 12.5 A。启动电流是额定电流的 6 倍，现用按钮进行启动和停止控制，试设计控制电路。

（1）要求有短路保护和过载保护。

（2）选用接触器、按钮、熔断器、热继电器、电源开关等电器的型号和规格。

任务 5.2　继电器-接触器控制系统电路安装

任 务 描 述

本任务主要学习控制线路的安装要求、工艺规范和技术准备。能够认识到正确合理地安装低压电器是电气系统安全运行、可靠工作的保证。本任务的学习目标：

（1）理解控制线路的安装要求和相关原则；

（2）掌握常用低压电器安装要求；

（3）熟悉控制线路的技术准备。

任 务 信 息

5.2.1　控制线路的安装要求和相关原则

控制线路安装必须严格遵循《电气装置安装工程低压电器施工及验收规范》的有关规定，按照有关施工工艺标准实施。

该规范是强制性国家标准，内容包括总则，一般规定，低压断路器，低压隔离开关、刀开关、转换开关及熔断器组合电器，住宅电器、漏电保护器及消防电气设备，控制器、继电器及行程开关，电阻器及变阻器，电磁铁，熔断器，工程交接验收。

在控制线路安装工程中，还将涉及《建筑电气工程施工质量验收规范》等国家标准，必须遵照执行。

1. 电气控制设备各部分及组件之间的接线方式

电气控制设备各部分及组件之间的接线方式一般遵循以下原则。

（1）开关电器板、控制板的进出线一般采用接线端头或接线鼻子连接，按电流大小及进出线数选用不同规格的接线端头或接线鼻子。

（2）电气柜（箱）、控制箱、柜（台）之间以及它们与被控制设备之间，采用接线端子排或工业连接器连接。

（3）弱电控制组件、印制电路板组件之间应采用各种类型的标准接插件连接。

（4）电气柜（箱）、控制箱、柜（台）内的元件之间的连接可以借用元件本身的接线端子直接连接，过渡连接线应采用端子排过渡连接，端头应采用相应规格的接线端子处理。

2. 电器元件布置图的设计与绘制

电器元件布置图是某些电器元件按一定原则的组合。电器元件布置图的设计依据是部件原理图、组件的划分等，应遵循以下原则。

（1）同一组件中电器元件的布置应注意将体积大和较重的电器元件安装在电器板的下面，而发热元件应安装在电气箱（柜）的上部或后部，但热继电器宜放在其下部，因为热继电器的出线端直接与电动机相连便于出线，而其进线端与接触器直接相连接，便于接线并走线最短。

（2）强电弱电分开并注意屏蔽。

（3）需要经常维护、检修、调整的电器元件安装位置不宜过高或过低，人力操作开关及需经常监视的仪表的安装位置应符合人体工学原理。

（4）电器元件的布置应考虑安全间隙，并做到整齐、美观、对称，外形尺寸与结构类似的电器安放在一起，以利加工、安装和配线。若采用行线槽配线方式，应适当加大各排电器间距，以利布线和维护。

（5）各电器元件的位置确定以后，便可绘制电器布置图。布置图是根据电器元件的外形轮廓绘制的，以其轴线为准，标出各元件的间距尺寸。每个电器元件的安装尺寸及其公差范围，应按产品说明书的标准标注，以保证安装板的加工质量及各电器的顺利安装。大型电气柜中的电器元件，宜安装在两个安装横梁之间，这样一方面可减轻柜体重量，节约材料，另一方面便于安装，设计时还应计算纵向安装尺寸。

（6）在电器布置图设计中，还要根据本部件进出线的数量、采用导线规格及进出线位置等，选择进出线方式及接线端子排、连接器或接插件，按一定顺序标上进出线的接线号。

5.2.2 常用低压电器安装

1. 低压断路器安装

（1）低压断路器安装前的检查应符合下列要求，以保证一次试运行成功。

① 衔铁工作面上的油污应擦净，防止衔铁表面粘上灰尘等杂质，动作时将出现缝隙，产生响声。

② 触头闭合、断开过程中，可动部分与灭弧室的零件不应有卡阻现象。

③ 各触头的接触平面平整；开合顺序、动静触头分闸距离等，应符合设计要求或产品技术文件的规定。

④ 受潮的灭弧室，安装前应烘干，烘干时应监测温度，将灭弧室的温度控制在不使灭弧室变形为原则。

（2）低压断路器的安装应符合下列要求。

① 低压断路器的安装应符合产品技术文件的规定；当无明确规定时宜垂直安装，其倾

斜度不应大于 50°，近年来由于低压断路器性能的改善，在某些场合有横水平安装的，如直流快速断路器等。

② 低压断路器与熔断器配合使用时，熔断器应安装在电源侧。熔断器安装在电源侧主要是为了检修方便，当断路器检修时不必将母线停电，只需将熔断器拔掉即可。

③ 由于低压断路器操作机构的功能和操作速度直接与触头的闭合速度有关，因此脱扣装置也比较复杂。低压断路器操作机构的安装要求：操作手柄或传动杠杆的开、合位置应正确，操作力不应大于产品的规定值；电动操作机构接线应正确，在合闸过程中，开关不应跳跃。开关合闸后，限制电动机或电磁铁通电时间的连锁装置应及时动作；电动机或电磁铁通电时间不应超过产品的规定值；开关辅助接点动作应正确可靠，接触应良好；抽屉式断路器的工作、试验、隔离三个位置的定位应明显，并应符合产品技术文件的规定；抽屉式断路器空载时进行抽、拉数次应无卡阻，机械连锁应可靠。

（3）低压断路器的接线应符合下列要求。

① 裸露在箱体外部且易触及的导线端子，应加绝缘保护。塑料外壳断路器在盘、柜外单独安装时，由于接线端子裸露在外部且很不安全，为此应在露出的端子部位包缠绝缘带或加绝缘保护罩作为保护。

② 有半导体脱扣装置的低压断路器，其接线应符合相序要求，脱扣装置的动作应可靠。可用试验按钮检查动作情况并做相序匹配调整，必要时应采取抗干扰措施确保脱扣器不误动作。

（4）直流快速断路器的安装、调整和试验除执行上面有关规定外，尚应符合下列专门要求。

① 安装时应防止断路器倾倒、碰撞和激烈震动。由于直流断路器较重，吸合时动作力较大，基础槽钢与底座间应按设计要求采取防震措施。

② 断路器极间中心距离及与相邻设备或建筑物的距离不应小于 500 mm。当不能满足要求时，应加装高度不小于单极开关总高度的隔弧板。直流快速断路器在整流装置中作为短路、过载和逆流保护用的场合较多，为了安装的需要，根据产品技术说明书及原规范（GJB232—82）的规定，应对距离作要求。

直流快速断路器弧焰喷射范围大，为此在断路器上方应有安全隔离措施，无法达到时，则在 3 000 A 以下断路器的灭弧室上方 200 mm 处加装隔弧板；3 000 A 及以上在上方 500 mm 处加装隔弧板。

③ 灭弧室内绝缘衬件应完好，电弧通道应畅通。

④ 触头的压力、间距、分断时间及主触头调整后灭弧室支持螺杆与触头间的绝缘电阻，应符合产品技术文件要求。

⑤ 直流快速断路器的接线容易出错，造成断路器误动作或拒绝动作，安装时应注意符合要求：与母线连接时，出线端子不应承受附加应力；母线支点与断路器之间的距离不应小于 1 000 mm；当触头及线圈标有正负极性时，其接线应与主回路极性一致；配线时应使控制线与主回路分开。

直流快速断路器调整和试验，应符合下列要求：轴承转动应灵活，并应涂以润滑剂；衔铁的吸合动作应均匀；灭弧触头与主触头的动作顺序应正确；安装后应按产品技术文件要求进行交流工频耐压试验，不得有击穿、闪络现象；脱扣装置应按设计要求进行整定值校验，在短路或模拟短路情况下合闸时，脱扣装置应能立即脱扣。

2. 低压接触器及电动机启动器的安装

（1）低压接触器及电动机启动器安装前的检查应符合下列要求。

① 制造厂为了防止铁芯生锈，出厂时在接触器或启动器等电磁铁的铁芯面上涂以较稠的防锈油脂，安装前应做到衔铁表面无锈斑、油垢；接触面应平整、清洁，以免油垢黏住而造成接触器在断电后仍不返回。同时可动部分应灵活无卡阻；灭弧罩之间应有间隙；灭弧罩的方向应正确。

② 触头的接触应紧密，固定主触头的触头杆应固定可靠。

③ 当带有常闭触头的接触器与磁力启动器闭合时，应先断开常闭触头，后接通主触头，当断开时应先断开主触头，后接通常闭触头，且三相主触头的动作应一致，其误差应符合产品技术文件的要求。

④ 电磁启动器热元件的规格应与电动机的保护特性（反时限允许过载特性）相匹配。热继电器的电流调节指示位置应调整在电动机的额定电流值上，并应按设计要求进行定值校验。

每个热继电器出厂试验时都进行刻度值校验，一般只做三点：最大值、最小值、中间值，为此当热继电器作为电动机过载保护时用户不需逐个进行校验，只需按比例调到合适位置即可。当作为重要设备或机组保护时，对热继电器的可靠性、准确性要求较高，按比例调到合适位置难免有误差，这时可根据设计要求进行定值校验。

⑤ 低压接触器和电动机启动器安装完毕后，应检查接线情况，确保接线正确。

在主触头不带电的情况下，主触头动作正常，衔铁吸合后应无异常响声。启动线圈应间断通电，以防止合闸瞬间线圈电流过大。

（2）真空接触器目前已普遍采用，根据产品说明，真空接触器安装前应进行下列检查。

① 可动衔铁及拉杆动作应灵活可靠、无卡阻。

② 辅助触夹应随绝缘摇臂的动作可靠动作，且触头接触应良好。

③ 按产品接线图检查内部接线应正确。

对新安装和新更换的真空开关管要事先检查其真空度，采用工频耐压法检查真空开关管的真空度，应符合产品技术文件的规定。

真空接触器接线应按出厂接线图接外接导线，符合产品技术文件的规定；接地应可靠，可接在固定接地极或地脚螺栓上。

可逆启动器或接触器，电气连锁装置和机械连锁装置的动作均应正确、可靠。防止正反向同时动作，同时吸合将会造成电源短路，烧毁电器及设备。

（3）星-三角启动器的检查、调整，应符合下列要求。

① 启动器的接线应正确；电动机定子绕组正常工作应为三角形接线。

② 手动操作的星-三角启动器，应在电动机转速接近运行转速时进行切换；自动转换的启动器应按电动机负荷要求正确调节延时装置。

（4）自耦减压启动器的安装、调整应符合下列要求。

① 启动器应垂直安装。

② 油浸式启动器的油面不得低于标定油面线。

③ 减压抽头在 65%～80%额定电压下，应按负荷要求进行调整；启动时间不得超过自耦减压启动器允许的启动时间。

④ 自耦减压启动器出厂时，其变压器抽头一般接在 65%额定电压的抽头上，当轻载启动时，可不必改接；如重载启动，则应将抽头改接在 80%位置上。

用自耦降压启动时，电动机的启动电流一般不超过额定电流 3～4 倍，最大启动时间（包括一次或连续累计数）不超过 2 min，超过 2 min 按产品规定应冷却 4 h 后方能再次启动。

（5）手动操作的启动器，触头压力应符合产品技术文件规定，操作应灵活。

（6）电磁式、气动式等接触器和启动器均应进行通断检查：检查接触器或启动器在正常工作状态下加力使主触头闭合后，接触器、启动器工作是否正常，否则应及时处理。用于重要设备的接触器或启动器还应检查其启动值，并应符合产品技术文件的规定，以确保这些接触器、启动器正常工作，保证重要设备可靠运行。

（7）变阻式启动器的变阻器安装后，应检查其电阻切换程序、触头压力、灭弧装置及启动值，并应符合设计要求或产品技术文件的规定，防止电动机在启动过程中定子或转子开路，影响电动机正常启动。

3. 控制器和主令控制器安装

（1）控制器的工作电压应与供电电源电压相符，有些系列主令控制器适用于交流，不能代替直流控制器使用，为此应检查控制器的工作电压，以免误用。

（2）凸轮控制器及主令控制器应安装在便于观察和操作的位置上。操作手柄或手轮的安装高度宜为 800～1 200 mm，以便操作和观察，但在实际安装工程也有少数例外。

（3）控制器的工作特点是操作次数频繁、挡位多。例如 KTJ 系列交流凸轮控制器的额定操作频率为 600 次/h，LK18 系列主令控制器的额定操作频率为 1 200 次/h，因此，控制器安装应做到操作灵活，挡位明显、准确。带有零位自锁装置的操作手柄，应能正常工作，安装完毕后应检查自锁装置能正常工作。

（4）操作手柄或手轮的动作方向宜与机械装置的动作方向一致；操作手柄或手轮在各个不同位置时，其触头的分合顺序均应符合控制器的开、合图表的要求，通电后应按相应的凸轮控制器件的位置检查电动机，并应运行正常。为使控制对象能正常工作，应在安装完毕后检查控制器的操作手柄或手轮在不同位置时控制器触头分、合的顺序，应符合控制器的接线图，并在初次带电时再一次检查电动机的转向、速度应与控制操作手柄位置一致，且符合工艺要求。

（5）控制器触头压力均匀，触头超行程不应小于产品技术文件的规定。凸轮控制器主触头的灭弧装置应完好。触头压力、超行程是保证可靠接触的主要参数，但它们因控制器的容量不同而各有差异。而且随着控制器本身质量不断提高，其触头压力一般不会有多大变化。为此只要求压力均匀（用手检查）即可，除有特殊要求外，不必测定触头压力，但要求触头超行程不小于产品技术条件的规定。

（6）控制器的转动部分及齿轮减速机构应润滑良好，目的是使各转动部件正常工作，减少磨损，延长使用年限，故在控制器初次投入运行时，应对这些部件的润滑情况加以检查。

4. 继电器安装

继电器安装前的检查应符合下列要求。

（1）可动部分动作应灵活、可靠。

（2）表面污垢和铁芯表面防腐剂应清除干净。

5. 按钮的安装

（1）按钮之间的距离宜为 50～80 mm，按钮箱之间的距离宜为 50～100 mm；当倾斜安装时，其与水平的倾斜角不宜小于 30°。

（2）按钮操作应灵活、可靠、无卡阻。

（3）集中在一起安装的按钮应有编号或不同的识别标志，"紧急"按钮应有明显标志，并设保护罩。

6. 行程开关的安装、调整

由于行程开关种类很多，以下为一般常用的行程开关有共性的基本安装要求。

（1）安装位置应能使开关正确动作且不妨碍机械部件的运动。

（2）碰块或撞杆应安装在开关滚轮或推杆的动作轴线上，对电子式行程开关应按产品技术文件要求调整可动设备的间距。

（3）碰块或撞杆对开关的作用力及开关的动作行程，均不应大于允许值。

（4）限位用的行程开关，应与机械装置配合调整。确认动作可靠后，方可接入电路使用。

7. 熔断器安装

熔断器种类繁多，安装方式也各异，一般原则要求如下。

（1）熔断器及熔体的容量应符合设计要求，并核对所保护电气设备的容量并与熔体容量相匹配；对后备保护、限流、自复、半导体器件保护等有专用功能的熔断器，严禁替代。

（2）熔断器安装位置及相互间距离，应便于更换熔体。

（3）有熔断指示器的熔断器，其指示器应装在便于观察的一侧。

（4）瓷质熔断器在金属底板上安装时，其底座应垫软绝缘衬垫。

（5）安装具有几种熔体规格的熔断器，为避免配装熔体时出现差错，应在底座旁标明规格，以免影响熔断器对电器的正常保护工作。

（6）有触及带电部分危险的熔断器，应配齐绝缘抓手。

（7）带有接线标志的熔断器，电源线应按标志进行接线。

（8）螺旋式熔断器的安装，其底座严禁松动，电源应接在熔芯引出的端子上。

5.2.3 控制线路的技术准备

1. 电气原理图

认真阅读电气原理图，结合生产设备工作原理，弄清生产工艺过程和电气控制线路各环节之间的关系，对重点部位、关键设施、复杂过程要反复阅读，弄懂吃透。

2. 接线图和安装图

通过阅读安装图和接线图，了解各元器件的安装位置和内部接线的走向，并弄清外部

连接线的走向、数量、规格、长短等。

3. 产品说明书

了解产品的型号、规格、技术指标、工作原理、安装、调试、维修要点及注意事项。

在进行设备安装调试时，电气控制柜由厂家提供并随设备运抵，经过长途运输，难免不出现电气控制元器件松动、连接线脱落等问题，因此在安装工作进行时，要对柜内进行检查，柜内所有电气元器件的规格、型号、安装位置均应正确，接线应紧固，安装在设备上的分立器件必须位置正确、功能完好，必须对所有接线编号进行详细核对，做到准确无误后方可进行安装、调试。

任 务 实 施

结合电气控制设备制造的工程实际，以一台小型电动机控制线路设计为例，结合电气接线图和电气互连图的绘制原则，进一步说明电气控制系统工艺设计的过程。

1. 电动机启停控制电气原理图

电动机启停控制电路如图 5-2-1 所示，为便于施工，设计电气接线图，电气原理图中依据线号标注原则标出了各导线标号，大电流导线标出了载流面积（根据电动机工作电流计算出导线的截面积）。

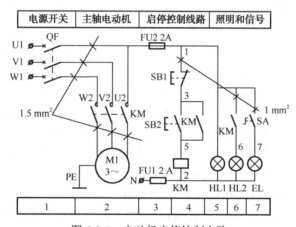

图 5-2-1　电动机启停控制电路

图中接触器线圈符号的下方数字分别说明其动合主触头，动合、动断辅助触头所在的列号，用于分析工作原理时查找该接触器控制的器件。表 5-1-1 为电气元件表，表 5-1-2 为管内敷线明细表。

表 5-2-1　电器元件表

序号	符号	名　称	型　号	规　格	数量
1	M	异步电动机	Y80	1.5 kW，380 V，1 440 r/min	1
2	QF	低压断路器	C45N	3 级，500 V，32 A	1
3	KM	交流接触器	CJ21-10	380 V，10 A，线圈电压 220 V	1
4	SB1	控制按钮	LAY3	红	1

续表

序号	符号	名 称	型 号	规 格	数量
5	SB2	控制按钮	LAY3	绿	1
6	SA	旋转开关	NP2	220 V	1
7	HL	指示信号灯	ND16	380 V，5 A	2
8	EL	照明灯		220 V，40 W	1
9	FU	熔断器	KT18	250 V，4 A	2

表 5-2-2　管内敷线明细表

序号	穿线用管类型	电 线		接线端子号
		截面积/mm²	根数	
1	φ10 包塑金属软管	1	2	9、10
2	φ20 金属软管	0.75	6	1~6
3	φ20 金属软管	1.5	4	U、V、W、PE
4	YHZ 橡套电缆	1.5	4	R、S、T、N

2. 电器安装位置图

电器安装位置图又称布置图，主要用来表示原理图所有电器元件在设备上的实际位置，为电气设备的制造、安装提供必要的资料，图中各电器符号与电气原理图和元器件清单中的器件代号一致。根据此图可以设计相应器件安装打孔位置图，用于器件的安装固定。电气安装位置图同时也是电气接线图设计的依据。

电动机启停控制电路的电器安装分为操作（控制）面板和电器安装底板（主配电盘）两部分，操作（控制）面板设计在操作平台或操作柜柜门上，用于安装各种主令电器和状态指示灯等器件，控制面板与主配电盘间的连接导线采用接线端子连接，接线端子安装在靠近主配电盘接线端子的位置。电器安装底板用来安装固定除操作按钮和指示灯以外的其他电器元件，电器安装底板安装的元器件布置位置一般自上而下、自左而右依次排列；底板与控制操作面板相连接的接线端子，一般布置在靠近控制面板的上方或柜门轴侧，底板与电源或电动机等外围设备相连的接线端子，设置在配电盘的下方靠近过线孔的位置。图 5-2-2 为主配电盘电器安装位置，图 5-2-3 为操作面板电器安装位置。

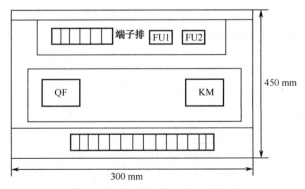

图 5-2-2　主配电盘电器安装位置

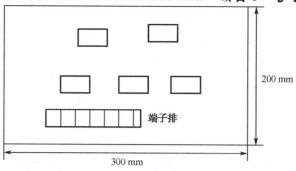

图 5-2-3 操作面板电器安装位置

3. 电器接线图

根据电器安装位置图绘制电器接线图的具体原则，分别绘制操作面板和电器安装底板的电器接线图。

如图 5-2-4 所示为电器安装底板（配电盘）的电器接线图，图中元件所有电器符号均集中在本元件框的方框内；各个器件编号，连同电器符号标注在器件方框的右上方；电器接线图采用二维标注法，表示导线的连接关系，线侧数字表示线号；线端数字 20～25 表示器件编号，用于指示导线去向，布线路径可由电器安装人员自行确定。

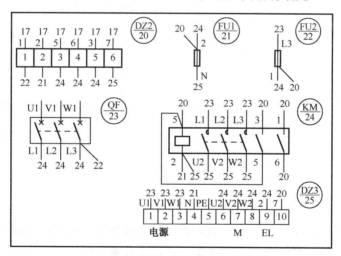

图 5-2-4 电器安装底板接线图

4. 操作（控制）面板的电器接线图

如图 5-2-5 所示为操作面板的电器接线图，图中线侧和线上数字 1～7 表示线号；线端数字 10～25 表示所去器件编号，用于指示导线去向。控制面板与主配电盘间的连接导线通过接线端子连接，并采用塑料蛇形套管防护。

5. 电器安装互连图

表示电动机启停控制电路的电气控制柜和外部设备及操作面板间的接线关系，如图 5-2-6 所示，图中导线的连接关系用导线束表示，并注明了导线规范（颜色、数量、长度和截面积等）和穿线管的种类、内径、长度及考虑备用导线后的导线根数，连接电器安装底板和控制面板的导线，采用蛇形塑料软管或包塑金属软管保护，控制柜与电源、电动机间采用电缆线连接（注：为了作图方便，接线端子与实际位置不一致）。

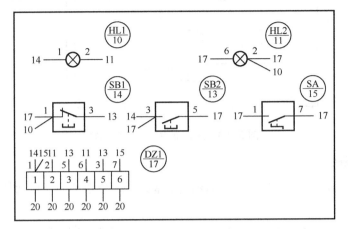

图 5-2-5 操作面板电器接线图

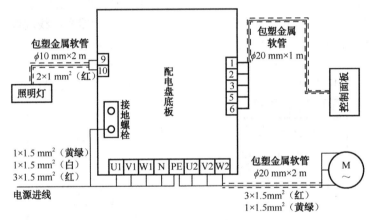

图 5-2-6 电器互连图

6. 安装调试

设计工作完毕后，要进行样机的电器控制柜安装施工，按照电器接线图和电器安装互连图完成安装及接线，经检查无误且连接可靠，进行通电试验。首先在空载状态下（不接电动机等负荷），通过操作相应开关，给出开关信号，试验控制回路各电器元件动作以及指示的正确性。经过调试，各电器元件均按照原理要求动作准确无误后，方可进行负载试验。第二步的负载试验通过后，编好相应的报告、原理、使用操作说明文件。

任 务 总 结

低压电器设备安装是一个系统工程，必须严格按照技术规范要求进行安装调试和技术准备，其质量不仅影响工程项目的交付使用，还会影响到人民生命财产安全，因此必须引起足够的重视，及时发现解决问题，才能从根本上保证工程项目的质量。

效 果 测 评

接触器连锁正反转控制线路的安装工艺训练任务如下:

（1）请设计接触器连锁正反转控制线路的原理图;

（2）请设计接触器连锁正反转控制线路的安装位置图;

（3）请设计接触器连锁正反转控制线路的接线图;

（4）请简述线路安装设计的原则和主要器件安装的注意事项。

任务5.3 继电器-接触器系统调试与检修

任 务 描 述

控制线路的调试是在控制线路安装完成及设备维修修复后投入运行前必须进行的一个技术环节,是确保设备安全可靠运行的重要保障,对降低设备生命周期管理费用,提高设备管理效益具有重要意义。本任务的学习目标:

（1）掌握控制线路调试的程序和要点;

（2）掌握低压电器的故障检修方法;

（3）掌握控制线路的故障检修方法。

任 务 信 息

5.3.1 控制线路的模拟动作试验

1. 模拟动作试验前的工作

（1）断开电气主线路的主回路开关出线处,电动机等电气设备不通电,接通控制线路电源,检查各部分电源电压是否正确、符合规定,信号灯指示器工作是否正常,零压继电器工作是否正常。

（2）操作各开关按钮,相应的各个继电器、接触器应该动作,并吸合、释放迅速,无黏滞、卡阻现象,无不正常噪声,各信号指示正确。

（3）用人工模拟的办法试动各保护器件,应能实现迅速、准确、可靠的保护功能。

（4）手动各个行程开关,检查限位位置、动作方向、动作可靠性。

（5）针对机械、电气连锁控制环节,检查连锁功能是否准确可靠。

（6）按照设备工作原理和生产工艺过程,按顺序操作各开关和按钮,检查接触器、继电器是否符合规定动作程序。

2. 系统试运行

（1）试运行是对整个设备运行调试,试运行是在控制线路的模拟动作试验完成,电动机安装完毕并完成了盘车、旋转方向确定,空载测试,完成了电气部分与机械部分的转动、动作协调一致检查后进行。

（2）试运行按以下原则进行:先控制回路,后主回路;先辅助回路,后主要回路;先局部后整体;先点动后运行;先单台后联动;先低速后高速;限位开关先手动后电动。

（3）试运行时若出现继电保护装置动作，必须查明原因，不得随意增大整定电流，更不允许短接保护装置强行通电。

（4）试运行时若出现意外、紧急、特殊情况，操作人员应自行紧急停车。

5.3.2 低压电器故障及检修方法

1. 低压断路器常见故障及检修方法

（1）故障现象1：手动操作断路器不能闭合。

产生原因：①失压脱钩器无电压；②线圈损坏；③储能弹簧变形，导致闭合力减小；④反作用弹簧力过大，机构不能复位再扣。

检修方法：①检查电压是否正常，连接是否可靠；②检查或更换线圈；③更换储能弹簧；④调整弹簧弹力，调整再扣接触面至规定值。

（2）故障现象2：电动操作断路器不能闭合。

产生原因：①电源电压不符合规定要求，电源容量不够；②电磁铁拉杆行程不够；③电动机操作定位开关变位；④控制器元件损坏。

检修方法：①调整电源满足要求；②重新调整或更换电磁铁拉杆；③调整定位开关到合适位置；④更换元件。

（3）故障现象3：漏电保护断路器不能闭合或频繁动作。

产生原因：①线路某处漏电或接地；②操作机构损坏；③漏电保护电流偏小或漏电保护电流变化。

检修方法：①排除漏电、接地故障；②送制造厂修理；③重新校正漏电保护电流至合适值。

（4）故障现象4：缺相。

产生原因：①一般型号的断路器的连杆断裂，限流断路器的可折连杆之间的角度变大；②触头烧毁、接线螺栓松动或烧毁。

检修方法：①更换连杆，调整可折连杆之间的角度达规定值；②更换触头，清整并紧固或更换螺栓。

（5）故障现象5：分离脱扣器不能分断。

产生原因：①线圈短路或断路；②电源电压太低；③再扣接触面太大；④螺钉松动。

检修方法：①更换或修复线圈；②调整电源电压至规定值；③重新调整；④拧紧螺钉。

（6）故障现象6：欠电压脱扣器不能分断。

产生原因：①反力弹簧变小或损坏；②机构卡阻。

检修方法：①调整反力弹簧，调整或更换蓄能弹簧；②消除卡阻原因。

（7）故障现象7：启动电动机时断路器立即分断。

产生原因：①过电流脱扣器瞬动整定值太小；②零件损坏；③反力弹簧断裂或脱落。

检修方法：①重新调整脱扣器瞬动整定值；②更换脱扣器或更换损坏零件；③更换弹簧并重新装上。

（8）故障现象8：断路器的温升过高。

产生原因：①断路器选用偏小；②触头压力太小；③触头表面氧化或有油污、表面磨

损严重造成接触不良，连接螺栓松动。

检修方法：①更换断路器；②调整触头压力或更换弹簧；③打磨清理触头或更换触头保证接触良好；④拧紧连接螺栓。

（9）故障现象 9：欠电压脱扣器噪声太大。

产生原因：①反作用弹簧力太大，②铁芯有油污，③短路环断裂。

检修方法：①重新调整反力弹簧；②清除油污；③修复短路环或更换铁芯。

2. 接触器（电磁式继电器）常见故障及检修方法

（1）故障现象 1：按下启动按钮，接触器不动作，或在正常工作情况下自行突然分开。

产生原因：①供电线路断电；②按钮的触头失效；③线圈断路。

检修方法：①检查控制线路电源；②检查按钮触头及引出线，若按下点动按钮接触器动作正常，一般都是启动按钮触头有问题；③检查线圈引出线有无断线和焊点脱落，当是线圈内部断线时，需拆开线圈外层绝缘进行修复，若是外层引线脱焊，焊好断线，并把绝缘修复即可，若是线圈内层断线一般不再修复，直接换上新线圈。

（2）故障现象 2：按下启动按钮，接触器不能完全闭合。

产生原因：①按钮的触头不清洁或过度氧化；②接触器可动部分局部卡阻；③控制电路电源电压低于额定值 85%；④接触器反力过大（即触头压力弹簧和反力弹簧的压力过大）；⑤触头超行程过大。

检修方法：①清洁按钮触头；②消除卡阻；③调整电源电压到规定值；④调整弹簧压力或更换弹簧；⑤调整触头超行程距离。

（3）故障现象 3：按下停止按钮，接触器不分开。

产生原因：①可动部分被卡住；②反力弹簧的反力太小；③剩磁过大；④铁芯极面有油污，使动铁芯黏附在静铁芯上；⑤触头熔焊（熔焊的主要原因有：操作频率过高或接触器选用不当、负载短路、触头弹簧压力过小、触头表面有金属颗粒突起或异物、启动过程尖峰电流过大、线圈的电压偏低，磁系统的吸力不足，造成触头动作不到位或动铁芯反复跳动，致使触头处于似接触非接触的状态）；⑥连锁触头与按钮间接线不正确而使线圈未断电。

检修方法：①消除卡阻原因；②更换反力弹簧；③更换铁芯；④清除油污；⑤降低操作频率或更换合适的接触器、排除短路故障、调整触头弹簧压力、清理触头表面、降低尖峰电流，当闭合能力不足时，提高线圈电压不低于额定值的 85%，当触头轻微焊接时，可稍加外力使其分开，锉平浅小的金属熔化痕迹，对于已焊牢的触头，只能拆除更新；⑥检查连锁触头与按钮间接线。

（4）故障现象 4：铁芯发出过大的噪声，甚至嗡嗡振动。

产生原因：线圈电压不足，动、静铁芯的接触面相互接触不良，短路环断裂。

检修方法：调整电源电压不低于线圈电压额定值的 85%，锉平铁芯接触面、使相互接触良好，焊接断裂的短路环或更新。

（5）故障现象 5：启动按钮释放后接触器分开。

产生原因：①接触器自锁触头失效；②自锁线路接线错误或线路接触不良。

检修方法：①检查自锁触头是否有效接触；②排除线路接线错误并使线路接触可靠。

（6）故障现象 6：按下启动按钮，接触器线圈过热、冒烟。

产生原因：①控制电路电源电压大于线圈电压，此时接触器会出现动作过猛现象；②线圈匝间短路，此时线圈呈现局部过热，因吸力降低而使铁芯发生噪声。

检修方法：①检查电源电压，如果是因更换了接触器线圈而出现此现象，一般是线圈更换错误（如将 220 V 的线圈用于 380 V）；②用线圈测量仪测量其圈数或测量其直流电阻，与线圈标牌上的圈数或电阻值相比较，一般均换成新圈而不修理。

（7）故障现象 7：短路。

产生原因：①接触器用于正反转控制过程中，正转接触器触头因熔焊、卡阻等原因不能分断，反转接触器动作造成相间短路；②正反转线路设计不当，当正向接触器尚未完全分断时反向接触器已接通而形成相间短路；③接触器绝缘损坏对地短路。

检修方法：①消除触头熔焊、可动部分卡阻等故障；②设计上增加连锁保护，应更换成动作时间较长（即铁芯行程较长）的可逆接触器；③查找绝缘损坏原因，更换接触器。

（8）故障现象 8：触头断相。

产生原因：触头烧缺，压力弹簧片失效，连接螺钉松脱。

检修方法：更换触头，更换压力弹簧，拧紧松脱螺钉。

（9）故障现象 9：肉眼可见外伤。

产生原因：机械性损伤。

检修方法：仅为外部损伤时，可进行局部修理，如外部包扎、涂漆或黏结好骨架裂缝。当机械性损伤而引起线圈内部短路、断路或触头损坏等，应更换线圈、触头。

3. 热继电器常见故障及检修方法

（1）故障现象 1：电气设备经常烧毁而热继电器不动作。

产生原因：热继电器的整定电流与被保护设备要求的电流不符。

检修方法：按照被保护设备的容量调整整定电流到合适值，更换热继电器。

（2）故障现象 2：在设备正常工作状态下热继电器频繁动作。

产生原因：①热继电器久未校验，整定电流偏小；②热继电器刻度失准或没对准刻度；③热继电器可调整部件的固定支钉松动，偏离原来整定点；④有盖子的热继电器未盖上盖子，灰尘堆积、生锈或动作机构卡阻、磨损，塑料部件损坏；⑤热继电器的安装方向不符合规定；⑥热继电器安装位置的环境温度太高；⑦热继电器通过了巨大的短路电流后，双金属元件已产生永久变形；⑧热继电器与外界连接线的接线螺钉未拧紧，或连接线的直径不符合规定。

检修方法：①对热继电器重新进行调整试验（在正常情况下每年应校验一次），校准刻度、紧固支钉或更换新热继电器；②清除热继电器上的灰尘和污垢，排除卡阻，修理损坏的部件，重新进行调整试验；③调整热继电器安装方向符合规定；④变换热继电器的安装位置或加强散热降低环境温度，或另配置适当的热继电器；⑤更换双金属片；⑥拧紧接线螺钉或换上合适的连接线。

（3）故障现象 3：热继电器的动作时而快，时而慢。

产生原因：①热继电器内部机构有某些部件松动；②双金属片有形变损伤；③接线螺钉未拧紧；④热继电器校验不准。

检修方法：①将松动部件加以固定；②用热处理的办法消除双金属片内应力；③拧紧接线螺钉；④按规定的过程、条件、方法重新校验。

（4）故障现象 4：接入热继电器后主电路不通。

产生原因：①负载短路将热元件烧毁；②热继电器的接线螺钉未拧紧；③复位装置失效。

检修方法：①更换热元件或热继电器；②拧紧接线螺钉；③修复复位装置或更换热继电器。

（5）故障现象 5：控制电路不通。

产生原因：①触头烧毁，或动触片的弹性消失，动、静触头不能接触；②在可调整式的热继电器中，有时由于刻度盘或调整螺钉转到不合适的位置，将触头顶开了；③线路连接不良。

检修方法：①修理触头和触片；②调整刻度盘或调整螺钉；③排除线路故障保证连接良好。

（6）故障现象 6：热继电器整定电流无法调准。

产生原因：①热继电器电流值不对；②热元件的发热量太小或太大；③双金属片用错或装错。

检修方法：①更换符合要求的热继电器；②更换正确的热元件；③更换或重新安装双金属片，电流值较小的热继电器，更换双金属片。

4. 控制线路故障及检修方法

1）电气控制线路故障分类

（1）控制线路电器元件自身损坏。

设备在运行过程中，其电气设备常常承受许多不利因素的影响，诸如电器动作过程中机械振动、过电流的热效应加速电器元件的绝缘老化变质、电弧的烧损、长期动作的自然磨损、周围环境温度的影响、元件自身的质量问题、自然寿命等原因。

（2）人为故障。

设备在运行过程中由于不应有的人为破坏或因操作不当、安装不合理而造成的故障。

（3）设备故障原因，如机械传动卡阻、负荷太重。

（4）供电线路故障；电源电压过高或过低、缺相等。

（5）其他原因，如控制柜渗水、外力损伤、酸碱或有害介质腐蚀线路等。

2）检修前的准备

（1）仪器、工具、材料等。

（2）技术准备。

熟悉和理解设备的电气线路图，这样才能正确判断和迅速排除故障。设备的电气线路是根据设备的用途和工艺要求而确定的，因此了解设备基本工作、加工范围和操作程序，对掌握设备电气控制线路的原理和各环节的作用具有重要的意义。电气控制线路由主电路和控制电路两大部分组成，通常首先从主电路入手，了解设备采用了几台电动机拖动，每台电动机主电路中使用接触器的主触头的连接方式，是否采用了降压启动、调速、制动，是否有正反转；而控制电路又可分为若干个基本控制电路或环节（如点动、正反转、降压启动、制动、调速等）。分析电路时，先读懂主电路，再按照主电路电器元件图形及文字符号对应在控制线路中找到相对应的控制环节，读懂控制电路的控制原理、动作顺序、互相间联系等，主电路直接控制设备电动机或其他动作器件，比较容易读懂，控制电路完成设备全部控制过程，阅读难度较大，必须在熟悉基本控制环节和了解设备工作过程的基础上才能很好掌握。

除了熟悉主电路、控制电路而外，还要熟悉安装图、接线图，以便掌握电器元件的位置和连接线的走向。另外还应该掌握该设备所采用的电器元件的工作原理、特性和作用。

3）控制线路故障的检修方法

控制线路故障的检修方法采用"望"，"嗅"、"问"、"听"、"切"、"诊"。

"望"，即为观察，用眼观察发生故障部位及周边情况，若故障有明显的外表特征就很容易被观察到。例如有无接线头松动或脱落，接触器或电器触头脱落或接触不良，熔断器内的熔丝是否熔断，有无电器元件损坏，线路损坏，电动机、电器冒烟，电器元件及导线连接处有烧焦痕迹，线圈烧坏使表层绝缘纸烧焦变色，烧化的绝缘清漆流出，弹簧脱落或断裂，电气开关的动作机构受阻失灵，这类故障是由于电动机、电器过载、绝缘被击穿、短路或接地所引起的。

"嗅"，如有电器元件烧毁，必然散发出明显的焦臭味。

"问"，询问操作人员，了解故障发生的前后情况，故障是首次突然发生还是经常发生；以前类似故障现象是如何处置的；故障发生在启动时还是发生在运行中；是运行中自动停止，还是发现异常情况后由操作者停下来的；发生故障时，设备处在什么工作状态，按了哪个按钮，扳动了哪个开关；故障发生是否有烟雾、跳火、异常声音和气味出现；有何失常和误动作。在听取操作者介绍故障时，要注意收集设备发生故障时的任何细微异常迹象。

"听"，电动机、控制变压器、接触器、继电器运行中声音是否正常。

"切"，切断电源用手背触摸有关电器的外壳或电磁线圈，试其温度是否显著上升，是否有局部过热现象，检查温度是否在正常范围内，用仪表检查电压电流及有关参数是否正常。

"诊"，综合分析产生故障的原因，根据前述的控制线路产生的故障原因进行分析，判断出是机械或液压的故障，还是电气故障，或者是综合故障。对于没有明显外表特征的故障，先不要把问题想得太复杂，这一类故障是控制电路的主要故障，往往是由于电器元件调整不当，机械动作失灵；触头及压接线头接触不良或脱落，以及某个小零件的损坏，导线断裂等原因所造成。线路越复杂，出现这类故障的概率也越大。这类故障虽小但经常碰到，由于没有外表特征，要寻找故障发生点常需要花费很多时间，有时还需借助各类测量仪表和工具才能找出故障点，而一旦找出故障点，往往只需简单地调整或修理就能立即恢复设备的正常运行。

4）控制线路故障的检修步骤

（1）故障的调查。

（2）故障分析。

（3）断电检查。

检查前应首先断开设备电源，在确保安全情况下，根据故障性质不同和可能产生故障

的部位，有所侧重地进行故障的检查工作。断电检查的内容有：检查电源有无接地、短路等现象；熔断器是否烧损，断电保护及热继电器是否动作，电器元件有无明显的变形损坏或因过热、烧焦和变色而有焦臭气味；断路器、接触器、继电器等电器元件的可动部分是否灵活；电动机是否烧毁；检查控制线路的绝缘电阻，一般不应小于 0.5 MΩ；检查导线是否连接可靠，检查涉及故障的各类触头是否接触良好。

（4）通电检查。

当断电检查未找到故障时，在确保人员和设备安全的前提下，可对设备进行通电检查。通电检查应注意：通电检查前，电动机和传动的机械部分应脱开，所有电器元件恢复处于原状态（正常位置），设备总电源开关必须有人值守，保证在紧急情况下能及时切断电源；通电检查时一定要在设备操作人员的配合下进行；先易后难，分区通电，顺序检查。

对比较复杂的电气控制线路故障进行检查时，应在检查前考虑好一个初步检查顺序，将复杂线路划分为若干单元，要耐心仔细地检查每一个单元，不可马马虎虎，遗漏故障点。

电气控制线路发生故障，往往不是孤立事件，必须把因为线路、设备、操作不当和其他原因排除后才能下结论。维修时必须综合考虑，全面分析，必须找出和排除造成上述故障的原因。一定要按照规定的检修程序或考虑好的方案顺序检查，决不可东找一下，西拧一下，杂乱无章地进行，更不可头痛医头，脚痛医脚，将损坏的电器元件一换了之，这样不仅不能彻底排除故障，反而会使故障进一步扩大，问题越找越多，这样不仅不能排除故障，甚至会造成设备损毁、人员伤亡的严重后果。

任 务 实 施

1. 电气控制电路检查的具体方法

1）电阻测量法

当设备安装就位后或控制电路接线结束后或控制电路出现故障等情况下，都要对线路进行检查，最基本的检查程序是校线，即根据电路图，校对接线是否正确。常用的校线方法有电阻测量法、电源加信号灯（电池灯）法、电源加蜂鸣器法等，这些方法的基本原理都是相同的，只不过是根据线路的距离不同来选择不同的校线方法。下面介绍电阻测量法。

（1）分阶测量法

电阻的分阶测量法如图 5-3-1 所示。将万用表选择在电阻挡，一般放在 kΩ挡。检测时一定不要合上控制电路的电源，然后按下 SB2 不放松，先测量 1-7 两点间的电阻，如电阻值为无穷大，说明 1-7 之间的电路有断路。然后分阶测量 1-2、1-3、1-4、1-5 各点间电阻值。若电路正常，则该两点间的电阻值为零；当测量到某标号间的电阻值为无穷大时，则说明表棒刚跨过的触头或连接导线断路。1-6 之间的电阻值也并不大，一般只有几十欧。

（2）分段测量法

电阻的分段测量法如图 5-3-2 所示。检查时，先切断控制电路的电源，按下启动按钮

SB2，然后依次逐段测量相邻两标号点 1-2、2-3、3-4、4-5、5-6、6-7 间的电阻。如测得某两点间的电阻为无穷大，说明这两点间的触头或连接导线断路。例如当测得 1-2 两点间电阻值为无穷大时，说明停止按钮 SB1 或连接 SB1 的导线断路。

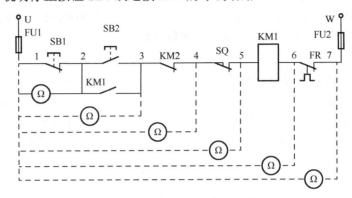

图 5-3-1　电阻的分阶测量法

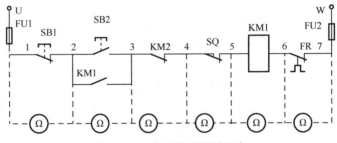

图 5-3-2　电阻的分段测量法

电阻测量法的优点是安全，缺点是测得的电阻值不准确时，容易产生判断错误，为此应注意：用电阻测量法检查故障时一定要断开电源；如被测的电路与其他电路并联时，必须将该电路与其他电路断开，否则所测得的电阻值是不准确的；测量高电阻值的电器元件时，把万用表的选择开关旋转至适合的电阻挡。

2）电压测量法

（1）分阶测量法

检查时把万用表的选择开关旋到交流电压 500 V 挡位上。电压的分阶测量法如图 5-3-3 所示。检查时，首先用万用表测量 1-7 两点间的电压，若电路正常应为 380 V。再测 1-6 两点间的电压，若电压仍然为 380 V，说明热继电器的常闭触头是闭合的。然后按住启动按钮 SB2 不放，同时将黑色表棒接到点 6 上，红色表棒按 5、4、3、2 标号依次向前移动，分别测量 6-5、6-4、6-3、6-2 各阶之间的电压，电路正常的情况下，各阶的电压值均为 380 V。如测到 6-5 之间无电压，说明是断路故障，此时可将红色表棒向前移，当移至某点（如点 2）时电压正常，说明点 2 以后的触头或接线有断路故障。一般是点 2 后第一个触头（即刚跨过的启动按钮 SB2 触头）或接线断路。

根据各阶电压值来检查故障的方法可见表 5-3-1。这种测量方法像上台阶一样，所以称为分阶测量法。

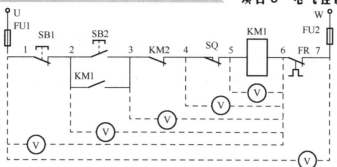

图 5-3-3　电压的分阶测量法

表 5-3-1　分阶测量法判别故障原因

故障现象	测试状态	6-5	6-4	6-3	6-2	6-1	故障原因
按下 SB2， KM1 不吸合	按下 SB2 不 放松	0	380 V	380 V	380 V	380 V	SQ 常闭触头接触不良
		0	0	380 V	380 V	380 V	KM2 常闭触头接触不良
		0	0	0	380 V	380 V	SB2 常开触头接触不良
		0	0	0	0	380 V	SB1 常闭触头接触不良

（2）分段测量法

电压的分段测量法如图 5-3-4 所示。先用万用表测试 1-7 两点，电压值为 380 V，说明电源电压正常。电压的分段测试法是将红、黑两根表棒逐段测量相邻两标号点 1-2、2-3、3-4、4-5、6-7 间的电压。如电路正常，按 SB2，接触器 KM1 不吸合，说明发生断路故障，此时可用电压表逐段测量各相邻两点间的电压。如测量到某相邻两点间的电压为 380 V 时，说明这两点间所含的触头连接导线接触不良或有断路故障。例如标号 4-5 两点间的电压为 380 V，说明接触器 KM2 的常闭触头接触不良。根据各段电压值来检查故障的方法可见表 5-3-2。

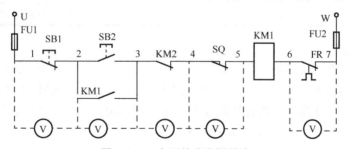

图 5-3-4　电压的分段测量法

表 5-3-2　分段测量法判别故障原因

故障现象	测试状态	1-2	2-3	3-4	4-5	6-7	故障原因
按下 SB2， KM1 不吸合	按下 SB2 不 放松	380 V	0	0	0	0	SB1 常闭触头接触不良
		0	380 V	0	0	0	SB2 常开触头接触不良
		0	0	380 V	0	0	KM2 常闭触头接触不良
		0	0	0	380 V	0	SQ 常闭触头接触不良
		0	0	0	0	380 V	FR 常闭触头接触不良

3）短接法

在没有万用表的情况下，想早一点排除故障，可以采用短接法。短接法是用一根绝缘良好的导线，把所怀疑断路的部位短接，如短接过程中，电路被接通，就说明该处断路。还可以直接判断接触器是否损坏，但是因为是带电作业，一定要注意安全。

（1）局部短接法

局部短接法如图 5-3-5 所示。按下启动按钮 SB2 时，接触器 KM1 不吸合，说明该电路有故障。若已经知道电压正常，可按下启动按钮 SB2 不放松，然后用一根绝缘良好的导线，分别短接标号相邻的两点，如短接 1-2、2-3、3-4、4-5、6-7。当短接到某两点时，接触器 KM1 吸合，说明断路故障就在这两点之间。但 5-6 两点间绝对不能短接，短接将造成短路。具体短接部位及故障原因如表 5-3-3 所示。

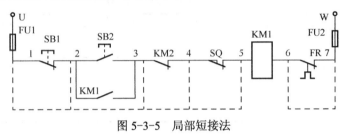

图 5-3-5　局部短接法

表 5-3-3　局部短接法短接部位及故障原因

故　障　现　象	短接点标号	KM1 状态	故　障　原　因
按下 SB2，KM1 不吸合	1-2	KM1 吸合	SB1 常闭触头接触不良
	2-3	KM1 吸合	SB2 常开触头接触不良
	3-4	KM1 吸合	KM2 常闭触头接触不良
	4-5	KM1 吸合	SQ 常闭触头接触不良
	6-7	KM1 吸合	FR 常闭触头接触不良

（2）长短接法

长短接法检查断路故障如图 5-3-6 所示。当 FR 的常闭触头和 SB1 的常闭触头同时接触不良时，如用上述局部短接法短接 1-2 点，按下启动按钮 SB2，KM2 仍然不会吸合，故可能会造成判断错误。而采用长短接法将 1-5 短接，如 KM1 吸合，说明 1-5 这段电路中有断路故障，然后再短接 1-3 或 3-5，若短接 1-3 时 KM1 吸合，则说明故障在 1-3 段范围内。再用局部短接法接 1-2 和 2-3，就能很快地排除电路的断路故障。

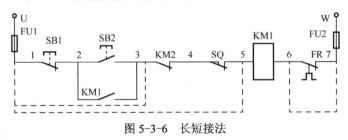

图 5-3-6　长短接法

短接法检查故障时应注意：短接法是用手拿绝缘导线带电操作的，所以一定要注意安

全，避免触电事故发生；短接法只适用于检查压降极小的导线和触头之类的断路故障。对于压降较大的电器，如电阻、线圈、绕组等断路故障，不能采用短接法，否则会出现短路故障；对于机床的某些要害部位，必须保障电气设备或机械部位不会出现事故的情况下才能使用短接法。

2. 检修实例

（1）某设备往返装置在工作时停于终端，电动机烧毁。

"望"，往返装置停止于设备右终端，热继电器有过热痕迹。

"嗅"，电动机发出焦臭。

"问"，设备发生故障前，往返机构行进到右终端时有异常响声。

"切"，测量电源电压无异常，控制线路对地绝缘良好。

"诊"，三相电源供电正常，设备及控制柜未见异常，控制线路供电正常，控制柜内除了热继电器以外其他相关电器元件无肉眼可见损伤。

将电动机接线在控制柜接线排处断开，合上电源开关模拟全控制过程正常，手动各行程开关动作正常。仔细观察往返机构，发现行程开关撞块损坏脱落，重新更换撞块、更换热继电器，点动试车正常，空载运行正常，负荷运转正常，故障排除。

该故障产生原因是因为设备往返装置上的撞块损坏脱落，往返机构到极限位置不能撞击行程开关，反转接触器不能动作，电动机继续正转，电流增大，同时热继电器失效，不能切断电源，造成电动机烧毁。

（2）泵站水泵电动机在一次检修后，经常出现烧毁保险、热继电器动作、空气开关跳闸现象。

该泵站采用卧式多级水泵，在一次检修后，频频出现以上现象，电动机启动困难，工作电流偏大，发热增加，熔断器接线端氧化严重，对接线端进行维修后，故障依然未排除。

由于该水泵房距变压器较远，供电线路较为陈旧，供电质量不高，因此是水泵机械故障还是供电故障，各方争执不下。

利用周末电源负荷较轻，供电质量较好进行检修，水泵能启动，但启动时间偏长，启动电流过大，电动机声音发闷。停机后脱开电动机和水泵的传动连接，电动机空载运行正常，用手盘动水泵，感觉十分沉重，仔细询问水泵检修情况，得知水泵拆卸前未做定位编号标记，没做到原级复装，故而检修后造成水泵盘动沉重，将水泵送回原厂重新调试，故障排除。

考虑到该水泵供电质量不高，后将水泵启动时间提前上班一小时，避开用电高峰时段启动电动机，从此很少发生类似故障。

以上两例说明，电气控制线路故障原因具有多样性，除电器元件自身质量或老化以外，一般都与其他因素有关，只有排除了其他因素，才能从根本上排除故障。

维修结束后，应先点动试车，再空载运行，然后再负荷运行。维修人员应观察一段时间，确证故障已经排除，设备可正常运行后方能离去，观察阶段如有异常应立即停车，避免在维修过程中将故障进一步扩大甚至损坏设备。

任 务 总 结

控制线路调试主要指电气元器件的调整和试验，包括控制线路调试的步骤、元器件检修排故方法及控制线路检修方法等环节，电气调试工作能较好地理论结合实际，但调试技术水平的提高，主要是通过实践。比较复杂的电器传动控制系统往往通过多次调整试验与生产实践才能完成。通过调整试验，还可以发现设计、设备与安装上的某些缺陷。在调试实践中要求调试人员准确地核实安全系统及其各个环节的合理性，并研究改进使之满足工艺要求。

效 果 测 评

某型车床电气控制故障案例检修。某型车床电气控制原理图如图 5-3-7 所示。

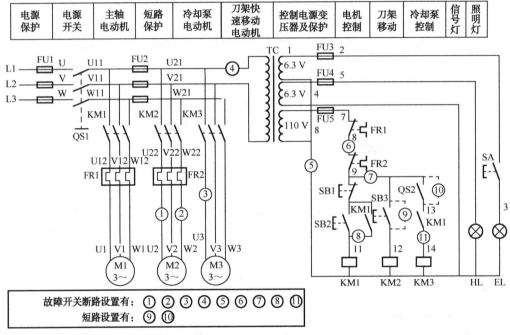

图 5-3-7　某型车床电气控制原理图

1. 系统故障分析

故障案例：主轴电动机 M1 不能启动。

故障解决过程如下。

1）故障调查

问：机床发生故障后，首先应向操作者了解故障发生的前后情况，有利于根据电气设备的工作原理来分析发生故障的原因。一般询问的内容有：故障发生在开车前、开车后，还是发生在运行中；是运行中自行停车，还是发现异常情况后由操作者停下来的；发生故障时，机床工作在什么工作顺序，按动了哪个按钮，扳动了哪个开关；故障发生前后，设备有无异常现象（如响声、气味、冒烟或冒火等）；以前是否发生过类似的故障，是怎样处理的等。

看：熔断器内熔丝是否熔断，其他电气元件有无烧坏、发热、断线，导线连接螺钉有否松动，电动机的转速是否正常。

听：电动机、变压器和有些电气元件在运行时声音是否正常，通过判断声音来源，可以帮助寻找故障的部位。

摸：电机、变压器和电气元件的线圈发生故障时，温度显著上升，可切断电源后用手去触摸。

2）电路分析

根据调查结果，参考该电气设备的电气原理图进行分析，初步判断出故障产生的部位，然后逐步缩小故障范围，直至找到故障点并加以排除。

分析故障时应有针对性，如接地故障一般先考虑电气柜外的电气装置，后考虑电气柜内的电气元件。断路和短路故障，应先考虑动作频繁的元件，后考虑其余元件。

原因分析：①先判断是主电路还是控制电路的故障：按启动按钮 SB2，接触器 KM1 若不动作，故障必定在控制电路；若接触器吸合，但主轴电动机不能启动，故障原因必定在主电路中。②主电路故障：可依次检查接触器 KM1 主触头及三相电动机的接线端子等是否接触良好。③控制电路故障：没有电压；控制线路中的熔断器 FU5 熔断；按钮 SB1、SB2 的触头接触不良；接触器线圈断线等。

3）断电检查

检查前先断开机床总电源，然后根据故障可能产生的部位，逐步找出故障点。检查时应先检查电源线进线处有无碰伤而引起的电源接地、短路等现象，螺旋式熔断器的熔断指示器是否跳出，热继电器是否动作。然后检查电器外部有无损坏，连接导线有无断路、松动，绝缘有否过热或烧焦。

4）通电检查

作断电检查仍未找到故障时，可对电气设备作通电检查。

在通电检查时要尽量使电动机和其所传动的机械部分脱开，将控制器和转换开关置于零位，行程开关还原到正常位置。然后用万用表检查电源电压是否正常，有否缺相或严重不平衡。再进行通电检查，检查的顺序为：先检查控制电路，后检查主电路；先检查辅助系统，后检查主传动系统；先检查交流系统，后检查直流系统；合上开关，观察各电器元件是否按要求动作，有否冒火、冒烟、熔断器熔断的现象，直至查到发生故障的部位。

对系统故障进行分析与检查后，就要对故障进行排除。

2. 排故演练——"纸上谈兵"

角色互换，教师设置故障，学生扮演维修电工角色进行故障分析和排除。

（1）故障现象：主轴电动机不能停转。

原因分析：这类故障多数是由于接触器 KM1 的铁芯面上的油污使铁芯不能释放或 KM1 的主触头发生熔焊，或停止按钮 SB1 的常闭触头短路所造成的。应切断电源，清洁铁芯极面的污垢或更换触头，即可排除故障。

（2）故障现象：主轴电动机的运转不能自锁。

原因分析：当按下按钮 SB2 时，电动机能运转，但放松按钮后电动机即停转，是由于

接触器 KM1 的辅助常开触头接触不良或位置偏移、卡阻现象引起的故障。这时只要将接触器 KM1 的辅助常开触头进行修整或更换即可排除故障。辅助常开触头的连接导线松脱或断裂也会使电动机不能自锁。

（3）故障现象：刀架快速移动电动机不能运转。

原因分析：按点动按钮 SB3，接触器 KM3 未吸合，故障必然在控制电路中，这时可检查点动按钮 SB3，接触器 KM3 的线圈是否断路。

参 考 文 献

[1] 王仁祥. 常用低压电器原理及其控制技术[M]. 北京：机械工业出版社，2004.

[2] 黄永红. 电气控制与 PLC 应用技术[M]. 北京：机械工业出版社，2007.

[3] 王淑英. S7-200 西门子 PLC 基础教程[M]. 北京：人民邮电出版社，2009.

[4] 张石，刘晓志. 电工技术[M]. 北京：机械工业出版社，2012.

[5] 黄海平等. 电动机控制电路[M]. 北京：科学出版社，2010.

[6] 李英姿等. 低压电器应用技术[M]. 北京：机械工业出版社，2009.

[7] 王廷才. 变频器原理及应用[M]. 北京：机械工业出版社，2011.

[8] 陶全，吴尚庆. 变频器应用技术[M]. 广州：华南理工大学出版社，2007.

[9] 许缪，王淑英. 电气控制与 PLC 应用[M]. 北京：机械工业出版社，2010.

[10] 裴涛 张贵芳. 建筑电气控制技术[M]. 武汉：武汉理工大学出版社，2010.

[11] 西门子公司. MICROMASTER420 V1.1（0.12kW-12kW）用户手册. 2003.

[12] 何峰峰. 电梯基本原理及安装维修全书[M]. 北京：机械工业出版社，2009.

[13] 陈家盛. 电梯结构原理及安装维修[M]. 北京：机械工业出版社，2012.

[14] 朱坚儿，王为民. 电梯控制及维护技术[M]. 北京：电子工业出版社，2011.

[15] 李方圆. 变频器行业应用实践[M]. 北京：中国电力出版社，2006.

[16] 李建新等编. 电气控制技术[M]. 北京：机械工业出版社，2011.

[17] 徐文尚，陈霞，武超. 电气控制技术与 PLC[M]. 北京：机械工业出版社，2011.

[18] 张燕宾. SPWM 变频调速应用技术（3 版）[M]. 北京：机械工业出版社，2006.

[19] 王仁祥. 通用变频器的选型与维修技术[M]. 北京：中国电力出版社，2004.

[20] 邓力. 工业电气控制技术[M]. 北京：科学出版社，2013.

[21] 李彭等. 电气控制与 PLC[M]. 西安：西北工业大学出版社，2009.

[22] 龚运新等. PLC 技术及应用：基于西门子 S7-200[M]. 北京：清华大学出版社，2009.

[23] 赵景波等. 西门子 S7-200[M]. 北京：机械工业出版社，2010.

[24] 西门子（中国）有限公司自动化与驱动集团. 深入浅出西门子 S7-200PLC[M].北京：北京航空航天大学出版社，2007.

[25] 殷兴光等.PLC 应用与实践[M]. 西安：西北工业大学出版社，2009.

[26] 颜全生等.PLC 编程设计与实例[M]. 北京：机械工业出版社，2009.